NCS
커피관리

바리스타
BARISTA & ESTABLISHED CAFE
카페창업

신용호

예문사

프랑스어 카페(café)에서 인용한 영어의 카페(cafe)는 커피라는 뜻의 터키어 카베(kahve)에서 유래하였다고 한다. 오늘날 커피는 우리의 생활에서 친숙한 일상의 음료가 되었다. 우리나라에서는 인스턴트커피가 보편화되어 오랫동안 즐겨 왔으나 2000년대 들어 외국의 유명 브랜드 커피점이 국내에 진출하면서 에스프레소 커피를 선보이기 시작하였고, 이를 응용한 다양한 메뉴가 소개되면서 다양한 종류의 음료를 접할 수 있게 되었다. 기호음료로 사랑받고 있는 커피는 원두의 종류와 로스팅 정도, 추출방법 등에 따라 그 맛이 달라진다. 커피의 인기에 따라 바리스타가 유망 직업으로 등장하고 카페 창업 열풍에 휩쓸려 많은 분들이 창업에 도전하지만 많은 분들이 실패하는 것이 현실이기도 하다.

사전적 의미의 카페는 각종 차와 음료, 주류나 간단한 음식을 파는 소규모 음식점을 일컫는데, 과거 우리나라에서 카페라고 하면 칵테일 등의 술을 파는 곳을 의미하였으나 오늘날에는 커피점을 의미하는 말로 통용되고 있다.

필자는 1993년 국내 최초로 교육청의 승인을 받아 학원에서 커피교육을 시작하였는데, 당시 많은 사람들이 '커피는 물만 부으면 되는데 배울 게 뭐가 있으냐'고 비웃었다. 그러나 오늘날 학원을 비롯한 커피교육기관들이 많이 생겨나고 대학에도 커피관련학과들이 늘어나고 있기도 하다.

시대의 변화에 따라 업태도 다양해지면서 이제 카페는 단순히 커피를 판매하는 곳이라는 고정관념에서 탈피하여 고객이 원하는 모든 것을 판매할 수 있어야 한다. 외국 유명 브랜드 커피매장에서 바나나를 파는 것처럼….

이 책은 그동안 커피전문점 프랜차이즈를 운영하고 대학과 학원 등에서 음료와 관련된 강의를 하면서 얻은 이론과 실무지식을 바탕으로 바리스타가 되려는 분이나 카페 창업에 관심 있는 분을 위한 기본적 지식들을 제공하기 위해 기획되었다. 특히 이번 개정판에서는 NCS(국가직무능력표준)에 맞추어 다음과 같은 내용을 구성하였다.

제1편 커피관리에서는 커피개론을 비롯하여 NCS에 따른 "커피관리" 직종의 이수 능력단위인 커피생두 선택, 커피로스팅, 커피블렌딩, 커피원두 선택, 커피기계 운용, 에스프레소음료 제조, 커피음료 제조, 라테아트, 커피테이스팅, 커피기계 수리, 커피매장 영업관리, 커피매장 운영 등 13개 능력단위의 훈련 내용을 다루었고 제2편 카페일반에서는 카페에서 사용하는 기구와 글라스, 시럽과 소스 등의 부재료와 카페 메뉴, 홍차와 녹차, 과일주스 등 다양한 메뉴실습과 알코올음료에 대한 기본 지식과 매장 경영에 필요한 기본서식, 창업에 대한 기초지식 등을 수록하였다.

출간을 맡아준 도서출판 예문사와 도움을 주신 디앤유커피팩토리 김찬우 사장님, 사진촬영을 위해 수고한 이창신 실장님께 감사의 마음을 전한다.

 저자 신용호

BARISTA & ESTABLISHED CAFE
CONTENTS

Part 01
커피 관리

BARISTA & ESTABLISHED CAFE
CONTENTS

Part 02
카페 일반

NCS 란(www.ncs.go.kr)

국가직무능력표준(NCS, National Competency Standards)이란 산업현장에서 직무를 수행하기 위해 요구되는 지식·기술·태도 등의 내용을 국가가 체계화한 시스템으로 수요자 중심의 교육과 자격제도를 운영하는 것을 목표로 하고 있다.

현재	NCS
• 직업교육훈련 및 자격제도가 산업현장과 불일치 • 인적 자원의 비효율적 관리 운용	• 각각 따로 운영되던 교육훈련을 국가직무능력표준 중심 시스템으로 전환 • 산업현장 직무 중심의 인적자원 개발 • 능력 중심사회 구현을 위한 핵심 인프라 구축 • 고용과 평생직업능력개발 연계를 통한 국가경쟁력 향상

[국가직무능력표준 개념도]

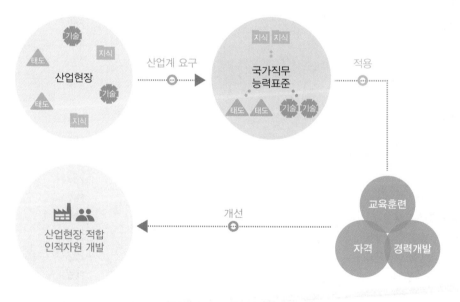

[직무능력]

(1) **능력** : 직업기초능력 + 직무수행능력

(2) **직업기초능력** : 직업인으로서 갖추어야 할 공통 능력

(3) **직무수행능력** : 해당 직무를 수행하는 데 필요한 역량(지식·기술·태도)

[NCS에 따른 직업훈련기준(커피관리)]

※ 2019년 4월 직종명이 '바리스타'에서 '커피관리'로 변경

(1) **직종명** : 커피관리

(2) **직종 정의** : 바리스타 직무는 커피에 대한 지식과 이해를 바탕으로 다양한 기법으로 커피를 제조하여 고객에게 서비스하고, 커피매장을 관리 · 운용하는 업무에 종사

(3) **훈련이수체계(수준별 이수 과정/과목)**

대분류	중분류	소분류	세분류
13. 음식서비스	01. 식음료조리 · 서비스	02. 식음료서비스	03. 커피관리

5 수준	지배인 (Manager)	식음료 영업장 관리	와인영업장 경영	커피매장 운영	음료영업장 마케팅	식문화콘텐츠 기획
4 수준	부지배인 (Assist Manager)	식음료 고객 관리		• 커피 원두 선택 • 라테아트 • 커피로스팅 • 커피블렌딩 • 커피테이스팅 • 커피기계 수리	• 음료영업장 · 운영 • 메뉴 개발	• 식공간 메뉴기획 • 파티 식공간 연출
3 수준	선임서버 (Captain)	• 식음료 영업장 마감 • 식음료 영업장 예약 관리 • 식음료 영업장 위생 안전 관리 • 식음료 주문 • 음료 서비스 • 음식 서비스 • 환영 환송	• 구세계 국가 와인분류 • 와인 서비스 • 와인 선정 · 구매 • 와인 추천 · 판매 • 와인 테이스팅 • 와인 · 와인셀러 관리 • 포도품종 · 와인 양조	• 커피매장 영업 관리 • 커피기계 운용 • 커피추출 운용 • 커피음료 제조 • 커피생두 선택	• 칵테일 조주 실무 • 고객 서비스	• 푸드스타일링 • 동양 테이블 코디네이트 • 서양 테이블 코디네이트 • 식공간 장식물 연출 • 음식사진 촬영
2 수준	서버 (Sever)	식음료 영업 준비	• 신세계 국가 와인 분류 • 와인장비 · 비품 관리	• 에스프레소 음료 제조	• 위생관리 • 음료 특성 분석 • 칵테일 기법 실무 • 음료영업장 관리 • 바텐더 외국어 사용	세계 식문화 조사
–	직업기초능력					
수준 직종	식음료 접객	소믈리에	커피관리 (바리스타)	바텐더	식공간 연출	

참고문헌

세계의 명주사전	스포츠코리아 1985
커피와 차	신용호 외 1 교문사 2005
양주와 주장관리학	신용호 외 1 교문사 2006
외식사업론	안대희 외 1 기문사 2007
커피	알랭 스텔라 창해 ABC북. 2000
올 어바웃 에스프레소	이승훈 서울꼬뮨 2010
호텔식음료서비스	최주호 형설출판사 2003
외식기업경영론	이정실 기문사 2007
커피로스팅	전광수 아이비라인 2012
올 어바웃 커피	이정기 · 양경욱 공역 광문각 2013
NCS학습모듈	한국직업능력개발원
Deluxe Official Bartender's Guide	Mr Boston Distiller Corporation 1974
おいしいコーヒーの本	旭屋出版契茶&スナツク編輯部 1994
オールフォト食材圖鑑	全國調理師養成施設協會 2002
GSC인터내셔널	http://coffeegsc.co.kr

자료협조 디앤유커피팩토리(070.4193.5565)   http://www.dnucoffee.com
사진촬영 음식사진메뉴판(070.8612.9197)   http://www.foodphoto.kr

Part 01

커피관리

커피는 전 세계에서 가장 많이 마시고 있는 음료 중의 하나로 60여 개국에서 재배되고 있으며 중남미, 아시아, 아프리카 등지가 주 생산지로 세계 총생산량의 70%가 중남미에서 생산되고 있다.

커피라 하면 우리가 일상적으로 마시는 음료로서의 커피를 의미하지만 커피나무의 열매(coffee cherry) 또는 그 열매를 가공한 것(green bean), 생두를 볶은 것(whole bean), 볶은 열매를 분쇄한 것(ground bean), 분쇄한 것을 추출한 음료 (beverage) 등 여러 가지를 포괄적으로 커피라 부르고 있다.

커피 개론

01. 커피(Coffee)의 어원

커피의 어원에 대한 여러 가지 이야기가 있으나 일반적으로 에티오피아의 카파(Kaffa)에서 비롯되었다는 것이 정설로 되어 있다. 카파는 힘을 의미하며 에티오피아에서 커피나무가 야생하는 곳의 지명이기도 하다. 카파가 터키로 건너와 카베(Kahveh), 다시 유럽으로 전파되어 카페(Café)로 불리게 되었으며 영국에서는 처음에 아라비아의 와인(The Wine of Arabia)으로 불리다가 1650년 무렵 블런트 경(Sir Blunt)이 커피라 부른 것이 계기가 되어 오늘날에 이른다고 한다. 커피는 또한 모카(Mocha)라고도 불리는데 홍해의 커피를 운반하던 모카항에서 유래된 것이다.

02. 전래

커피의 기원에 관하여는 칼디(Kaldi)의 이야기를 비롯하여 오마르(Sheik Omar), 마호메드(Muhammad)의 전설 등 여러 가지 이야기가 전해지고 있는데 양치기 소년 칼디의 이야기가 가장 널리 알려져 있다. 7세기 무렵 에티오피아에 칼디라는 양치기 소년이 있었는데 양떼들이 붉은 열매를 따먹은 날에는 밤이 되어도 자지 않고 울어대며 소란을 피우는 것을 발견하고 그 열매를 따 먹어 보았더니 전신에 활력이 넘치고 기분이 상쾌해짐을 느낄 수 있었다. 칼디는 이러한 사실을 가까운 이슬람 수도원에 알렸고 이야기를 들은 수도원장은 양떼들을 관찰하며 시험한 결과 이 빨간 열매에 잠을 쫓는 효과가 있음을 알게 되었다. 이후 수도승들이 수행 과정에서 각성제로 사용하면서 회교승들에 의해 이슬람의 포교와 함께 아라비아 전역으로 퍼져 나가게 되었다.

유럽에는 12세기 십자군전쟁을 통해 전파되었으나 이교도의 음료라 하여 기독교도들이 마시는 것을 금기시하였으나 1600년대 초 로마교황인 클레멘트 8세로부터 기독교도의 음료로 공인받게 되었고 곧 유럽 전역으로 퍼져나갔다.

03 · 한국에서의 커피

우리나라에 커피가 처음 알려질 당시에는 한자어 그대로 가비(加非)와 가배(咖啡)로 불렸으며, 색과 맛이 탕약과 비슷하고 서양에서 들어온 것이라 하여 양탕국(洋湯麴)으로도 불렸다. 1896년 아관파천(俄館播遷) 당시 고종은 러시아 공사관에서 커피를 대접받고는 덕수궁으로 환궁한 뒤에도 그 맛을 잊지 못하여 계속 즐겼다고 하며, 한국인 최초로 고종황제가 커피를 접한 것으로 알려져 있다. 우리나라 최초의 카페라 할 수 있는 것은 고종의 커피 시중을 들던 러시아 공사 웨베르(Karl Ivanovich Waeber)의 처형인 독일계 여인 손탁(Sontag)이 정동 러시아 공사관 앞의 왕실 소유의 땅을 하사받아 2층 양옥의 손탁 호텔을 짓고 다방을 꾸며 커피를 팔았다고 한다. 이때를 시작으로 개화기와 일제시대에는 명동과 충무로, 소공동, 종로 등에 커피점이 생겨났으며, 당시의 일본식 다방은 일부 고위층만이 드나들었다고 한다. 커피의 대중화는 6 · 25 전쟁 시기에 미군부대에서 흘러나온 커피를 통해 이루어졌으며, 1970년 동서식품에서 국내 최초로 인스턴트커피를 생산하였다.

04 · 우리나라 식품공전에서의 커피

식품공전에서는 "커피라 함은 커피 원두를 가공한 것이나 또는 이에 식품 또는 식품첨가물을 가한 것으로서 볶은 커피, 인스턴트커피, 조제커피, 액상커피를 말한다."라고 정의하고 있다.

(1) **볶은 커피** : 커피 원두(100%)를 볶은 것 또는 이를 분쇄한 것을 말한다.

(2) **인스턴트커피** : 볶은 커피의 가용성 추출액을 건조한 것을 말한다.

(3) **조제커피** : 볶은 커피 또는 인스턴트커피에 식품 또는 식품첨가물을 혼합한 것을 말한다.

(4) **액상커피** : 볶은 커피의 추출액 또는 농축액이나 인스턴트커피를 물에 용해한 것 또는 이에 당류, 유성분, 비유크림 등을 혼합한 것을 말한다.

05 원두커피와 인스턴트커피

1) 원두커피

(1) 스트레이트 커피(Straight Coffee)

특정 국가의 특정한 지역에서 생산된 단일품종의 커피, 즉 단일 품종으로 추출한 커피로 단종(單種)커피 또는 싱글 오리진 커피(Single Origin Coffee)라고도 부른다. 산지와 품종, 재배방법, 가공방법 등에 따라 각각의 독특한 맛과 향을 가지므로 독특한 풍미를 즐기기 위해 주로 마시며 좋은 품질의 원두만이 스트레이트 커피로 이용된다. 특정 국가(지역)명과 등급이 표시된 에티오피아 예가체프, 콜롬비아 수프리모, 케냐AA, 자메이카 블루마운틴, 하와이 코나팬시 등을 들 수 있다.

(2) 블렌드 커피(Blended Coffee)

가장 일반적인 커피로 품종과 생산지역, 로스팅 정도에 따라 서로 다른 맛과 향의 특성을 나타내기 때문에 조화된 좋은 맛을 얻기 위해 두 지역 이상에서 재배된 커피를 적절히 배합하여 만든다. 원두의 종류와 혼합비율에 따라 개성 있는 블렌드 커피를 만들 수 있다.

(3) 어레인지 커피(Arrange Coffee)

베리에이션 커피(Variation Coffee)라고도 한다. 커피 외에 다른 부재료를 첨가한 커피로 주로 에스프레소에 아이스크림, 생크림, 우유, 시럽 등을 첨가하여 만든다. 대표적으로 카페라테, 카푸치노, 마키아토 등이 있다.

(4) 레귤러 커피(Regular Coffee)

넓은 의미로 인스턴트커피와 비교하여 아무것도 첨가하지 않은 순수 원두커피를 말한다.

(5) 에스프레소 커피(Espresso Coffee)

에스프레소 머신을 사용하여 9기압의 압력으로 순간적으로 추출한 약 30㎖의 짙은 맛의 커피를 말한다.

(6) 콜드브루 커피(Cold Brew Coffee)

찬물로 오랜 시간 추출한 커피로, 더치커피(Dutch Coffee)라고도 부르는데 일본식의 표현이다.

2) 인스턴트커피(Instant Coffee)

인스턴트커피는 1901년 무렵 일본계 미국의 화학자인 '가토 사토리' 박사에 의해 발명되어 1938년 브라질 정부로부터 과잉 생산된 커피를 처리할 수 있는 장기적 방안을 모색해달라는 요청을 받은 스위스의 다국적 식품기업 네슬레에 의해 '네스카페'라는 인스턴트커피를 개발해 대량생산하면서 빠르게 보급되었다. 그 후 2차 세계대전을 통해 미군들에게 군수품으로 보급되면서 세계적으로 퍼져나갔다. 가용성 커피라고도 하는 인스턴트커피는 뜨거운 물로 커피를 추출한 후 수분을 제거하여 가루 또는 과립상태로 만들어 이것에 물을 가하면 녹아 다시 액체

커피가 된다. 제조법은 크게 다음 두 가지로 나눈다.

(1) 열풍건조법(Spray Dry)
농축 커피액을 160℃ 이상의 열풍에 분무하면 수분이 증발하면서 가루커피를 얻을 수 있는데 뜨거운 열로 인해 커피의 맛과 향이 손실되는 단점이 있다.

(2) 동결건조법(Freeze Dry)
농축 커피액을 -40℃ 정도에서 급랭하여 감압하면 승화작용에 의해 수분이 증발하고 알갱이 커피가 얼어진다. 뜨거운 열을 이용하지 않으므로 커피의 풍미가 크게 훼손되지 않는다.

3) 디카페인 커피(Decaffeinated Coffee)

카페인이 100% 제거된 것은 아니며, 국제적 기준은 약 97% 이상의 카페인이 제거된 커피를 말한다.

4) 향커피(Flavored Coffee)

커피업자들이 오래된 재고 커피를 처리하는 방법을 찾다가 만들어진 것이라는 이야기도 있으나 헤이즐넛(Hazelnut)을 비롯한 오늘날 100여 종이 넘는 향커피는 1970년대 미국에서 개발된 이후 한때 폭발적인 인기를 누렸다. 로스팅을 끝낸 원두에 특정 향기의 오일을 뿌려 흡수되도록 하는 방식으로 만들어진다.

B A R I S T A **CHAPTER 002** E S T A B L I S H E D C A F E

커피
생두 선택

01. 훈련목표 및 편성내용

훈련목표	커피생두선택이란 커피 로스팅과 커피 블렌딩을 위해 생두를 평가하고 분류하는 능력을 함양
수 준	3수준

단원명 (능력단위 요소명)	훈련내용(수행 준거)
커피생두 품종별 선택하기	1. 품종별로 생두를 선택할 수 있다. 2. 크기에 따라 생두를 스크린 사이즈로 분류할 수 있다. 3. 형태에 따라 생두를 분류할 수 있다. 4. 무게에 따라 생두를 분류할 수 있다.
커피생두 가공처리방법별 분류하기	1. 가공처리 방법에 따라 생두를 분류할 수 있다. 2. 생두 색상에 따라 건조방식을 구별할 수 있다. 3. 생두 색상에 따라 수분 함량상태를 구별할 수 있다. 4. 육안으로 생두의 은피를 확인할 수 있다, 5. 생두의 냄새를 맡아 상태를 확인할 수 있다.
커피생두 원산지별 분류하기	1. 육안으로 생두에서 결점두를 찾아낼 수 있다. 2. 생두의 크기에 따라 원산지 분포도를 만들 수 있다. 3. 생두의 크기에 따라 원산지별로 분류할 수 있다. 4. 생두의 모양을 보고 원산지 수확방법을 유추할 수 있다. 5. 생두의 형태에 따라 원산지 수확시기를 확인할 수 있다.

02 커피의 3대 원종(原種)

커피의 3대 원종에는 코피아 아라비카(Coffea Arabica), 코피아 로부스타(Coffea Robusta), 코피아 리베리카(Coffea Liberica)가 있는데, 이 중 아라비카와 로부스타의 두 품종이 상업적으로 재배되고 있으며 여기서 개량된 많은 개량종들이 있다.

1) 아라비카종(Coffea Arabica)

에티오피아가 원산지로 원두의 모양은 납작하고 길며 푸른빛을 띠고 기후와 토양, 질병에 상당히 민감하여 재배가 까다롭다. 해발 800m 이상의 지역에서 재배되는데 고산지대일수록 양질의 아라비카 커피가 생산된다. 전 세계에서 생산되는 원두의 70~80% 정도를 차지하며 로부스타에 비해 카페인 함량(아라비카 1.0~1.7%, 로부스타 1.7~4.0%)이 절반 정도이다. 맛과 향이 풍부하여 주요 재배종으로 재배하고 있으며, 품종 개량을 하여 재래종, 교배종, 돌연변이종 등 100여 종 가까이 있다. 주요 생산국은 브라질, 콜롬비아, 코스타리카, 과테말라, 에티오피아, 자메이카, 케냐, 멕시코, 예멘 등이고 주요 품종은 다음과 같다.

(1) 티피카(Typica)
아라비카 원종에 가장 가까운 품종으로 좋은 풍미와 신맛을 가지고 있으나 녹병에 약하여 재배에 어려움이 있어 생산량도 적고 가격이 비싼 편이다.

(2) 버번(Bourbon 부르봉)
티피카의 돌연변이종으로 18세기 인도양의 부르봉 섬(현 레위니옹 섬)에서 처음 발견되어 부르봉이라고 불렸다. 다른 변종들에 비해 수확량이 적지만, 티피카보다는 20~30% 정도 생산량이 많고 옐로 버번(Yellow Bourbon)과 레드 버번(Red Bourbon)이 있다.

(3) 카투라(Caturra)
부르봉의 돌연변이종으로 생두의 크기가 작고 풍부한 신맛과 약간의 떫은맛을 가지고 있다.

(4) 아마렐로(Amarelo)
주로 브라질에서 생산되는 품종으로 일반적인 커피체리가 붉게 익는 데 비해 이 품종은 노란색으로 익는다. 옐로 부르봉과 옐로 카투아이 등이 있다.

(5) 마라고지페(Maragogype)
브라질에서 발견된 티피카의 돌연변이 품종으로 생두의 크기가 큰 편이고 카페인 함량이 낮다.

(6) 켄트(Kent)
인도에서 발견된 티피카의 변종으로 녹병에 강하고 생산성이 높다.

(7) 수마트라(Sumatra)
인도네시아 수마트라섬에서 주로 생산되는 품종으로 가늘고 긴 형태의 생두모양을 가지고 있다.

(8) 문도노보(Mundo Novo)

부르봉과 수마트라종의 교배종으로 병충해와 환경에 적응력이 강하고 많은 수확량으로 인해 현재 브라질에서 주요 품종으로 자리 잡고 있으며, 신맛과 쓴맛의 균형이 좋다.

(9) 카투아이(Catuai)

문도노보와 카투라의 교배종으로 병충해에도 강하고 나무의 키가 낮아 생산성이 좋다. 콜롬비아와 함께 중남미지역에서 재배되는 주요 품종으로 문도노보에 비해 풍미가 단조롭고 바디감이 부족하다는 평가를 받고 있다.

(10) 티모르(Timor)

아라비카와 로부스타의 교배종으로 생두의 크기가 크고 녹병에 강한 품종으로 센터컷이 일자형이다.

(11) 카티모르(Catimor)

티모르와 카투라의 교배종으로 나무의 성장이 빠르고 수확량이 아주 많다.

(12) 자바(Java)

예멘의 버번종과 인도의 켄트종의 교배종으로 콩의 생김새는 둥근형으로 병충해에 강하고 성장이 빠르다. 짙은 바디감으로 자바커피의 대명사로 알려져 있다.

(13) 베리드 콜롬비아(Varied Colombia)

카티모르와 카투라의 교배종으로 병충해에 강하고 빠른 성장으로 다수확이 가능한 품종이다.

2) 로부스타종(Coffea Robusta)

아프리카 콩고(Congo)가 원산지로 원래는 카네포라(Coffea Canephora)의 하나인데 로부스타라는 이름으로 널리 알려져 있어 카네포라와 같은 의미로 통용되고 있다. 원두는 볼록한 둥근 모양에 붉은색을 띠고, 주로 해발 800m 이하의 지역에서 생산되며 전 세계 생산량의 20~30% 정도를 차지한다. 아라비카종보다 병충해와 질병에 대한 저항력이 강하여 재배가 용이하다. 카페인 함량이 많고 쓴맛이 강하며 향이 부족하지만 가격이 저렴하여 인스턴트커피의 주원료로 이용하고 있다. 주요 생산국으로 콩고, 베트남, 인도네시아, 우간다 등을 들 수 있다.

3) 리베리카종(Coffea Liberica)

아프리카의 리베리아(Liberia)가 원산지로 아라비카와 로부스타에 비해 병충해에 강하고 적응력이 뛰어나 재배가 쉬우며 해발 100~200m의 저지대에서도 잘 자란다. 향미가 낮고 쓴맛이 강해 상업적 가치가 떨어져 거의 재배되지 않고 리베리아, 수리남, 가이아나 등지에서 재배하며 거의 자국 내에서 소비되고 있다.

03· 재배 및 가공

1 파종, 발아

2 싹 틔우기

3 어린 묘목

4 커피나무

5 커피꽃 개화

6 열매 맺기

7 커피체리

8 커피 수확

⑨ 커피체리 세척

⑩ 건조

1) 재배

커피는 꼭두서닛과에 속하는 상록관목으로 아프리카가 원산지이다. 커피나무는 평균기온 약 20℃로 기온차가 크지 않고, 강수량은 평균 1,500mm 이상으로 서리가 내리지 않는 유기질이 풍부한 비옥토, 화산질 토양에서 잘 자란다. 어린 묘목을 심고 3~4년이 되면 수확이 가능하고 15년 정도 되었을 때 수확량이 가장 많으며 약 30년 정도 수확할 수 있다.

2) 수확

대부분 연 1회 수확하지만 지리적 위치에 따라 1년에 두 번의 우기와 건기가 반복되는 케냐 및 콜롬비아 등은 1년에 두 차례 수확이 가능하며, 적도 주변국에서는 1년 내내 수확하는 경우도 있다. 수확 시기는 북반구는 9월부터 이듬해 3월, 남반구는 4~5월이며, 수확하는 방식은 다음과 같다.

(1) 핸드 피킹(Hand Picking 손으로 따서 수확하기)

사람이 손으로 잘 익은 열매를 골라 따는 것으로, 많은 노동력을 요구하므로 가격이 비싸지만 좋은 체리만을 선별 수확하므로 좋은 품질의 커피를 얻을 수 있다. 고산지대의 소규모 농장에서 주로 이용하는 방식이다.

(2) 스트리핑(Stripping 훑어 수확하기)

수확기에 커피나무 아래에 천 등을 깔아놓고 나뭇가지를 훑어 수확한다. 이 방법으로 수확하면 잘 익은 체리, 아직 덜 익은 체리, 나뭇잎 등 모두가 떨어지는데 이물질이 포함될 수 있어 전체적인 품질이 떨어질 수 있으며, 주로 대규모 농장에서 대량 수확하는 방식이다.

(3) 메커니컬 피킹(Mechanical Picking 기계수확)

대규모의 농장에서 기계를 이용한 수확방법으로 빠른 시간에 수확이 가능하고 인건비가 적게 드는 장점이 있다. 그러나 농장을 조성할 때 기계 수확이 가능하도록 커피나무 사이 간격을 기계에 맞추어야 하고 대량 수확을 처리할 대량 가공시설을 갖춰야 한다.

3) 가공

커피 열매는 수확하여 세척, 발효, 건조, 로스팅 등의 여러 단계를 거치게 되는데 이러한 과정의 특징에 따라 커피의 맛과 향이 달라질 수 있다. 수확한 커피체리에서 외피(Out Skin)와 과육(Pulp)을 벗겨낸 내과피(Parchment)가 덮인 상태의 생두를 파치먼트(Parchment)라고 하는데 이 파치먼트 상태의 씨앗을 발아하여 커피묘목을 얻는다. 파치먼트의 내과피를 벗긴 생두를 그린 빈(Green bean)이라고 한다. 그린 빈은 실버스킨(Silver Skin)에 싸여 있는데 로스팅을 하면 실버스킨이 벗겨지게 된다. 커피열매 속에는 대부분 두 쪽의 열매가 들어 있으며, 정상적인 것은 길고 둥근 모양이며 한쪽은 볼록하고 반대쪽은 납작하다. 그러나 수정이 불완전하거나 영양상태가 좋지 못한 경우 또는 나무의 윗부분에서 따낸 열매 중에는 씨가 하나밖에 없고 굽은 모양을 한 경우가 있으며 이것을 피베리(Pea Berry)라고 한다.

생두 구입 시 포장지를 살펴보면 수세식(washed), 자연식(natural), 반수세식(semi-washed) 등 가공방식의 표시를 볼 수 있는데 이러한 가공방식이 커피의 또 다른 풍미를 결정하는 요소가 된다.

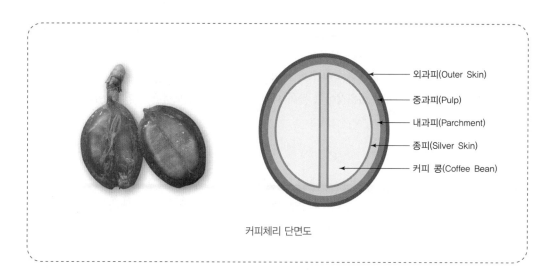

외과피(Outer Skin)
중과피(Pulp)
내과피(Parchment)
종피(Silver Skin)
커피 콩(Coffee Bean)

커피체리 단면도

(1) 건식가공(Natural Dry Process)

① **내추럴(Natural 자연건조)** : 수확한 커피체리의 과육을 제거하지 않고 이물질을 제거한 후 그대로 건조하는 전통적인 건조방식으로, 일광을 이용한 자연건조와 열풍을 이용하는 인공건조방식이 있다. 건조과정에서 과육의 단맛이 스며들어 단맛과 향미, 바디감이 좋은 특징을 가지고 있다. 물이 부족한 지역이나 소규모의 농장에서 주로 사용하는 방식으로 품질이 균일하지 못하고 건조가 제대로 되지 않으면 생두가 부패하여 맛과 향이 좋지 않다.

② **펄프드 내추럴(Pulped Natural) :** 세미 드라이 워시드(Semi Dry Washed) 방식이라고도 하며, 수확한 커피체리의 이물질을 분리한 후 과육은 제거하고 파치먼트에 붙어 있는 점액질을 그대로 둔 채 건조하는 방식으로 독특한 향미의 특성을 가지며 생두 외관의 균일성도 좋다.

③ **허니 프로세스(Honey Process) :** '펄프드 내추럴'과 유사한 방식이지만 '펄프드 내추럴'은 점액질을 전혀 제거하지 않는 반면 '허니 프로세스'는 점액질을 일부분 제거하는 차이가 있으며, 점액질의 제거 정도에 따라 옐로우(Yellow) · 레드(Red) · 블랙(Black)으로 분류한다. 단맛을 특화시킨 가공법으로 블랙이 점액질이 가장 많이 남아 있고, 옐로우가 가장 적게 남아 있다.

(2) 습식가공(Wet Dry Process)

① **워시드(Washed 수세건조) :** 물이 풍부하고 설비가 잘 갖춰진 곳에서 가능한 방식으로 수확한 커피체리를 물탱크에 넣고 물에 뜨는 것을 제거하고 발효시켜 파치먼트에 붙어 있는 점액질을 제거한 후 충분히 세척하여 찌꺼기를 씻어내고 일광이나 건조기를 이용하여 건조한다. 이 가공법은 외관이 균일하고 품질 좋은 원두를 생산할 수 있는 장점이 있으나 많은 양의 물이 필요하여 환경오염 문제를 야기하기도 한다.

② **세미 워시드(Semi Washed 반수세 가공) :** 건식법과 습식법의 절충형 가공법으로, 물탱크에서 체리를 선별한 다음 외피와 과육과 함께 점액질을 제거하고 파치먼트 상태에서 건조한다. 수세건조에 가까운 풍미의 커피를 생산할 수 있으며 발효과정을 거치지 않으므로 수세건조에 비해 효율적이고 물의 사용량이 적어 환경오염을 줄일 수 있다.

04 원두의 분류

커피의 풍미는 원두가 함유하고 있는 성분에 따라 차이가 있고 이러한 성분은 원두의 품종과 재배지역의 해발고도, 토질과 기후, 일조량 등의 환경과 수확 후의 가공방법 등에 따라 차이가 있다. 커피원두의 등급은 국제적 기준으로 매겨지는 것이 아니라 원두의 크기와 외관, 생산지역의 해발고도 등 생산국마다 각자의 등급기준이 정해진다. 따라서 상위 등급이라고 해서 커피의 풍미도 반드시 우수하다고 할 수는 없지만 좋은 품질을 지닌다고 볼 수 있다. 다만, 고산지역일수록 커피체리가 천천히 익으므로 더욱 단단하고 풍부한 맛을 갖게 된다. 커피원두의 등급을 해발고도를 기준으로 하는 경우는 상위 등급의 커피원두가 품질이 우수하다고 할 수 있다. 일반적으로 국가명을 쓰고 지역명, 농장명, 등급, 수출항구명 등을 표시하는데, 국제직 거래에서는 원두의 품종 및 생산국, 생산지역이 기본이 되고 원두의 등급은 보조적인 것이 된다. 커피는 기호식품이고 개인마다 기호가 다르므로 어느 특정 원두가 가장 맛있다고 말하기는 어렵다. 따라서 다양한 종류의 커피를 맛보며 자신의 기호에 맞는 원두를 찾는 것이 가장 좋은 방법이라고 하겠다.

1) 품종별 생두의 비교

(1) 아라비카와 로부스타 비교

구분	아라비카종	로부스타종
원산지	에티오피아	콩고
맛·향	부드러운 신맛과 풍부한 향	신맛이 약하고 쓴맛이 강하다.
생두 모양	납작하고 길쭉한 모양	둥근 모양
생두 색깔	청록색	연갈색, 황갈색
생산량	70~80%	20~30%
주 사용 용도	원두커피용	인스턴트커피용
재배지 고도	800~2,000m 이상	800m 이하
재배지 기온	연평균 15~24℃	연평균 24~30℃
재배지 강수량	연평균 1,500~2,000mm	연평균 3,000~4,000mm
병충해 저항력	약하다.	강하다.
카페인 함량	낮다.(1.0~1.7%)	높다.(1.7~4.0%)
나뭇잎 모양	길고 초록빛이 도는 푸른색	작고 둥글고 갈색을 띠는 노란색
센터 컷 모양	S자형	일직선형
풍미	향기가 풍부하고 신맛이 좋다.	중후하고 쓴맛이 있다.
빈	콜롬비아 아라비카	베트남 로부스타

(2) 스크린 사이즈(Screen Size)

생두의 크기(폭)를 나타내는 단위로 일정한 크기의 구멍이 뚫린 판(Green Bean Screener)에 생두를 놓고 흔들어 작은 생두는 구멍을 통해 아래로 빠지고 큰 생두는 그대로 남는다. 굵기가 다른 체의 크기에 따라 숫자를 부여하여 크기를 나타내는데 스크린 사이즈 1은 1/64인치(0.4㎜)를 나타내며 8~20까지 있다. 일반적으로 생두의 크기가 균일할수록 품질이 좋으며 숫자가 높을수록 생두의 크기가 크다.

(3) 보관기간에 따른 생두의 구분

생두의 수확기에 따라 특성에 차이가 있으므로, 수확에서 보관까지의 기간에 따라 통상 3가지로 분류한다. 산지와 수확연도, 가공법 등에 따라 차이가 있으나 수확 후 시간이 지남에 따라 수분함량의 차이가 생기므로 색상과 광택, 촉감 등이 변하게 된다.

> ① 뉴 크롭(New Crop)
>
> 수확한 지 1년 이내의 당해 연도에 수확한 것으로 북반구는 가을, 남반구는 봄에 수확을 하므로 18~19라고 표시한다. 즉 2018년에서 2019년 사이에 수확했음을 나타낸다. 수분함량 12~13% 정도이며 청록색을 띠고 있다.
>
> ② 패스트 크롭(Past Crop)
>
> 수확한 후 1년이 지난 것으로 10~12% 정도의 수분을 함유하고 있다.
>
> ③ 올드 크롭(Old Crop)
>
> 수확한 후 2년이 지난 것으로 9~10% 정도의 수분을 함유하고 있다.

(4) 밀도에 따른 생두 구분

높은 고도의 경작지에서 재배되는 커피나무는 천천히 생육하므로 밀도가 높아진다. 동일한 무게인 경우 밀도가 높으면 부피가 적다는 것을 의미하므로 밀도가 높을수록 향미가 풍부하다.

2) 가공방식에 따른 생두의 비교

(1) 건식가공과 수세가공의 생두 구분

수분함량이 수세가공은 12~13% 정도, 건식가공은 11~12% 정도로 수분함량이 높은 수세가공 생두는 청록색의 맑은 색을 띠고 있다. 수세건조한 생두는 로스팅 후에도 센터컷의 실버스킨이 남아 있다. 건식가공의 경우는 로스팅 과정에서 타버리므로 로스팅을 통해서 가공방식을 알 수도 있으며, 실버스킨이 많이 남아 있는 경우 떫은맛의 원인이 된다. 수세가공의 경우 여러 차례 걸러내므로 결점두 수가 적고 이물질이 혼입될 가능성도 낮지만 발효냄새가 배인 생두가 있을 수 있다. 반면 건식가공의 경우는 건조얼룩과 미숙두, 과숙두 등이 혼합되고 질적인 편차가 있다.

(2) 색깔에 따른 구분

생두는 품종, 가공 및 건조상태, 성분 등에 따라 색상의 차이가 있으나 일반적으로 청록색이 진할수록 수분함량이 높고, 갈색에서 백색에 가까울수록 수분함량이 낮다. 생두의 색은 결점두의 분류를 목적으로 하는 것이 일반적이며 보통은 아라비카종은 청록색, 로부스타종은 연갈색 내지는 황갈색을 띤다.

(3) 수분함량에 따른 구분

생두의 수분함량은 품종 및 경작지의 해발고도, 재배환경 등에 의한 영향보다는 가공과정에서 건조와 연관성이 크며, 보관상태에 따라 변할 수 있다. 일반적인 수분함량은 10~13% 정도이다.

에디오피아 아리차 워시드

에디오피아 아리차 내추럴

3) 결점두 분류

커피생두의 재배 과정이나 수확, 그리고 가공과정 또는 유통과정에서 결점두 및 이물질 등이 발생하는데, 이들은 커피의 맛에 영향을 미치므로 로스팅을 하기 전에 골라내야 한다. 이러한 작업을 핸드 픽(Hand Pick)이라 하며 결점두(Defect Bean)의 종류는 다음과 같다.

(1) **블랙 빈(Black Bean)** : 검게 변색된 생두

(2) **사우어 빈(Sour Bean)** : 과발효되어 노란색 또는 붉은색을 띠는 생두

(3) **인젝트 데미지 빈(Insect Damaged Bean)** : 작은 구멍이 있는 생두

(4) **펑거스 데미지 빈(Fungus Damage Bean)** : 곰팡이가 생긴 생두

(5) **브로큰 빈(Broken Bean)** : 깨지거나 훼손된 생두

(6) **이마추어빈(Immature Bean)** : 건포도처럼 주름지고 작은 미성숙한 생두

(7) **파치먼트 빈(Parchment Bean)** : 파치먼트가 제대로 제거되지 않은 생두

(8) **쉘 빈(Shell Bean)** : 기형적 모양의 생두

4) 스페셜티(Specialty) 커피

1980년대 들어 고품질의 커피를 요구하는 미국 소비자들에 의해 미국 스페셜티 커피협회 (SCAA ; Specialty Coffee Association of America)가 생겨났지만 스페셜티 커피에 대한 명확한 정의는 없으며 상대적으로 고품질의 커피라 할 수 있다. 커피의 등급이 주로 외관상의 품질이나 결점두 유무 등과 각국에서 정해진 기준에 따라 매겨지는 데 비해, 스페셜티 커피는 외관상의 품질뿐만 아니라 풍미, 밸런스, 바디감 등 미각적 요소들까지 반영하여 평가한다.

5) COE(Cup of Excellence) 커피

커피생산국 중 COE 대회에 참가하고 있는 국가별로 최고 품질의 커피에만 주어지는 호칭으로 농장들이 가장 자신 있는 생두를 출품하여 1차로 주관국 심사위원의 심사를 거친 다음 국제심사위원의 심사를 거쳐 최종 생두가 결정된다. 최종 생두 중 85점 이상의 점수를 획득한 생두는 COE라는 호칭을 얻게 되며 상위 10개를 다시 한 번 심사하여 최종 1위가 결정된다. COE 커피는 인터넷 경매에 의해 최고가 응찰자에게 판매되는데, COE를 부여받은 농장에서 생산된 모든 생두가 COE 호칭을 받는 것은 아니다.

6) 코모디티(Comodity) 커피

커머셜(Commercial) 커피라고도 하며, 대중적으로 유통되는 일반적 커피를 말한다.

7) 유기농 커피(Organic Coffee)

농약과 화학비료를 사용하지 않고 퇴비를 사용하며 자연환경 그대로의 상태에서 재배하여 국가기관 또는 공인기관에서 일정한 기준에 따라 심사하여 인증마크를 부여한다.

8) 공정무역 커피(Fair Trade Coffee)

대기업이나 중간 상인들이 폭리를 취하는 유통구조를 탈피하여 대부분 빈민국인 제3세계 커피 생산자, 즉 농민들의 빈곤과 노동력 착취를 지양하고 합리적인 가격으로 직접 농가에서 구매하여 제3세계 커피생산자들을 보호하자는 취지로 시작되었다.

COFFEE BELT (COFFEE ZONE)

05 · 산지별 원두의 종류와 특징

1) 커피 존(Coffee Zone)

커피는 적도를 중심으로 남북회귀선의 열대와 아열대 지역의 기후와 토양이 적합한 지역에서 재배된다. 세계지도를 펼쳐 놓고 보면 그 지역들이 하나의 띠를 이루고 있어 이 지역을 커피 존(Coffee Zone) 또는 커피 벨트(Coffee Belt)라 부르며 약 60~70여 개국이 속해 있다.

2) 아프리카 대륙(Africa)

(1) 부룬디(Burundi)

국토의 대부분이 해발 1,500m 이상의 산악지로 이루어진 부룬디는 커피 경작의 해발고도가 높아 좋은 커피맛으로 유명하다. 생산량의 95% 이상이 아라비카종으로 부드러운 신맛과 단맛의 고소한 풍미, 열대과일향 등으로 편안하게 마실 수 있는 커피로 알려져 있다.

- **품종** : Typica, Bourbon 등
- **등급** : AA, A, AB, C

(2) 에티오피아(Ethiopia)

아라비카 커피(Arabica Coffee)의 원산지로 지구상에서 가장 오랜 역사를 지닌 커피의 고향으로 불리는 나라이다. 예멘과 함께 모카커피라는 이름을 전 세계에 알렸으며, 적도의 고지대에 위치하여 천혜의 커피 재배환경을 갖고 있다. 에티오피아에는 아직 알려지지 않은 수많은 종류의 커피나무가 있으며, 커피의 등급은 생두 300g당 결점두 수에 따라 Grade 1~8까지 나눈다. 대부분 건식법으로 가공하며 해발 1,500~1,800m의 고산지대에서 생산하는 최상급의 수세건조방식으로 처리된 아라비카 커피 원두를 모카라 한다. 이외에도 드지마(Djimah), 시다모(Sidamo), 예가체프(Yrgacheffe), 리무(Limu) 등이 있으며, 주요 산지의 명칭이 커피 이름으로 사용되고 있다.

- **품종** : Native Arabica, Bourbon, Typica 등
- **등급** : G1, G2 ,G3, G4, G5, G6, G7, G8

예가체프(Yirgacheffe)

부드러운 신맛과 과실향, 꽃향기 등으로 에티오피아 커피 중 가장 세련된 커피이다. 커피의 귀부인이라는 칭송을 받는 남부지역의 예가체프와 시다모(Sidamo)의 경우 수세 방식으로 처리되어 가벼운 바디감을 지니며 흙냄새 특유의 텁텁함이 없다. 같은 커피이지만 예가체프와 시다모를 자연건조법으로 처리했을 경우 전혀 다른 풍미를 갖게 되며, 주로

에티오피아 동부지역에서 자연건조법으로 가공한다. 매우 부드러운 꽃향과 혀끝을 맴도는 잔향, 부드러운 바디감은 예가체프의 독특한 특징이기도 하다.

시다모(Sidamo)

시다모 지역은 에티오피아 남부에 위치하며 해발고도 1,400~2,000m에서 재배되어 부드러운 신맛과 단맛, 꽃향이 적당히 어우러지고, 카페인이 거의 없어 저녁시간에 마시기 좋다.

하라(Harrar)

에티오피아의 축복이라 불리는 하라 커피는 예멘의 모카와 함께 세계 최고급 커피 중 하나로 해발고도 1,800~2,500m에서 자연건조방식으로 생산된다. 중후하고 감미로우며 풍부한 향미를 가지며, 생두의 크기에 따라 롱베리(Long Berry)와 쇼트베리 (Short Berry)로 나눈다.

(3) 케냐(Kenya)

19세기 후반 에티오피아를 통해 처음 커피를 도입한 케냐는 아프리카 대표 커피 생산국으로 인정받고 있다. 강한 신맛과 짙은 향미, 과일의 달콤함까지 균형이 잘 잡힌 고급 커피로 알려진 케냐 커피는 대부분 1,500~2,100m 고산지대에서 재배되고, 생두의 크기를 기준으로 4등급으로 나눈다. 대표적 커피로는 최상급 커피인 케냐 AA(Kenya AA)와 케냐 AA보다 두 배 높은 가격에 거래되는 이스테이트 케냐(Estate Kenya)가 있다. 생두는 대체로 밝은 청록색을 띠며 짙은 향미와 강한 신맛, 또는 쌉쌀한 맛을 가지고 있다.

> • 품종 : Native Arabica fro Ethiopia, Ruiru II, Bourbon, Kents, Typica 등
> • 등급 : AA, A, AB, C

케냐 AA(Kenya AA)

세계적으로 인정받는 커피로 생두의 크기, 모양, 밀도의 등급을 의미한다. 가장 사이즈가 큰 케냐 AA는 대부분 수세방식으로 가공하며 많은 커피오일을 함유하여 케냐 커피 특유의 기름지고 강한 향미를 준다.

(4) 말라위(Malawi)

마주주(Mazuzu) 고산지대의 소규모 개인농장 중심으로 커피가 생산되며 케냐 커피에 비해 산미가 조금 덜하나 풍부하고 부드러운 바디감을 가지고 있다. 생두의 크기를 기준으로 3등급으로 나눈다.

> • 품종 : Geisha, Catimor, Mundo Novo, Blue Mountain, SL 28 등
> • 등급 : AAA, AA, A

(5) 르완다(Rwanda)

커피 생산에 적합한 환경을 가진 국가로, 소규모 영세농가에 의해 아라비카 품종만 주로 재배되고 있으며 품질은 뛰어나다. 르완다 커피는 아프리카 커피의 특징을 가지면서도 과일의 달콤함과 부드러운 신맛, 다크 초콜릿의 중후함과 은은한 캐러멜 향이 잘 조화를 이루고 있다. 가공방법에 따라 풀리 워시드(Fully Washed), 워시드(Washed)로 구분한다.

- **품종** : Bourbon, Catuai 등
- **등급** : AA, AB, PB

(6) 탄자니아(Tanzania)

탄자니아의 대표적인 커피는 킬리만자로(또는 탄자니아 AA)이며, 대부분 수세식으로 생두를 가공하는데, 품위 있는 산미와 단맛, 풍부한 코코아 향을 겸비하고 있다. 다른 커피에 비해 약간 더 부드러운 맛이 특징으로 아침과 저녁에 마시기 좋은 커피로 알려져 있다. 아라비카종과 로부스타종을 함께 재배하고 있으며, 커피 품질 등급은 케냐 방식을 기준으로 하여 생두의 크기에 따라 6단계로 구분한다.

- **품종** : Bourbon, Caturra 등
- **등급** : AA, A, AMEX, B, C, PB

(7) 우간다(Uganda)

로부스타 커피를 주로 재배하고 작은 시골농가에서는 아라비카를 재배한다. 다소 거칠다는 평가도 있으나 아프리카 커피의 전형적인 풍미를 가지고 있다. 근래에 들어 공정무역단체와의 거래를 통해 품질향상과 지역발전을 선도하는 대표적 공정무역커피로 생두의 크기에 따라 등급을 나눈다.

- **품종** : Kents, Typica 등
- **등급** : A, AA

(8) 예멘(Yemen)

예멘 모카(Yemen Mocha)는 자메이카 블루마운틴(Jamaica Blue Mountain), 하와이언 코나 (Hawaiian Kona)와 더불어 세계 3대 커피의 하나로 인정받고 있다. '모카'는 예멘의 남단에 위치한 항구 이름으로, 이곳을 통해 오래전부터 유럽으로 커피를 수출했던 데서 유래하였다. 오늘날 예멘과 에티오피아의 해발 1,500~1,800m의 고산지대에서 생산하는 아라비카 커피를 모카라고 부르는데, 저녁시간에 마시기 적합하다. 대부분의 모카커피가 초콜릿 향을 지니고 있어 최근에는 초콜릿 향을 인공적으로 첨가하여 모카라는 이름을 쓰기도 한다. 대표적인 예멘 모카커피로는 과일 향이 풍부하고 신맛이 강하며 적절한 쓴맛과 단맛을 가진 모카 마타리(Mocha Mattari)와 이보다 부드러운 맛을 가진 모카 히라지(Mocha Hirazi), 산도는 낮지만 균형 잡힌 맛과 향을 가진 모카 사나니(Mocha Sanani) 등이 널리 알려져 있다.

> • 품종 : Typica, Bourbon 등

3) 아메리카 대륙(America)

(1) 볼리비아(Bolivia)

국토의 절반이 산악지인 볼리비아는 해발고도를 기준으로 상위등급인 SHG와 아래 등급인 HG로 나눈다.

> • 품종 : Typica, Bourbon 등
> • 등급 : SHG, HG

카라나비 SHG(Caranavi SHG)

볼리비아의 최상급 커피 산지로 알려진 카라나비는 지역의 토착농민들에 의해 대부분 소규모 유기농으로 재배된다. 적당한 산미와 가벼운 초콜릿 향을 지닌 볼리비아 커피는 신맛이 두드러지지 않으면서 다른 맛들과 조화를 잘 이루고 있는 커피로 깔끔한 뒷맛이 특징이다.

(2) 브라질(Brazil)

세계 제1위의 커피 생산국이자 수출국으로 다른 국가들에 비해 비교적 저지대에 위치한 대규모 농장에서 재배하고 있다. 어떤 산지의 커피와도 잘 어울리며 깊은 향과 조화로운 맛으로 인해 주로 블렌딩용으로 많이 사용된다. 지역의 특성에 따라 아라비카종, 아라비카 변종 및 교배종, 로부스타종 등 여러 가지 품종과 다양한 품질의 커피를 생산한다. 건식가공법(Dry Method)으로 가공하기 때문에 과육의 당즙이 생두에 그대로 스며들어 단맛을 지니게 된다. 결점두 기준에 따라 5개 등급으로 분류하며 최고 등급은 'No.2'이다.

> • 품종 : Bourbon, Typica, Mundo Novo, Caturra, Catuai, Maragogype 등
> • 등급 : No.2, No.3, No.4, No.5, No.6

산토스 No.2(Santos No.2)

산토스는 브라질산 커피를 선적하던 항구 이름에서 유래한 명칭으로 브라질에서 수출하는 커피는 일반적으로 '브라질 산토스'라 한다. 이 중 가장 품질이 좋은 커피는 보통 '산토스 No.2'로 유통되며, 버번종에서만 생산된 경우는 '버번 산토스 No.2'라고 불린다. 산토

스 커피는 부드러운 맛과 신맛이 균일하게 조화를 이루며 부드러운 풍미와 적당히 쓴맛이 어우러진 중성적 매력으로 주로 블렌딩(Blending)에 많이 쓰인다.

(3) 콜롬비아(Colombia)

콜롬비아 커피는 워시드 커피(Washed Coffee)인 마일드 커피(Mild Coffee)의 대명사로 수프리모(Supremo)와 엑셀소(Execlso)가 유명하다. 콜롬비아 생두는 주로 청록색을 띠며, 생두의 크기에 따라 4개 등급으로 분류하고 있다. 일반적으로는 커피가 생산된 지역명을 커피 이름으로 사용하지만 최상급 커피에는 생산지역과 관계없이 최고 등급인 수프레모(Supremo)와 엑셀소(Excelso)라는 이름을 붙인다. 콜롬비아커피생산자협회(FNC ; Federa cion Nacional de Cafeteros de Colombia)의 철저한 관리하에 로부스타의 재배를 금하고, 스크린 사이즈 13 이하는 수출을 금지하고 있다. 콜롬비아 커피는 향기가 풍부하고 부드러워 블랜딩용으로 좋으며, 스트레이트용으로도 좋다.

> • 품종 : Typica, Bourbon, Caturra, Maragogype 등
> • 등급 : Supremo, Execlso, UGQ, Caracoli

수프레모(Supremo)

콜롬비아 안데스 산맥의 고산지대에서 재배되는 마일드 커피의 대명사로 스크린 사이즈 17 이상인 콜롬비아 스페셜티(Specialty) 커피의 최고 등급을 의미하는데, 습식법(Wet Method) 으로 가공하여 일정한 품질을 유지하고 있다. 원두의 크기를 나타내는 스크린 사이즈 17 이상의 최상품을 수프레모(Supremo), 14~16을 엑셀소(Execlso), 14 UGQ(Usual Good Qualiry), 12 이하를 카라콜리(Caracoli)로 분류한다. 즉, 수프레모는 생두 품질의 등급이 아니라 생두 크기의 등급분류라 할 수 있다.

(4) 코스타리카(Costa Rica)

코스타리카는 고급의 커피 원두를 생산하기 위하여 법으로 아라비카종만 재배하도록 하고 수세가공을 통하여 생산하고 있다. 산호세(San José)의 고산지대에서 생산되며, 균형 잡힌 풍미와 조금 강한 쓴맛과 신맛이 동시에 나는 진하고 향기로운 원두로 알려져 있다. 코스타리카는 생산지역의 표고에 따라 8개 등급을 나누는데, 대부분의 코스타리카 커피는 가장 우수한 등급인 SHB(Strictly Hard Bean)로 이는 거의 모든 커피 재배지역이 해발고도 1,200m 이상이기 때문이다. 이러한 고산지대는 커피체리의 성숙 속도를 늦추어 풍미가 내부 깊숙이 간직되도록 한다.

> • 품종 : Caturra, Catuai 등
> • 등급 : SHB, HB 등

(5) 쿠바(Cuba)

쿠바 커피는 깨끗한 맛과 좋은 산도, 신맛과 쓴맛의 조화로 균형 잡힌 바디감이 특징이며, 스크린 사이즈를 기준으로 18 이상은 엑스트라 터키노(Extra Turqrino), 17~18 터키노(Turqrino), 16~17 알투라(Altura), 15~16 몬타나(Montana), 14~15 쿰브레(Cumbre), 가장 작은 피베리 사이즈 카라콜리오(Caracolillo) 등 모두 7등급으로 나눈다.

> • **품종** : Typica, Bourbon, Caturra, Catuai 등
> • **등급** : Crystal Mountain, Extra Turquino, Turqurino, Altura, Montana, Cumbre, Caracolillo(PB)

쿠바 크리스털마운틴(Crystalmountain)

헤밍웨이가 즐겨 마셨다는 크리스털마운틴 커피는 자메이카 블루마운틴에 대적할 만한 것으로 쿠바정부에서 관리하는 대표적 커피이다. 온난한 기온과 알맞은 강수량이 빚어낸 양질의 토질에서 생산되는 중후한 아로마와 섬세하고 달콤한 맛의 커피로 알려져 있다.

(6) 도미니카(Dominica)

'산토 도밍고'라는 상표로 유명한 도미니카 커피는 섬나라 특유의 부드럽고 깔끔한 풍미로 유명하며 최적의 기후조건에서 생산된 도미니카 커피는 깊고 부드러우며 달콤한 맛이 특징으로 설탕을 넣지 않아도 될 정도로 단맛이 뛰어나다. 스크린 사이즈에 의해 등급을 구분한다.

> • **품종** : Caturra, Typica 등
> • **등급** : AA(스크린 사이즈 17~18), A(스크린 사이즈 15~16)

산토 도밍고(Dominica AA Santo Domingo)

재배고도 400~1,000m로 높지 않지만 습식법으로 가공하는 산토 도밍고산 커피는 해안지역 재배 커피 특유의 마일드하고 부드러운 맛이 그 특징이며, 주로 미국에서 많이 소비되고 있다. 달콤한 바닐라 향과 견과류의 고소함이 느껴진다.

(7) 에콰도르(Ecuador)

그늘막 재배로 유명한 에콰도르 커피는 향기로운 꽃향과 달콤한 과일향, 부드러운 신맛과 초콜릿 맛이 어우러진 바디감이 훌륭한 커피라는 평가를 받고 있다. 에콰도르 커피농장은 인공적으로 조성한 농장이 아니라 야생상태로 커피나무들이 심겨 있어 자연적으로 생기는 그늘에서 재배하는 방식으로 최근 친환경 및 유기농이 관심을 모으면서 인기를 끌고 있다. 재배지역의 해발고도에 따라 등급을 나눈다.

> - **품종** : Typica, Bourbon 등
> - **등급** : SHB(해발 1,200~1,800m), HB(해발 900~1,200m)

에콰도르 SHB(Ecuador SHB)

에콰도르 SHB는 험준한 안데스 산맥 고산지대에서 주로 야생상태로 커피나무가 심겨 그늘재배방식으로 재배되며, 유기농 인증을 받은 커피가 많다. 향기로운 꽃향과 달콤한 과일향, 기분 좋은 신맛과 초콜릿 맛이 어우러져 바디감이 부드럽고 깊다는 평가를 받고 있다.

(8) 엘살바도르(El Salvador)

부드러운 농도와 신맛이 뛰어난 최고 등급의 커피는 SHG(Strictly High Grown)로 그늘재배방식으로 재배된다. 지금도 화산활동이 일어나는 화산지대에서 재배된 독특한 풍미의 커피로 단맛이 좋으며 산미는 덜하여 감미로운 맛을 가지고 있다. 엘살바도르 커피는 대규모 수출보다 지역이나 협동조합을 통한 스페셜티 시장에서 활발히 유통되는 것으로 알려져 있으며, 재배지역의 해발고도에 따라 등급이 매겨진다. 엘살바도르 커피의 특징 중 하나는 다양한 커피나무 종류로 가장 널리 알려진 것이 파카와 마라고지페의 혼종으로 독특한 커피인 '파카마라(Pacamara)'가 있다.

> - **품종** : Bourbon, Pacamara 등
> - **등급** : SHG, HG

엘살바도르 팬시 SHB(El Salvador Fancy SHB)

엘살바도르 커피 중 최고 등급의 커피는 SHG(Strictly High Grown) 또는 SHB(Strictly Hard Bean)이다. 엘살바도르 팬시 SHB는 그늘재배방식으로 재배된다. 버번종이나 파카마라종 계열의 커피나무에서 재배된 생두의 경우 향기가 강하고 복합적이며 매우 유쾌한 맛을 낸다.

(9) 과테말라(Guatemala)

과테말라 커피는 주로 화산지역에서 재배되어 고급 스모크 커피(Smoke Coffee)의 대명사인 안티구아(Antigua)가 대표적이며 코반(Coban), 우에우에테낭고(Huehuetenango), 산타 로사 (Santa Rosa), 산 마르코스(San Marcos) 등이 유명하다. 해발고도를 기준으로 7개 등급으로 나누며, 최고 등급은 해발 1,600m 이상의 지역에서 생산히는 SHB(Strictly Hard Bean) 등급이다.

> - **품종** : Bourbon, Typica, Maragogype 등
> - **등급** : SHB, HB, SH, EPW, PW, EGW, GW

안티구아(Antigua)

화산재 토양에서 재배되어 스모크 커피의 대명사가 되어 있다. 안티구아 커피는 향미를 자랑하며 진한 신맛부터 옅은 신맛까지 다양한 커피 맛을 지니고 있다.

코반(Coban)

다른 커피 생산지역과 달리 연중 내내 구름이 끼고 많은 비가 내리며 매우 습한 기후와 석회암과 점토로 이루어진 토양에서 커피를 재배하고 있다. 코반 커피는 중간 정도의 바디감을 가지며 가벼운 신맛과 과일향을 지니고 있다.

과테말라 SHB

과테말라 커피협회는 과테말라 전역의 커피를 정기적으로 테스팅하여 지역별 이름을 쓰는 커피(안티구아, 코반 등)들은 매우 엄격한 기준을 통과해야 지역명을 쓸 수 있도록 하고, 기준을 통과하지 못한 낮은 등급의 커피는 과테말라 SHB라는 일반적 이름으로 유통한다.

(10) 온두라스(Honduras)

온두라스는 국토의 70~80%가 고지대 산악지형으로 이루어져 있고 커피 재배에 적합한 화산재 토양을 가지고 있다. 해발고도 1,000~1,700m의 고지대에서 재배되는 온두라스 커피는 해발고도를 기준으로 3개 등급으로 나눈다. 대표적인 커피는 온두라스 SHG, 온두라스 HG이며, 지역명 또는 COE 대회에서 우승한 농장명을 함께 사용하기도 한다. 부드러운 신맛과 달콤한 캐러멜 향, 약간의 쓴맛이 조화를 이루어 주로 블렌딩용으로 사용된다.

> - **품종** : Caturra, Catuai 등
> - **등급** : SHG(1,500~2,000m), HG(1,000~1,500m), CS(900~1,000m)

(11) 자메이카(Jamaica)

자메이카의 대표적 커피인 블루마운틴(Jamaica Blue Mountain)은 블렌딩이 따로 필요 없을 정도로 조화로운 맛과 향이 뛰어나 커피의 황제, 세계 최고의 커피로 불리고 있다.

> - **품종** : Blue Mountain, Typica 등
> - **등급** : 재배지역의 고도에 따라 4등급으로 분류하고, 블루마운틴은 생두의 크기에 따라 3등급으로 분류된다.

등 급			스크린 사이즈	재배지역 고도
High Quality	Blue Mountain	No.1	17~18	해발 1,100m 이상
		No.2	16	
		No.3	15	
Low Quality	High Mountain			해발 1,100m 이하
	Prime Washed Jamaican			해발 750~1,000m
	Prime Berry			

자메이카 블루마운틴(Blue Mountain)

커피의 황제, 세계 최고의 커피 등 많은 수식어가 붙는 자메이카 블루마운틴 커피는 자메이카 동쪽 블루마운틴(Mt. Blue Mountain) 지역에서 생산되는 커피로 자메이카 커피산업위원회(JCIB ; Jamaica Coffee Industry Board)의 철저한 관리와 법령에 의해 생산 지역을 제한하여 생산하고 있다. 일반적으로 다른 나라들이 사용하는 마대자루가 아니라 나무상자에 넣어 수출하는 등 차별화된 고급스러움을 강조하고 있다. 생산량의 대부분을 일본에서 수입하여 그 희소성 때문에 가격이 비싼 것으로도 알려져 있다.

(12) 멕시코(Mexico)

국토의 1/3이 고원지대로 멕시코산 커피에는 고지대에서 생산된 커피라는 뜻의 이름이 붙는다. 전통적인 멕시코 커피는 고급 백포도주의 풍미와 유사하다고 하는데, 신맛과 향기가 적당히 어우러져 있어 주로 블렌드 커피나 강한 맛의 커피를 만드는 데 사용한다. 재배지역의 해발고도를 기준으로 4등급으로 나눈다.

- **품종** : Typica, Bourbon, Maragogype 등
- **등급** : SHG, HG, Prime Washed, Good Washed

알투라 SHG(Altura SHG)

알투라는 '고지대' '높은 곳'을 뜻하는 스페인어로 고산지대에서만 생산된다. 알투라 커피는 멕시코 커피 중에서 가장 널리 알려진 커피로 주로 해발 1,700m 이상의 옥사카(Oaxaca)의 화산지대에서 재배되기 때문에 '알투라 옥사카'라고도 부른다. 가벼운 바디감과 낮은 산도, 특유의 단맛으로 마시고 난 뒤에 남는 여운이 매력적이다.

(13) 니카라과(Nicaragua)

니카라과는 태평양 연안을 따라 화산지대가 있어 토양이 비옥하고 기후 또한 커피 재배에 적합하다. 니카라과 커피 중 일부는 멕시코 커피를 생각나게 하고 또 일부는 과테말라

의 향미를 풍기기도 하는 등 매우 다양한 향미를 지니고 있다. 일부 커피 전문가들은 니카라과 커피의 향미를 여타 중남미 지역의 고산지대 커피보다 바디감과 균형감에 있어서 더 높게 평가하기도 한다. 해발고도를 기준으로 SHG, HG로 분류한다.

> • **품종** : Bourbon, Caturra, Typica 등
> • **등급** : SHG(1,200~1,800m), HG(900~1,200m)

(14) 파나마(Panama)

파나마 SHB(Strictly Hard Bean)는 균형된 바디감과 달콤함이 어우러진 신맛이 두드러지며 고급 스페셜티 커피로서의 잠재력을 가지고 있다. 최근 파나마 보큐테(Boquete) 지역 파나마 에스메랄다 게이샤(Panama Esmeralda Geisha)로 인하여 스페셜티 커피로의 인지도가 크게 상승하였다.

> • **품종** : Typica, Bourbon, Caturra, Geisha 등
> • **등급** : SHB(1,200~1,800m), HB(900~1,200m)

파나마 에스메랄다 게이샤(Panama Esmeralda Geisha)

신의 커피라고도 일컫는 게이샤 커피는 에티오피아에서 처음 발견되어 코스타리카를 거쳐 파나마로 들어오게 되었다. 파나마 보큐테(Boquete) 지역의 에스메랄다 커피농장은 곰팡이 병으로 막대한 피해를 입게 되자 병충해에 강한 품종을 재배하게 되었는데, 몇 그루의 커피나무에서 수확량은 적었지만 기존의 커피향이 아닌 꽃향과 과일향이 뛰어난 것을 발견하게 되었다. 이렇게 해서 생산된 것이 바로 파나마 에스메랄다 게이샤이다.

(15) 페루(Peru)

아라비카 100%의 품종으로 이루어져 있으며 미국국제유기농작물개발협회(CCIA)의 유기농 인증을 받았다. 페루 커피는 신선한 버터 향과 캐러멜 향이 혼합되어 달콤한 향이 강하게 남으며, 부드럽고 마일드한 것이 특징이다.

페루 SHG 오가닉(Peru SHG Organic)

페루 커피는 안데스의 고산지대에서 자라는데 이곳의 특별한 고도는 산뜻한 향기와 달콤한 미디엄의 바디감을 가진 커피를 생산하는 조건이 된다. 유기농 기준에 맞는 농장과 가공공장을 얻기 위해서 투자한 덕분에 페루는 유기농 커피를 생산하는 나라가 되었다.

(16) 푸에르토리코(Puerto Rico)

자메이카 블루마운틴과 견주어도 손색이 없다는 평가를 받는 야우코 셀렉토(Yauco Selecto)가 대표적인 커피이며, 스크린 사이즈에 따라 3등급으로 분류한다.

야우코 셀렉토 AA(Yauco Selecto AA)

야우코 셀렉토(Yauco Selecto)는 세계적으로 가장 비싼 커피 중 하나로 셀렉토란 '선택된'이란 뜻으로 3개의 농장에서만 생산하여 희소성의 가치가 더해져 가격이 비싼 편에 속한다. 깊은 향과 중후한 느낌이 일품인 커피이다.

4) 아시아 & 하와이, 오스트레일리아(Asia&Hawaii, Australia)

(1) 오스트레일리아(Australia)

큰 대륙의 섬나라인 오스트레일리아에서 커피가 재배된다는 것은 별로 알려져 있지 않지만, 섬나라 특유의 부드럽고 달콤한 향미를 지닌 고품질의 커피를 생산하고 있다. 주요 커피 재배지역은 남동부의 뉴 사우스 웨일즈(New South Wales)에서 퀸즈랜드(Queensland), 님빈(Nimbin), 리스모어(Lismore), 케이프 요크(Cape York)에 이른다.

- **품종** : Kairi Typica, Bourbon, Catuai, Mundo Novo, K7, SL6 등
- **등급** : Fancy

스카이버리 팬시(Skybury Fancy)

마리바(Mareeba) 지역에서 주로 재배되는 스카이버리(Skybury) 커피는 오스트레일리아 커피 중 가장 유명하며 기계화된 대규모 커피 농장에서 생산된다. 일반적으로 매우 풍부한 향미(Rich)를 지닌 것으로 알려져 있으며. 특히 다양한 수세식 방식을 개발하여 완전수세식(Fully Washed), 단향수세식(Sweet Washed), 발효수세식(Fermented), 부분 발효수세식(Partly Fermented) 등으로 세분화하였다. 커피 생두는 가공시간, 물, 가공처리기계라는 세 가지 요인에 의해 향미에 큰 변화를 일으키는데, 스카이버리는 이러한 요인을 과학적으로 적용하여 최고의 향미를 자랑하는 커피 생두를 재탄생시킨 것이라 할 수 있다.

(2) 하와이(Hawaii)

자메이카 블루마운틴(Blue Mountain), 예멘 모카(Mocha)와 함께 세계3대 커피로 불리는 코나(Kona)커피는 하와이 제도 빅아일랜드섬의 코나 지역의 태평양 연안 기슭의 수규모 농상늘에서 커피를 생산하고 있다. 저지대에서 재배되지만 화산재 토양과 그늘재배, 해풍의 영향 등 환경조건과 핸드피킹 방식의 수확 및 습식가공으로 고품질의 코나 커피를 생산하고 있다. 코나 지역에서 생산된 커피에만 '코나커피'라는 이름을 사용하며, 그 외 카우아이, 몰로카이, 오아후, 마우이 섬에서도 커피가 재배되고 있다. 생두의 크기와 결점두 수에 따라 4등급으로 나눈다.

> • 품종 : Typica 등
> • 등급 : Kona Extra Fancy, Kona Fancy, Kona Caracoli No.1, Kona Prime

코나 엑스트라 팬시(Kona Extra Fancy)

엑스트라 팬시(Extra Fancy)라는 명칭은 하와이 코나협회의 품질기준에 의한 등급으로 생두의 크기, 균일성, 성분의 품질 등이 등급 판정의 기준으로 엑스트라 팬시는 최고 등급을 의미한다. 코나 엑스트라 팬시 커피는 매우 부드러운 바디감을 자랑하며 깊고 풍부한 아로마를 가지며, 뒷 여운이 매우 강하면서도 마일드하다. 불쾌하지 않은 신맛, 과일 향을 생각나게 하는 향미 등 세계 최고의 프리미엄 커피로서의 명성에 맞는 풍미를 자랑한다.

(3) 인도(India)

16세기 아라비아로부터 커피가 전래되어 19세기에 들면서 본격적인 커피 생산이 시작되었다. 인도에서 생산된 커피는 6개월의 항해기간을 거쳐 영국으로 운송되었는데 긴 항해기간 동안 커피생두는 덥고 습한 화물칸에서 자연 발효되어 독특한 향미와 진한 맛을 가지게 되었다. 이렇게 발효된 커피가 올드 브라운 자바 커피(Old Brown Java Coffee)로 불리며 유럽인들의 사랑을 받게 되었다. 이후 수에즈운하의 개통과 운송수단의 발달로 항해기간이 단축되어 발효된 인도산의 커피를 맛볼 수 없게 되자, 인위적으로 습한 남서 계절풍인 몬순(Monsoon)에서 커피를 건조했고, 이는 오늘날 몬순 커피(Monsooned Coffee)로 불리며 세계적으로 인정받고 있다. 인도 커피의 주요 생산지는 남부지방의 미소레(Mysore), 말라바르(Malabar), 마드라스(Madras) 등이다. 생두 크기와 가공방식, 품종에 따라 5등급으로 나눈다.

> • 품종 : Kent, Cauwery, San Ramom 등
> • 등급 : AA, A, B, C, Bulk

인디아 몬순드 말라바(Indian Monsooned Malabar AA)

습한 몬순 바람에 노출되어 몬수닝 과정을 겪게 되면 생두의 색깔이 노랗게 변하고, 부풀며 불쾌하지 않은 발효된 향미를 갖게 된다. 묵직한 바디감과 불쾌하지 않은 텁텁함, 그리고 약한 신맛의 특징은 에스프레소 블렌딩용으로 사랑받고 있다.

(4) 인도네시아(Indonesia)

1696년 네덜란드 식민지 시대에 네덜란드로부터 자바 섬에 커피나무가 이식되면서 커피 재배가 시작되었다. 아라비카와 로부스타를 함께 재배하는데 19세기 말 커피 녹병(Coffee Leaf Rust)으로 커피농장들이 초토화되면서 병충해에 강한 로부스타 커피(Robusta Coffee)를 주로 재배하게 되었다. 주요 커피 산지로는 만델링(Mandheling) 커피로 유명

한 수마트라(Sumatra), 모카 자바(Mocha Java) 브랜드로 유명한 자바(Java), 셀레베스 토라자(Celebes Toraja)라는 브랜드로 유명한 술라웨시(Sulawesi) 등이 있다. 수마트라의 유명커피 중 세계에서 가장 비싼 커피 중 하나인 코피 루왁(Kopi Luwak)은 사향 고양이가 커피 생두를 먹은 후 배설한 것을 가공하여 만든 커피로 소화과정에서 발효되어 독특한 풍미를 갖고 있으며 그 희소성을 인정받고 있다. 결점두 수에 따라 6개 등급으로 나눈다.

> • 품종 : Catimor, Typica 등
> • 등급 : Grade 1, Grade 2, Grade 3, Grade 4, Grade 5, Grade 6

(5) 네팔(Nepal)

네팔은 커피벨트에 속하는 지역은 아니지만 20세기에 들어 네팔의 한 승려가 미얀마로부터 커피씨앗을 가져와 굴미(Gulmi) 지역에 심은 것이 풍토에 적응하여 커피가 재배되기 시작하였다. 공정무역과 유기농 친환경에 대한 선호도가 높아지면서 지명도가 높아지고 있다.

> • 품종 : Typica, Bourbon, Pacamaras, Pacas, Caturra, Cataui 등
> • 등급 : AA, A

마운틴 에베레스트 슈프림(Mt. Everest Supreme)

네팔 굴미(Gulmi)의 아르가칸치(Arghakhanchi) 지역에서 생산되는 커피로 37개 마을 900여 소규모 농부들에 의해 해발 1,500~2,000m에서 재배된다. 너티한 향과 다크 초콜릿의 단향이 조화롭고, 쓴맛과 단맛이 일품인 커피이다.

(6) 파푸아뉴기니(Papua New Guinea)

1937년 무렵 자메이카 블루마운틴(Jamaica Blue Mountain) 종자가 이식되어 커피의 재배가 시작되었다. 고산지역의 소규모 커피 농장에서 주로 재배되며, 자메이카의 블루마운틴과 흡사한 자연환경을 지니고 있다. 소량의 로부스타(Robusta)와 함께 아라비카(Arabica) 커피를 주로 재배하며, 파푸아뉴기니의 가장 대표적 커피인 시그리(Sigri)는 부드러운 신맛, 열대 꽃과 과일향 등 풍부한 향미를 가지고 있다. 좋은 품질과 합리적 가격으로 알려져 있으며, 생두 크기를 나타내는 스크린 사이즈에 따라 5개 등급으로 나눈다.

> • 품종 : Arusha, Bourbon, Blue Mountain, Typica, Caturra, Catimor 등
> • 등급 : AA(18 이상), A(17), AB(16), (15)B, C(14 이하)

시그리 AA(Sigri AA)

해발 1,700~1,800m 이상의 고산지대에서 재배하는 스크린 사이즈 18 이상의 최고급 커피로 습식가공을 한다. 자메이카 블루마운틴(Jamaica Blue Mountain) 종자가 이식되어 재배된 커피여서인지 자메이카 블루마운틴과 비슷한 풍미를 낸다. 깔끔하면서도 달콤한 뒷맛이 인상적이다.

(7) 베트남(Vietnam)

베트남은 브라질에 이어 세계 제2위의 커피 생산국으로 대부분 로부스타종을 재배하는데 우리나라에 수입되는 커피 중 가장 많은 양을 차지한다. 베트남 커피는 쓴맛이 강하고 신맛이 적은 것이 특징이며, 커피를 추출하는 방식도 특이하다.

4) 동물의 배설물 커피

어떤 종류의 커피가 가장 좋은 커피인지에 대한 명확한 것은 없다. 값비싼 커피보다는 기호에 맞는 커피가 가장 좋은 커피라고 할 수 있다. 상인들은 동물의 소화기관을 거치면서 소화효소의 작용에 의해 특이한 풍미의 커피가 만들어진다고 주장하고 희귀성 때문에 비싼 값에 거래되면서 여러 나라에서 동물의 배설물 커피가 생산되고 있다. 인도네시아의 고양이똥 커피, 베트남의 다람쥐똥 커피, 태국의 코끼리똥 커피가 많이 알려져 있다. 그 외에도 당나귀, 염소, 박쥐, 원숭이, 족제비 등의 배설물 커피가 있으며, 브라질의 토종 새로 멸종 보호종인 자쿠 버드(Jacu Bird) 커피 등 다양한 종류가 있다.

(1) 루왁커피(Kopi Luwak)

인도네시아의 대표적 커피의 하나로 '고양이똥 커피'라 불리기도 한다. 동남아시아 지역에 서식하는 야행성 잡식동물인 사향고양이의 배설물에서 얻는 커피로 요즘은 인위적인 사육장에서 루왁 커피가 만들어지고 있다. 쇠창살 안에 사향고양이를 가둬 억지로 커피 열매만을 먹여 커피콩을 얻는데 동물보호론자들은 동물학대를 주장한다.

(2) 콘삭커피(Con Soc Coffee)

베트남, 라오스 등지에서 다람쥐의 배설물에서 채취하는 '다람쥐똥 커피'로 알려진 베트남의 대표적 커피로 베트남 여행 시 반드시 맛보아야 할 먹거리로 손꼽힐 만큼 유명하다.

(3) 블랙 아이보리커피(Black Ivory Coffee)

태국 북부를 대표하는 코끼리 커피(Elephant Coffee), 일명 '코끼리똥 커피'로 알려져 있다. 코끼리의 먹이로 사탕수수와 바나나, 커피콩을 섞어 준 다음 배설물로 나온 원두를 채취하는 방식으로 코끼리의 소화과정에서 원두의 단백질이 분해되어 쓴맛이 없어져 부드럽다고 알려져 있으며, 세계에서 가장 값비싼 커피의 하나로 알려져 있다.

커피
로스팅

01 · 훈련목표 및 편성내용

훈련목표	커피로스팅이란 커피의 특징적인 맛과 향을 만들어 내기 위하여 생두에 화력을 가해 물리적, 화학적 변화를 일으켜 볶는 능력을 함양
수 준	3수준

단원명 (능력단위 요소명)	훈련내용(수행 준거)
로스팅 방법 선택하기	1. 열원이 생두에 미치는 영향에 따라 화력과 공기흐름을 조절할 수 있다. 2. 사용 용도에 따라 로스팅 단계를 선택할 수 있다. 3. 생두별 특징에 따라 로스팅 기계를 세팅할 수 있다. 4. 로스팅 프로파일을 재연하기 위하여 로스팅 그래프를 판독할 수 있다. 5. 표현하려는 맛과 향에 따라 고온단시간, 저온장시간 로스팅 방법을 선택할 수 있다.
로스팅하기	1. 볶음 정도(배전도)에 따라 로스팅할 수 있다. 2. 로스팅 기계방식에 따라 로스팅 기계를 선택 활용할 수 있다. 3. 표현하려는 맛과 향에 따라 고온 단시간 로스팅을 할 수 있다. 4. 표현하려는 맛과 향에 따라 저온 장시간 로스팅을 할 수 있다. 5. 대류열, 전도열, 복사열을 활용하여 로스팅을 할 수 있다. 6. 댐퍼(공기흐름) 조작을 통해 맛을 조절할 수 있다.
로스팅 기계 관리하기	1. 매뉴얼에 따라 로스팅 기계를 청소할 수 있다. 2. 로스팅 기계의 조작버튼 이상 유무를 점검할 수 있다. 3. 로스팅 기계의 센서의 이상 유무를 점검할 수 있다. 4. 로스팅 기계의 온도게이지 이상 유무를 점검할 수 있다. 5. 로스팅 기계의 배기 상태를 점검할 수 있다.

02• 로스팅(배전, Roasting)

건조과정이 끝난 원두는 품질변화 없이 장기보관이 가능하지만, 아무런 맛과 향이 없으므로 200~250℃의 열을 가하여 그린 빈(Green Bean)의 내부 조직에 물리·화학적 변화를 일으킴으로써 커피 특유의 맛과 향을 생성시키게 된다.

우리가 마시는 커피의 맛은 로스팅을 통해 일어나는 여러 가지 물리·화학적 변화에 따라 다르게 나타나며, 로스팅은 원두의 산지와 품종, 원두의 특징 등 여러 가지 조건에 따라 달라지므로 로스팅을 잘하기 위해서는 많은 경험과 노력이 필요하다. 생두를 로스팅하면 물리·화학적 작용에 의해 1,000여 가지의 화학물질이 생성된다고 알려져 있으며, 우리가 외부적으로 느낄 수 있는 변화는 다음과 같다.

1) 색상의 변화

생두는 연한 녹색이지만 배전을 통해 착색물질이 생기고 당질의 캐러멜화 작용에 따라 갈색으로 변한다. 이러한 변화는 높은 온도에서 일어나는데 온도가 높을수록, 오래 배전할수록 커피는 진한 갈색이 된다.

2) 무게감소와 부피증가

원두의 수분이 증발하고 탄소와 그 산화물 등의 가스가 빠져나가므로 원두의 무게는 20% 정도 감소한다. 또한 원두의 세포가 팽창되어 부피는 60% 정도 증가한다. 이와 같이 무게는 감소하고 부피가 증가함에 따라 원두의 탄력성이 떨어져 분쇄하기 쉬운 상태가 된다.

3) 풍미의 변화

가열에 의해 생두의 탄수화물이 분해되어 휘발성 산이 생성되어 신맛이 나게 된다. 신맛은 로스팅이 강해지면서 감소되고 로스팅이 빨리 진행되면 떫은맛이 나타난다. 또한 탄수화물의 캐러멜화가 일어나면서 단맛이 생기는데 2차 팽창 이후 로스팅이 더욱 진행되면 탄화되어 탄맛이 나게 된다.

로스팅 정도에 따라 색이 변하면서 커피 특유의 향이 나타나지만 강하게 볶으면 생두의 수분이 거의 증발하여 생두가 타면서 탄향이 나타난다.

4) 변질

생두 상태에서는 장기간 보관이 가능하지만 로스팅 과정을 거치면 공기 중의 산소와 수분, 커피오일 등에 의해 산패 등의 급격한 품질변화가 일어나므로 로스팅한 원두는 빠른 시일 내에 소비하는 것이 좋다.

03. 로스터(Roaster)의 종류

로스터란 생두(Green Bean)를 볶는 기계로 크게 자동과 수동, 열원의 열전달 방식에 따라 직화식·열풍식·반열풍식으로 나누며 각각의 로스팅 방식에 따른 장단점이 있어 어떤 방식이 좋다고 하기는 어려우며, 최근 전자기술의 발달로 디지털 기술을 활용하여 초보자도 쉽게 로스팅 가능한 자동화된 기계들이 선보이고 있으며 사용하는 열원은 가스, 전기, 적외선, 숯 등이 있다.

1) 열전달 방식

(1) 직화식

일정한 간격으로 전체에 구멍이 뚫려 있는 원통형의 드럼에 생두를 넣고 가열하면 드럼의 구멍을 통해 열이 전달되어 생두를 직접 가열하는 방식이다. 화력 및 배연장치의 조절에 따라 맛의 변화가 크고, 불길이 생두에 직접 접촉하므로 생두를 태울 수 있어 탄 맛이 날 수 있다.

(2) 열풍식

가열에 의해 뜨거워진 공기를 드럼의 뒤쪽에 뚫려 있는 구멍을 통하여 열풍을 전달하여 로스팅하는 방식으로 열풍에 의해 로스팅되므로 직화식에 비해 열전달이 좋아 단시간에 균질한 맛으로 로스팅할 수 있으며 배전시간을 단축할 수 있다.

(3) 반열풍식

로스터의 기본적 구조는 직화식과 유사하지만 드럼의 뒤쪽에 뚫려 있는 구멍에 가열에 의해 뜨거워진 열풍이 전달되어 로스팅하는 방식이다. 불길이 직접 드럼에 접촉하지 않으므로 생두가 불에 직접 닿지 않아 탄 맛을 내지 않고 직화식에 비해 로스팅을 비교적 짧게 끝낼 수 있다.

직화식   반열풍식   열풍식

2) 대류열, 전도열, 복사열

열전달 방식은 전도·대류·복사가 있으며, 직화식은 전도열, 반열풍식은 전도와 대류열, 열풍식은 대류열을 주로 이용한다.

(1) 대류열 : 열이 다른 물체를 통해 전달되는 현상으로 냄비에 물을 끓일 때 열이 물에 직접 닿지 않지만 물은 뜨거워진다. 또한 겨울철 실내에 난로를 켜두면 시간이 지나면서 실내 전체가 따뜻해진다.

(2) 전도열 : 열이 물체를 따라 전달되는 현상으로 냄비를 불에 올려 냄비의 밑 부분을 가열하면 냄비의 손잡이까지 뜨거워지는 현상이다.

(3) 복사열 : 대류나 전도와는 달리 열이 물체를 거치지 않고 직접 전달되는 현상이다. 태양 에너지는 전달 물체 없이 우리에게 직접 전달된다.

주로 많이 사용하는 반열풍식의 드럼식 로스터기의 경우에는 열전달 방식 중 대류열과 전도열을 잘 활용할 수 있도록 설계되며, 커피 생두가 강한 열풍으로 인해 공중에 떠서 로스팅되는 방식의 드럼이 없는 유동층 로스터기의 경우 대류현상을 통한 열에너지가 전달되어 로스팅하는 방식이다.

3) 로스팅 방법

(1) 열원이 생두에 미치는 영향
로스팅을 위해서는 가스나 전기 등의 열원이 필요하며 열원을 통해 열에너지가 커피생두에 전달되어 로스팅이 이루어진다. 로스팅이 진행되면 커피생두의 온도는 상승하여 생두가 가진 수분이 증발하면서 수분 함량은 2% 미만으로 낮아지고 무게는 감소한다. 열에너지는 생두의 표면을 가열하면서 색깔의 변화와 함께 생두의 내부에 온도상승을 통해 물리·화학적 변화를 일으켜 여러 가지의 화학반응을 일으켜 풍미를 생성한다.

(2) 로스팅 방법
가열온도와 소요시간에 따라 고온 단시간 로스팅과 저온 장시간 로스팅으로 구분한다. 고온 단시간 로스팅은 많은 열량을 공급하여 짧은 시간에, 저온 장시간 로스팅은 적은 열량을 공급하여 상대적으로 긴 시간 로스팅하는 방식이다.

구분	고온 단시간 로스팅	저온 장시간 로스팅
로스터의 종류	유동층 로스터	드럼 로스터
커피콩의 온도	230~250℃	200~240℃
시간	1.5~3분	15~20분
밀도	팽창이 커 밀도가 작음	팽창이 적어 밀도가 큼
향미	신맛이 강하고 뒷맛이 깨끗하나 중후함과 향기가 부족	신맛이 약하고 뒷맛이 텁텁하나 중후하고 향기가 풍부
가용성 성분 추출	가용성 성분이 10~20% 더 추출	가용성 성분이 적게 추출
비고	고온 단시간 로스팅은 커피 사용량이 10~20% 정도 적어 경제적이다.	

4) 생두별 특징에 따른 로스팅 설정

커피의 풍미는 생두의 품질도 중요하지만 생두의 특성에 따른 로스팅 차이에서도 비롯된다. 따라서 커피의 풍미를 잘 살리기 위해서는 생두의 특성을 파악하고 이에 맞게 로스팅을 해야 한다. 기본적으로는 약배전하면 신맛이 강하고, 강배전하면 쓴맛이 강해진다. 이에 따라 신맛이 강한 특성을 가진 생두를 약배전하면 시큼한 맛의 커피가 되고, 쓴맛이 강한 커피를 강배전 하면 쓴맛의 커피가 된다. 어떤 종류의 커피생두에도 기본적으로 신맛과 쓴맛은 있다. 따라서 쓴맛의 커피를 약배전하면 약배전의 신맛이 쓴맛과 조화를 이루어 밸런스를 잡을 수 있다. 반대로 신맛이 강한 커피는 강배전하는 것이 밸런스를 맞출 수 있을 것이다.

(1) **생두 크기의 균질성(均質性)** : 같은 열량으로 로스팅하는 경우 생두의 크기와 두께에 따라 열의 투과에 차이가 있어 균질의 생두를 로스팅하는 것이 실패 확률을 줄일 수 있다.

(2) **생두의 경도(硬度)** : 재배 산지의 해발고도에 따라 생두조직의 조밀도에 차이가 생기게 되어 단단함의 정도가 다르며, 일반적으로 해발고도가 높은 지역은 일교차가 커서 조직의 경도는 높으며, 경도가 높은 콩은 강한 화력이 필요하다. 생두의 경도는 로스팅 초기 생두 투입온도 설정과 열의 세기, 로스팅 방법의 차이를 설정하는 기준이 된다.

(3) **보관기간에 따른 로스팅** : 수확한 지 1년이 안 된 뉴크롭은 수분함량이 많아 초기 수분증발을 위한 강배전이 적합하고, 올드크롭은 상대적으로 수분함량이 낮아 약배전이 적합하다.

(4) **커피생두의 개성에 맞는 로스팅** : 각각의 커피생두가 지닌 개성 있는 풍미의 커피를 얻기 위해서는 생두의 특성을 잘 파악해야 한다. 신맛과 떫은맛이 적고 생두의 크기와 수분함량의 편차가 작으며 부드럽고 두께가 얇은 생두는 약배전이 적합하고, 개성이 강한 생두는 중강배전이 적합하다.
　　콜롬비아 커피는 보통 중배전이 적당하지만, 커피의 품질에 따라 강배전도 관계없다. 과테말라에서는 다양한 향미 특성을 지닌 커피가 생산되고 산미와 바디감의 균형이 잘 잡혀 있어 중배전이 적당하고, 에티오피아 커피는 개성 있는 향미를 위해서는 약배전을 하고 풍미의 적절한 조화를 위해서는 중배전을 주로 한다. 케냐 커피는 생두의 크기가 크고 높은 밀도를 가지고 있어 약배전에서는 강하지만 깔끔한 산미와 함께 화사한 향이 있다. 중배전에서는 적당한 산미와 함께 농익은 과일의 향미가 느껴지며, 강배전에서는 산미는 감소하지만 적포도주 또는 향신료와 같은 느낌의 독특하고 개성 있는 특징이 나타난다. 이와 같이 생두의 특성에 따라 적합한 배전도가 있으므로 어떤 종류의 생두이든 약배전부터 강배전까지 가능하지만 생산지역과 품종에 따라 차이가 있으므로 이를 고려한 로스팅을 해야 한다.

(5) 가공방법에 따른 로스팅 : 수확한 커피체리의 가공은 크게 내추럴, 워시드, 세미워시드의 방법으로 가공 건조하는데 같은 농장의 것이라도 가공 건조방법에 따라 풍미의 차이가 있으므로 생두의 가공 방법에 맞추어 맛과 향이 잘 표현되도록 로스팅 방법을 설정해야 한다.

(6) 기타 : 커피의 품종, 생두의 신선도, 포장방법, 실버스킨의 상태 등 여러 가지 요소들을 파악하여 로스팅 설정을 해야 한다.

5) 로스팅 프로파일(Roasting Profile)

로스팅 프로파일이란 로스팅 과정을 기록한 일지로 생각할 수 있다. 근래에는 IT산업의 발달로 즉각적인 기록과 데이터 저장, 프로파일 비교 분석이 가능한 만큼 로스팅 과정을 효율적으로 관리할 수 있는 로스팅 프로파일 기록 프로그램이 내장되어 있는 기계들이 출시되고 있어 보다 효율적이고 과학적인 커피 로스팅을 할 수 있다. 이러한 로스팅 프로파일을 통해 로스팅이 잘 되었는지 아닌지를 예측해 볼 수 있다.

(1) 프로파일 기록 내용 : 생두의 투입온도, 터닝포인트, 1차 팝핑(Popping), 온도, 배출시간 등을 간단하게 기록하기도 하지만 날씨와 온도, 습도, 생두의 수분함량 등에 따라서도 차이가 발생하므로 로스팅 작업장의 주변 환경이나 로스터 배기관의 길이 등 여러 가지 변수 요인들을 자세하게 기록할수록 로스팅에는 많은 도움이 된다.

(2) 프로파일 작성법
 ① 생두의 산지와 무게, 투입온도를 기록한다.
 ② 생두를 투입한 다음 생두의 온도를 일정 시간 간격으로 측정·기록한다.(보통은 30초 또는 1분 단위로 측정하여 기록한다.)
 ③ 생두를 투입하면 초기에는 온도가 떨어졌다가 상승하기 시작한다. 이때 온도가 상승하는 시점을 터닝 포인트(Turning Point)라고 하는데 여기까지 소요된 시간과 온도를 기록한다.
 ④ 생두가 그린빈에서 노랗게 색깔이 변하면서 캐러멜화 반응(Caramelization) 및 마이야르 반응(Maillard Reaction)으로 갈변현상이 일어나는데 이 시점의 소요시간과 온도를 기록한다.

⑤ 생두가 팽창되는 1차 팝핑(Popping)이 일어나면 이 때의 온도와 시간을 기록한다.

⑥ 잠시 휴지기를 가진 후 2차 팝핑이 일어나면 이때의 온도와 시간을 기록한다.

⑦ 로스팅 작업을 끝내는 시점의 온도와 시간을 기록한다.

⑧ 로스팅이 끝난 원두의 무게를 측정하여 기록한다.

⑨ 로스팅 작업 중 화력을 조절하면 그 단계의 시간과 화력의 단계도 기록한다. 로스팅 작업에는 여러 가지 변수가 있을 수 있으므로 예기치 않게 일어나는 여러 가지 특이사항 등을 기록해두면 로스팅 작업에 많은 도움이 된다.

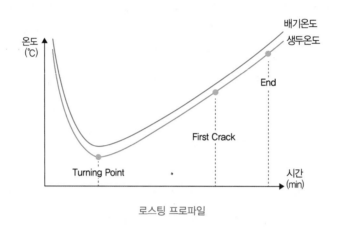

로스팅 프로파일

04· 로스터(Roaster)의 부분별 명칭 및 기능

커피로스터는 소용량의 가정용부터 100kg 이상의 산업용까지 다양한 종류가 있다. 로스터의 용량과 제조회사의 모델에 따라 기능에 차이가 있으므로 제품 설치 시 제공되는 설명서를 이해하고 숙지하도록 한다.

200~300g 미만의 소형 로스팅 기계는 대부분 시간과 온도 설정기능만 있다.

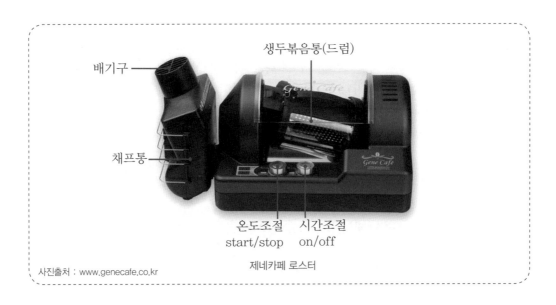

배기구 ─── ━ 생두볶음통(드럼)

채프통 ───

온도조절 시간조절
start/stop on/off

제네카페 로스터

사진출처 : www.genecafe.co.kr

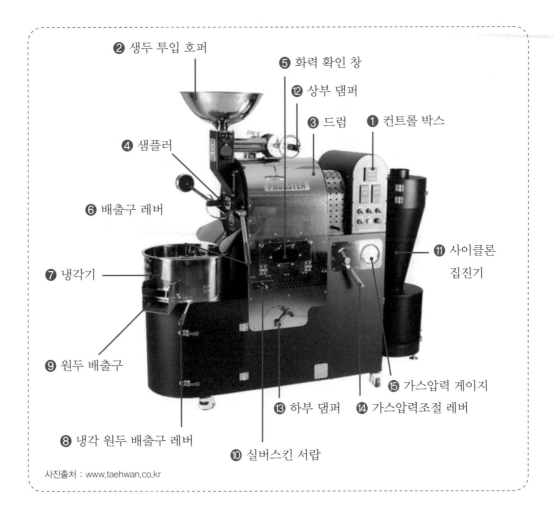

❷ 생두 투입 호퍼

❺ 화력 확인 창

❷ 상부 댐퍼

❸ 드럼 ❶ 컨트롤 박스

❹ 샘플러

❻ 배출구 레버

❼ 냉각기

⓫ 사이클론
집진기

❾ 원두 배출구

⓯ 가스압력 게이지

❽ 냉각 원두 배출구 레버 ⓭ 하부 댐퍼 ⓮ 가스압력조절 레버

⓵ 실버스킨 서랍

사진출처 : www.taehwan.co.kr

① **컨트롤 박스(Control Box)** : 로스터를 통제하는 계기판(조작판)으로 타이머, 열풍 온도 표시, 로스팅 온도 표시, 작동스위치, 버너스위치, 타이머 스위치, 냉각교반기 스위치, 알람, 비상 정지버튼 등이 장치되어 있다.

② **생두 투입 호퍼(Hopper)** : 로스팅 시작 전 생두를 담아놓는 깔때기 모양의 통으로 원하는 투입 온도가 되면 호퍼의 레버를 열어 생두를 투입한다.

③ **드럼(Drum)** : 호퍼에서 투입된 생두가 들어가는 곳으로 직화식 · 열풍식 · 반열풍식 등 각각의 로스팅 방식에 따라 모양의 차이가 있으나 기본적으로 드럼이 회전하면서 균일한 로스팅이 이루어질 수 있도록 교반작업이 이루어진다.

④ **샘플러(Sampler)** : 로스팅 작업 중에 드럼으로부터 커피콩을 꺼내 상태를 확인할 수 있는 기구로 트라이어(Trier), 테스트 스푼(Test Spoon), 탐침봉 등으로도 부른다. 로스팅을 하는 도중 커피콩의 형태, 색깔, 향 등의 변화를 확인할 수 있다.

⑤ **화력 확인 창** : 화력의 상태를 확인 할 수 있다.

⑥ **배출구 레버** : 이 레버를 열면 로스팅이 끝난 원두를 드럼에서 배출구를 통하여 냉각기로 배출한다.

⑦ **냉각기(Cooler)** : 배출구에서 나온 로스팅이 끝난 원두는 채반 모양의 둥근 틀에 담기는데 쿨링팬에 의해 커피콩을 식힐 수 있다. 로스팅 작업이 끝난 후 신속하게 냉각하지 않으면 로스팅 과정에서 커피콩들이 가지고 있는 열로 인하여 원하는 로스팅 포인트보다 더 진행이 될 수 있다.

⑧ **냉각 원두 배출구 레버** : 레버를 들어 올리면 로스팅 작업 후 쿨링이 끝난 원두가 배출된다.

⑨ **원두 배출구** : 쿨링이 끝난 원두가 배출되는 통로이다.

⑩ **실버스킨(Silver Skin) 서랍** : 로스팅 과정에서 발생하는 실버스킨과 불순물을 모아 주는 장치이다. 실버스킨은 채프(Chaff)라고도 부른다.

⑪ **사이클론(cyclone) 집진기** : 댐퍼로 공기 흐름을 열어줄 때 로스팅 과정에서 발생하는 실버스킨 및 가루먼지 등을 모아 주는 장치로, 연통을 통해 채프가 외부로 배출되는 것을 막아 준다.

⑫ **상부 댐퍼(Damper)** : 드럼 내부의 공기 흐름과 열량을 조절하는 장치로, 로스팅 작업 중 발생하는 향을 잡아 주거나 배출하고 연기와 채프 등의 먼지를 배출하는 장치이다.

⑬ **하부 댐퍼** : 배전과 냉각 조절장치로 배전 시에는 배전모드로, 냉각 시에는 냉각모드로 전환한다.

⑭ **가스압력조절 레버** : 화력을 조절하는 레버로 가스압력게이지를 통해 수치를 확인한다.

⑮ **가스압력 게이지** : 가스압력을 표시해준다.

05• 로스팅 기계관리

로스팅기계는 정기적인 점검과 유지관리를 해주어야 한다. 로스터를 사용하다 보면 연통이나 집진사이클론, 모터의 베어링 등에 채프가 축적되는데 이를 청소하지 않고 그대로 방치하면 화재의 위험성과 연소의 불안정으로 정상적인 로스팅 작업이 어렵게 된다.

1) 청소

로스팅 기계의 청소관리는 반드시 메인 스위치의 전원과 열원공급을 차단하고 기계를 충분히 식힌 후 제조회사에서 제공하는 매뉴얼에 따라 실시하도록 한다.

(1) **댐퍼** : 댐퍼가 없는 기계도 있으나 대부분 댐퍼가 달려 있다. 댐퍼가 채프로 막히면 배기와 냉각기능이 원활하지 않아 화재 위험성과 점화 실패의 원인이 되어 정상적인 로스팅이 되지 않는다. 청소 후에는 회전축에 오일을 주입한다.

(2) **베어링** : 드럼의 회전이 잘 될 수 있도록 앞·뒤축에 베어링이 장착되어 있다. 로스터에서 뜨거운 열을 받으며 많은 회전을 하기에 주기적인 점검과 청소, 그리스(grease)를 교환해주어야 한다. 이를 게을리하면 회전축의 마모가 심해지고 그리스가 굳어 소음 발생의 원인이 된다. 드라이버와 가는 봉으로 오래된 그리스를 긁어내고 더러운 부분은 깨끗이 닦아내고 깨끗한 그리스를 발라준다.

(3) **사이클론 집진기** : 사이클론 집진기에도 채프 등의 이물질이 많이 끼는데 집진기에는 점검구가 있어 이것을 열어 내부를 들여다보고 긴 솔이나 막대 등을 이용하여 사이클론 내부에 침착된 이물질을 긁어주고 고무망치 등으로 가볍게 두드려 외부에 충격을 주면 이물질을 제거할 수 있다.

(4) **배기통** : 배기통에는 채프와 그을음 등이 눌러 붙게 되는데 이곳에 이물질이 많이 쌓이면 배기능력이 저하되어 화력과 배기를 조절하기 어렵게 되므로 배기통에 맞는 솔로 청소한다.

(5) **배기용 팬** : 배기용 팬은 모터와 연결되어 팬이 드럼 내부의 공기가 외부로 배출되도록 하는데 로스팅 시 발생하는 수분, 기름기, 먼지나 채프 등이 팬에 달라붙어 배기를 방해하여 정상적인 로스팅을 어렵게 하고 기계의 수명도 단축시키고 자칫 화재로 번질 위험성이 있으므로 수시로 청소를 해주어야 한다.

(6) **온도 센서(Sensor)** : 온도 센서는 드럼 내부온도 측정을 위한 것으로 힘을 주어 잡아당기면 온도 센서의 선이 끊어질 수 있으므로 주의한다. 생두 온도를 측정하는 센서가 있는 것도 있다. 드럼 내부에 설치되어 있어 로스팅 중 발생하는 먼지나 그을음, 채프 등이 센서에 들어붙어 있으면 정확한 온도를 감지할 수 없게 된다.

(7) **냉각통** : 로스팅한 원두의 냉각을 위해 외부의 공기를 흡입하는 흡입구가 있다. 이 부분에 찌꺼기가 들러붙으므로 로스터 몸체에서 분리하여 깨끗이 청소한다.

(8) **실버스킨 서랍** : 로스팅 작업이 끝나면 실버스킨 서랍을 확인하고 비워준다. 로스팅이 끝난 직후는 뜨거우므로 주의한다.

(9) **채프통** : 사이클론 집진기를 통해 실버스킨, 먼지 등의 찌꺼기가 모이는 곳으로 이러한 이물질이 쌓이면 조그마한 불씨에도 화재의 위험이 있으므로 자주 청소를 해주어야 한다.

(10) **호퍼 투입구** : 호퍼를 로스터의 몸체에서 분리하여 먼지가 쌓여 있는 것을 청소한다.

2) 조작 버튼 점검

로스터를 통제하는 컨트롤 박스(메인보드)에는 전원스위치, 열풍온도 표시, 로스팅온도 표시, 작동스위치, 버너스위치, 냉각교반기 스위치, 비상정지버튼 등이 장치되어 있다. 로스팅 작업을 하기 전 모든 조작 버튼의 정상작동 여부를 점검한다.

3) 센서와 온도게이지 이상 유무 점검

드럼 내부 온도를 알려 주는 센서는 드럼 내부의 열을 감지하여 컨트롤 박스의 온도표시창으로 전달되어 드럼 내부의 열 온도를 알려준다. 제조사의 모델에 따라 생두 온도를 알려주는 센서가 있는 로스터도 있다.

계속해서 로스팅 작업을 하다 보면 센서에 이물질이 부착되어 정상적인 온도를 감지하지 못하여 계기판에 표시된 온도와 실제 온도가 다른 경우가 있으므로 정기적으로 센서를 점검하고 청소하여야 한다.

4) 배기상태 점검

로스팅을 하면 생두의 분진이 배기통 가장자리에 부착되어 분진의 두께에 의해 배기상태가 달라지게 되고, 드럼의 온도가 지나치게 상승하여 배기통으로 열이 전달되면서 분진으로 인한 화재의 위험성이 있다. 또한 분진으로 인하여 정상적 배기상태가 유지되지 못하면서 로스팅 시간이 짧아지게 되고 로스팅한 원두에 좋지 못한 풍미가 나게 된다. 따라서 배기상태를 상시적으로 점검하여 청소를 하여야 한다.

5) 댐퍼 조절

댐퍼가 없는 로스터도 있으나 댐퍼는 공기의 흐름을 조절하는 장치로 화력조절, 연기배출, 풍미조절의 기능을 가지고 있어 댐퍼를 다루는 작업자의 능력에 따라 커피의 풍미가 좌우되기도 한다. 드럼 내부의 열을 조절하는 방법에는 화력의 강약을 조절하는 방법과 댐퍼로 공기흐름으로 조절하는 방법이 있다. 댐퍼 조절은 로스팅 작업자에 따라 차이가 있으나 로스팅 초반에는 배기를 약간 열어 생두의 수분을 날리는 과정이 필요하다. 수분 날리는 작업이 제대로 이루어지지 않으면 떫은맛의 커피가 되고 주름이 완전히 펴지지 않아 외관도 깨끗하지 못하다. 수분을 날린 후 생두가 노랗게 변하는 단계에서는 많은 열량을 필요로 하므로 댐퍼를 많이 열면 열량이 부족할 수 있다. 댐퍼를 많이 열고 로스팅하면 로스팅 작업 시 발생하는 연기나 채프의 배출은 원활하지만 로스팅 과정에서 생겨나는 커피의 풍미도 함께 배출될 우려가 있으며, 반대로 댐퍼를 지나치게 닫게 되면 로스팅 시 발생하는 연기에 의한 스모키한 풍미와 거친 질감의 원두가 될 수 있다. 댐퍼조작은 로스팅 작업자의 판단에 따라 이루어지므로 로스팅 작업자의 경험과 능력이 중요하다고 할 수 있다.

06. 로스팅 정도에 따른 구분

로스팅의 단계별 명칭에는 약간씩 차이가 있다. 대표적으로 미국 스페셜티커피협회의 SCAA(Specialty Coffee Association America) 분류법이 있으나 우리나라와 일본에서는 전통적인 8단계로 구분하며, 간단하게 약배전(Light Roasting), 중배전(Midium Roasting), 강배전(Dark Roasting) 등 3단계로 나누기도 한다.

생두를 볶는 로스팅의 정도는 커피 맛을 감별하는 중요한 지표의 하나로 로스팅이 끝난 후 즉시 식히지 않으면 커피콩이 흡수한 내부의 열로 인하여 원하는 로스팅 포인트보다 더 진행되므로 주의한다.

1) 로스팅 4단계 과정

로스팅은 열전달에 의한 것으로 열의 전도 · 대류 · 복사에 의해 원두를 가열하여 풍미가 생성되며 건조, 갈변, 건열분해, 냉각의 4단계 과정을 거치게 된다.

① **건조** : 로스팅의 첫 과정으로 열을 흡수하고 수분을 증발시켜 흡열반응을 하는 과정이다.

② **갈변반응** : 열을 흡수한 생두가 170~180℃에 도달하면 생두의 당이 캐러멜화하여 커피의 풍미가 생성되고, 로스팅이 계속 진행되어 200℃ 정도에 도달하면 색이 변하고 1차 팽창(Crack)이 일어나 부피의 변화가 생기는 과정이다.

③ **건열분해** : 로스팅이 진행되어 2차 팽창(Crack)이 일어나고 짙은 갈색으로 변하면서 커피콩의 표면에 커피오일이 배이기 시작한다. 이 과정에서 커피의 특징적인 풍미가 생성된다.

④ **냉각** : 로스팅이 끝난 커피원두의 온도를 신속히 낮추는 과정으로, 신속한 냉각이 이루어지지 않으면 커피콩이 흡수한 내부의 열에 의해 로스팅 포인트가 더 진행되어 풍미가 감소하고 산패가 일어날 수 있다.

2) 로스팅 정도에 따른 8단계 구분

로스팅 정도는 커피맛을 감별하는 지표의 하나로 추출기구와 추출방법에 따라 로스팅 정도를 달리하며, 우리나라에서는 '하이 로스트(High Roast)' '시티 로스트(City Roast)' '풀 시티 로스트(Full City Roast)'의 3가지가 주로 유통되고 있다. 로스팅하기 전의 생두는 연한 녹색을 띠므로 '그린 빈(Green Bean)'이라 부른다.

① **라이트 로스트(Light Roast 최약배전)** : 생두가 열을 흡수하여 커피콩의 내부온도가 190~195℃에 이르면서 수분이 빠져나가기 시작하는 초기 단계로, 커피콩이 부풀지 않고 아주 약하게 볶인 옅은 황색의 상태로 특유의 향기와 맛이 전혀 없기 때문에 실질적으로 사용하지 않는다.

② **시나몬 로스트(Cinnamon Roast 약배전)** : 생두가 어느 정도 팽창하였으나 아직 주름이 완전히 펴지지 않은 상태로 커피콩의 내부온도가 200~205℃에 도달하고 생두의 실버스킨(Silver Skin)이 활발히 제거되기 시작하는 단계로 계피와 비슷한 갈색을 띠며 향기는 거의 없고 신맛이 강하다. 시중에서는 거의 사용하지 않는다.

③ **미디엄 로스트(Midium Roast 중약배전)** : 첫 번째 팽창이 일어난 다음 두 번째 팽창하기 전 단계로 '아메리칸 로스트'라고도 부른다. 커피콩의 내부온도가 205~215℃에 도달하여 생두가 충분히 부풀어 있으며 색상이 급격하게 변하기 시작한다. 연한 중간 갈색으로 신맛과 쓴맛이 함께 독특한 커피향이 나타나기 시작한다.

④ **하이 로스트(High Roast 중배전)** : 두 번째 팽창이 일어난 후로 중간 갈색을 띠며 신맛이 옅어지고 단맛이 나기 시작하며 쓴맛이 강해지기 시작한다. 일반적으로 핸드드립(Hand Drip)용의 볶음도이며, 커피콩의 내부온도가 215~225℃ 정도가 되고 이때부터 빠른 속도로 로스팅이 진행된다.

⑤ **시티 로스트(City Roast 약강배전)** : 커피콩의 내부온도가 225~230℃ 정도로 짙은 갈색을 나타낸다. 진하게 볶은 커피의 향과 달콤한 쓴맛이 나타나기 시작하고 균형 잡힌 풍미가 느껴지는 로스팅 단계로 무난하게 사용할 수 있다.

⑥ **풀 시티 로스트(Full City Roast 중강배전)** : 커피콩의 내부온도가 230~235℃ 정도의 조금 강하게 볶은 것으로 신맛은 거의 없어지고 쓴맛과 흑갈색의 깊은 맛이 있으며 아이스커피 및 크림이나 우유 등을 첨가하는 메뉴에 적합하고 에스프레소 커피용의 표준이다.

⑦ **프렌치 로스트(French Roast 강배전)** : 커피콩의 내부온도가 235~240℃ 정도로 짙은 흑갈색을 띠며 원두의 표면에 기름기가 보이고 쓴맛과 탄맛이 있으며 커피오일에서 나오는 고소한 맛도 느낄 수 있다.

⑧ **이탈리안 로스트(Italian Roast 최강배전)** : 커피콩의 내부온도가 240~245℃ 정도이고 에스프레소 로스트(Espresso Roast)라고도 부른다. 원두가 탄화할 정도로 볶아 검은 색에 가까운 갈색을 띠며 자극적이고 강한 맛의 커피이다.

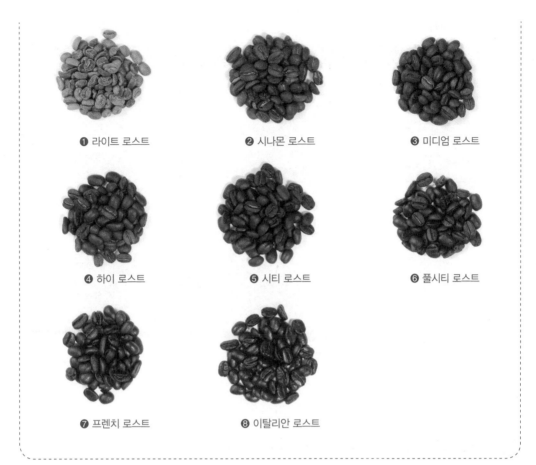

❶ 라이트 로스트 ❷ 시나몬 로스트 ❸ 미디엄 로스트

❹ 하이 로스트 ❺ 시티 로스트 ❻ 풀시티 로스트

❼ 프렌치 로스트 ❽ 이탈리안 로스트

3) 배전도에 따른 특징

배전도	온도	색	풍미	적합한 용도
라이트 로스트	190~195℃	옅은 갈색	특유의 풍미는 없다.	–
시나몬 로스트	200~205℃	연한 갈색	향기는 거의 없고 신맛이 강하다.	–
미디엄 로스트	205~215℃	연한 중간 갈색	신맛, 단맛	아메리칸 스타일의 커피
하이 로스트	215~225℃	중간 갈색	단맛이 나고 쓴맛이 강해지기 시작	드립커피
시티 로스트	225~230℃	짙은 갈색	균형 잡힌 깊은 맛	–
풀 시티 로스트	230~235℃	흑갈색	신맛은 거의 없고 쓴맛을 느낄 수 있다.	아이스커피, 에스프레소, 유럽스타일 커피
프렌치 로스트	235~240℃	짙은 흑갈색	쓴맛, 탄맛, 고소한 맛	에스프레소, 유럽스타일 커피
이탈리안 로스트	240~245℃	검은 색에 가까운 갈색	쓴맛, 탄맛	에스프레소

07· 수망 로스팅(Handy Roasting)

수망

수망 로스팅은 체 형태의 수망에 생두를 담아 가정에서 손쉽게 커피를 볶을 수 있는 기구이지만, 개성 있는 독특한 풍미를 얻기 위해 연탄이나 숯불에 수망 로스팅을 하는 소규모 매장도 있다. 가정에서 프라이팬이나 냄비를 이용하여 로스팅을 할 수도 있지만 쉽지 않은 방법이다. 수망 로스팅은 불이 생두에 직접 닿는 직화식으로 화력의 세기를 쉽게 조절할 수 있고 생두의 색이 연초록에서 노란색 → 연갈색 → 갈색 → 짙은갈색 → 흑갈색으로 변하는 과정을 직접 눈으로 살피면서 로스팅을 체험할 수 있다.

(1) **수망** : 다양한 종류의 수망이 유통되고 있으나 가급적 큰 사이즈를 선택해야 생두의 움직임이 크기 때문에 균일하게 잘 볶아진다.

(2) **열원** : 일반적으로 휴대용 가스레인지를 사용하지만 연탄불이나 참숯불을 사용하여 개성 있는 풍미의 원두를 볶는 것도 좋다.

(3) 로스팅

❶ 핸드픽 작업을 통해 생두의 이물질 및 결점두를 골라낸다.

❷ 수망의 크기에 적당한 양의 생두를 담는다. (수망 바닥에 깔릴 정도의 양이 적당하며, 생두의 양이 많으면 골고루 섞이지 않아 배전두의 색깔이 일정하지 않거나 태울 수 있다.)

❸ 열원과 20㎝ 정도의 간격을 유지하며 열이 골고루 전달될 수 있도록 수망을 좌우로 흔들어 준다.

❹ 생두의 색깔이 노란색으로 변하면서 실버스킨이 벗겨지기 시작한다.

❺ 생두의 색이 갈색으로 변하면서 1차 크랙이 일어나는데 이때 화력을 약간 낮춘다.

❻ 잠깐 휴지기가 지난 후 2차 크랙이 일어나고 색이 더욱 짙게 변하면서 커피오일이 표면에 나타나기 시작한다. 이때부터 로스팅이 급속히 진행되므로 화력을 조금 더 낮추어 로스팅한다.

❼ 로스팅이 끝나면 냉각팬이나 헤어드라이어의 냉풍을 이용해 신속히 냉각한다. 어느 정도 식기 전까지는 배전두가 흡수한 열을 품고 있으므로 급속히 식히지 않으면 로스팅이 계속 진행된다.

❽ 색깔이 전체적으로 균일하고 팽창이 잘 되었으면 수망 로스팅이 잘 된 것이다.

❾ 수망 로스팅은 작업 중에 생기는 실버스킨이 작업장 주변에 흩어져 지저분하게 되므로 실내보다는 실외가 적합하고 충분한 작업공간을 확보하는 것이 좋다.

08· 배전두의 보관

생두는 마대에 넣어 상온의 통풍이 잘되는 장소에서 장기간 보존이 가능하지만 배전두는 시간이 지나면 지방, 당질 등의 성분이 서서히 산화되어 풍미가 손상된다. 로스팅이 끝난 원두는 신속히 냉각하여 하루 정도 지난 후 진공포장을 하게 된다. 포장을 개봉한 후에는 캔이나 유리, 플라스틱, 도자기 등의 밀폐된 용기에 담아 보관하는 것이 좋다. 커피를 분쇄하면 맛과 향 등이 급속히 휘발하므로 분쇄커피보다는 원두커피를 보관하는 것이 좋으며, 필요한 분량만 꺼내 마시기 직전에 분쇄하는 것이 가장 좋다.

커피
블렌딩

01 훈련목표 및 편성내용

훈련목표	커피블렌딩이란 특성이 다른 생두·원두를 혼합, 개별 커피원두의 장·단점을 보완해 새로운 맛과 향의 커피를 만드는 능력을 함양
수 준	4수준

단원명 (능력단위 요소명)	훈련내용(수행 준거)
블렌딩 생두/원두 선택하기	1. 새로운 맛과 향을 만들기 위해 원산지별 커피생두/원두를 선택할 수 있다. 2. 새로운 맛과 향을 만들기 위해 품종별 생두/원두를 선택할 수 있다. 3. 새로운 맛과 향을 만들기 위해 가공처리방식에 따른 생두/원두를 알고 선택할 수 있다.
블렌딩 방법 선택하기	1. 원산지별로 서로 다른 생두·원두를 선택하여 블렌딩할 수 있다. 2. 품종별로 다른 생두·원두를 선택하여 블렌딩할 수 있다. 3. 가공 처리 방식별로 다른 생두·원두를 선택하여 블렌딩할 수 있다. 4. 로스팅 전과 후의 다른 방식으로 블렌딩할 수 있다.
블렌딩 배합 비율 선택하기	1. 원하는 맛과 향을 내기 위한 주된 생두·원두를 선택할 수 있다. 2. 맛과 향을 보완하고 극대화 할 생두·원두를 선택할 수 있다. 3. 개성이 있는 커피를 만들기 위해 생두·원두를 선택할 수 있다. 4. 원하는 맛과 향을 내기 위하여 다양한 배합비율을 선택할 수 있다.

02• 커피 블렌딩(Coffee Blending)

최초의 블렌딩 커피는 인도네시아 자바커피와 예멘 또는 에티오피아 모카커피를 혼합한 모카 자바(Mocha-Java)로 알려져 있다. 고급 아라비카 커피는 스트레이트(Straight)로 즐기는 것이 좋지만 원두의 산지, 품종, 가공법, 배전도 등에 따라 커피의 특성에 차이가 있어 각기 다른 특성을 지닌 원두를 적당한 비율로 배합하여 상호 부족한 특성을 보완하여 조화로운 풍미를 지닌 커피를 만드는데, 이 작업을 블렌딩이라고 한다. 따라서 블렌딩을 잘하기 위해서는 원산지에 따른 원두의 특성을 잘 알고 있어야 한다.

1) 블렌딩을 하는 이유

(1) 새로운 풍미

각기 특성이 다른 원두를 적절히 혼합하여 부족한 점을 상호보완함으로써 새로운 풍미의 커피를 얻을 수 있다.

(2) 경제성

풍미가 좋은 값비싼 원두만 사용하면 제조원가가 상승하므로 풍미가 비슷한 저렴한 원두를 혼합함으로써 원가절감을 할 수 있다.

(3) 차별성

산지와 품종, 풍미 등이 다른 원두를 적절히 배합하여 특정의 풍미를 가진 커피를 만들어 다른 매장과의 차별성을 가진 제품으로 경쟁력을 확보할 수 있다.

2) 블렌딩의 방법과 유의점

블렌딩은 생두를 블렌딩하여 로스팅하는 방법과 로스팅한 원두를 블렌딩하는 방법이 있다. 생두를 블렌딩하여 로스팅을 하면 한 번의 로스팅으로 로스팅 작업이 끝나므로 블렌딩 커피의 색상이 균일하고 편리하지만 생두가 지닌 특성을 고려하지 않으므로 로스팅 정도를 결정하기 어렵다. 반면에 로스팅한 원두를 블렌딩하면 생두의 특성에 맞게 로스팅 작업이 이루어지므로 양질의 블렌딩 커피를 얻을 수 있으나 각각의 원두를 로스팅해야 하고 로스팅 정도에 따라 색상의 차이가 있으므로 블렌딩 커피의 색상이 균일하지 않다.

(1) 여러 종류의 커피를 스트레이트로 마셔 보거나 커핑(Cupping)을 통해 각각의 원두가 지닌 특성을 잘 이해하고 기억하여야 한다.
(2) 동일한 원산지의 원두도 로스팅 정도에 따라 풍미의 차이가 있어 가장 먼저 어떤 특성을 지닌 원두를 기본으로 할 것인지를 정해야 한다.
(3) 커피의 기본 4원미(신맛, 단맛, 짠맛, 쓴맛)를 반복 테스팅을 통해 익혀 그 맛을 기억한다.
(4) 상반되는 성질의 원두를 블렌딩하여 조화로운 풍미의 커피를 만들어 본다.

(5) 특정 원두를 기본으로 하여 다른 원두를 블렌딩하여 맛을 강조하거나 조화된 풍미의 블렌딩 커피를 만들어 본다.

(6) 개성 있는 원두를 중심으로 보충의 원두를 배합한다.

(7) 원두의 향미 특성을 상호보완할 수 있는 블렌딩을 한다. 좋은 예로 예멘 모카는 꽃향과 상큼한 맛이 강하지만 중후함이 약하고, 인도네시아 자바는 상큼한 맛은 약하지만 중후함과 열대 향신료 향, 흙냄새가 있다.

(8) 추출법에 맞게 블렌딩한다. 에스프레소용인지 드립용인지를 구별한 블렌딩이어야 맛을 잡을 수 있다.

3) 블렌딩의 기본 비율

블렌딩의 절대적 비율은 없다. 여러 가지 블렌딩 테스트를 통해 기호에 맞는 원두의 종류와 비율을 찾아야 한다.

(1) 일반적으로 강하지 않은 특성을 지닌 브라질 산토스와 콜롬비아 수프리모를 블렌딩의 기본적인 원두로 사용한다.

(2) 커피를 블렌딩할 때는 기호에 맞는 생두를 선택하는 것이 중요하다. 신맛을 강조하려면 탄자니아나 파푸아뉴기니, 쓴맛을 강조하려면 로부스타종의 커피를 선택한다.

(3) 문재인 대통령이 즐겨 마시는 커피로 잘 알려진 '문 블렌딩'은 콜롬비아, 브라질, 에티오피아, 과테말라 원두를 4:3:2:1의 비율로 블렌딩한 것으로 커피전문가들 사이에서는 블렌딩의 황금비율로 알려져 있다.

(4) 일반적인 블렌딩 비율의 예(%)

① 일반적 블렌딩 : 브라질 40, 콜롬비아 30, 모카 30

② 중후하고 짙은 맛의 블렌딩 : 콜롬비아 30, 브라질 30, 모카 20, 과테말라 20

③ 부드럽고 산뜻한 맛의 블렌딩 : 콜롬비아 50, 모카 30, 브라질 20

④ 풍미가 좋은 블렌딩 : 콜롬비아 40, 브라질 20, 만델링 20, 과테말라 20

4) 블렌딩 배합비율 선택하기

(1) 일반적으로 블렌딩에는 보통 2~3종, 많게는 5종 이상의 원두를 사용하기도 하지만 지나치게 많은 종류를 사용하면 복잡해지고 개별 품종 고유의 특성이 없어질 수 있다.

(2) 가장 일반적인 블렌딩으로 원산지가 서로 다른 원두를 혼합한다.

> 예 브라질 산토스 + 콜롬비아 수프리모
> 에티오피아 시다모 + 에티오피아 하라

(3) 동일한 원두라도 배전도에 따라 풍미의 차이가 있으므로 배전도가 각기 다른 원두를 혼합한다. 이 경우 로스팅 8단계 중 3단계 이상 차이가 나지 않는 것이 좋다.

> 예 시티 로스트 + 프렌치 로스트

(4) 가공방식에 따라 풍미의 차이가 있으므로 자연건조방식과 수세건조방식의 가공법이 다른 원두를 블렌딩한다.

> 예 브라질 수세건조 + 브라질 자연건조
> - 자연건조 아라비카 : 중후함, 색깔, 크레마 강화
> - 수세건조 아라비카 : 향기, 뒷맛, 맛 강화
> - 고급 로부스타 : 크레마의 품질과 안정성 강화

(5) 아라비카와 로부스타 등 각기 품종이 다른 원두를 블렌딩한다.

> 예 아라비카 품종의 커피 + 로부스타 품종의 커피

(6) 계절에 따라 여름에는 아이스 음료를 위한 강렬한 맛의 블렌딩, 겨울에는 따뜻한 음료를 위한 마일드하고 깔끔한 맛의 블렌딩을 하기도 한다.

5) 블렌딩 특성 강화에 사용하는 원두

한 종류의 커피가 커피의 속성을 모두 갖고 있지는 않으므로 원하는 특성이 강한 원두를 블렌딩함으로써 보다 풍부한 풍미의 커피를 즐길 수 있게 한다.

(1) **상큼한 맛** : 콜롬비아, 코스타리카, 과테말라, 중남미의 고산지대 아라비카

(2) **중후함** : 인도네시아 만델링, 내추럴 건조 브라질 산토스

(3) **중후하고 달콤함** : 인도산 고급 아리비카, 내추럴 건조 브라질 산토스

(4) **향미강화** : 케냐, 과테말라, 파푸아뉴기니, 예멘

(5) **독특한 향기** : 에티오피아 예가체프, 케냐

(6) **다양한 향미** : 인도네시아 만델링, 인도네시아 술라웨시

(7) **와인 및 과일향** : 예멘, 에티오피아 하라, 케냐

커피
원두 선택

01• 훈련목표 및 편성내용

훈련목표	커피원두선택이란 사용 목적에 따라 배합 비율, 볶음 및 숙성 정도를 확인하고 평가하여 원두를 선택하는 능력을 함양
수 준	4수준

단원명 (능력단위 요소명)	훈련내용(수행 준거)
커피 원두 배합비율 (블렌딩) 선택하기	1. 아라비카종과 로브스타종의 배합 비율을 확인하여 배합된 원두를 선택할 수 있다. 2. 생산지에 따른 단일품종의 원두를 확인하여 선택 할 수 있다. 3. 블렌딩된 원두의 비율을 확인하여 원두를 선택할 수 있다.
커피 원두 볶음 정도 (로스팅 단계) 선택하기	1. 색깔에 따라 볶음 정도를 구분할 수 있다. 2. 맛에 따라 볶음 정도를 선택할 수 있다. 3. 메뉴에 따라 볶음 정도를 선택할 수 있다.
커피 원두 숙성 정도 선택하기	1. 원두의 CO_2 잔존량에 따라 숙성 정도를 확인할 수 있다. 2. 추출한 음료의 시음을 통해 숙성 정도를 판단할 수 있다. 3. 추출방식에 따라 숙성 정도를 선택할 수 있다. 4. 맛에 따라 숙성 정도를 선택할 수 있다.
커피 원두 평가하기	1. 에스프레소 추출 시 크레마의 색깔과 조밀도를 확인하여 원두의 상태를 평가할 수 있다. 2. 드립 추출 시 부풀림 정도를 확인하여 원두의 상태를 평가할 수 있다. 3. 커피의 맛을 확인하여 원두의 상태를 평가할 수 있다.

02· 커피 원두 배합비율(블렌딩) 선택하기

1) 아라비카종과 로부스타종의 특징
제2장 커피 생두 선택 "커피의 3대 원종" 참고

2) 산지별 원두의 종류와 특징
제2장 커피 생두 선택 "원두의 종류와 특징" 참고

3) 블렌딩된 원두의 비율을 확인하여 원두를 선택
제4장 커피 블렌딩 참고

03· 커피 원두 볶음 정도(로스팅 단계) 선택

1) 색깔에 따라 볶음 정도 구분
제3장 커피로스팅 참고

2) 맛에 따라 볶음 정도를 선택
제3장 커피로스팅 참고

3) 메뉴에 따라 볶음 정도 선택
제3장 커피로스팅 참고

04· 커피 원두 숙성 정도 선택하기

커피 원두의 숙성이란 로스팅 과정에서 발생한 탄산가스를 배출하는 시간적 여유를 가지는 것을 의미한다. 커피 생두를 볶으면 CO_2가 발생하는데 CO_2는 커피 추출을 방해하고 불안정한 커피맛의 원인이 되므로 CO_2를 배출하기 위해 3일 정도의 숙성 과정을 거치는데 배전도·배전상태·온도·습도 등에 따라 달라진다. 배전두의 CO_2가 모두 배출되면 외부의 산소에 의해 커피가 산화되기 시작하므로 품질유지를 위해 아로마 밸브를 부착하거나 질소충전 등의 포장을 한다. 이러한 숙성과정을 거치지 않은 로스팅 직후의 커피는 빠른 속도로 추출되거나 드립 추출을 하면 부풀음 현상이 심한 것을 볼 수 있다.

1) 원두의 CO_2 잔존량에 따른 추출의 변화

(1) 잔존하는 CO_2 양이 많은 경우 : 커피를 추출하면 커피의 고형물이 물을 만나 고형물이 물과 함께 밖으로 배출되는데, CO_2의 잔존량이 많으면 가스가 고형물이 빠지는 길을 방해하기 때문에 고형물보다 가스가 더 많이 빠져 나오게 된다. 에스프레소를 추출하는 경우 가스가 많으면 기포가 발생하며 커피가 꿀렁거리며 떨어지는 것을 볼 수 있으며, 크레마가 커피액보다 많이 추출되는 것을 확인할 수 있다.

(2) 잔존하는 CO_2 양이 안정된 경우 : 커피가 가장 맛있는 상태로 가스가 적당히 잔존하여 물이 커피입자와 만나는 적당한 시간이 유지될 수 있어 커피의 고형분을 알맞게 충분히 추출할 수 있어 적당한 양의 크레마(Crema)와 커피를 추출할 수 있다.

(3) 잔존하는 CO_2 양이 거의 없는 경우 : 커피를 추출하면 커피의 고형물이 물을 만나 고형물이 물과 함께 밖으로 배출되는데, 잔존하는 CO_2 양이 적은 경우 물이 통과하는 길에 가스가 없어 물이 머무는 시간이 짧아 고형분을 제대로 추출하지 못하는 경우가 된다. 따라서 에스프레소를 추출하는 경우 크레마는 거의 없고 커피만 빠르게 추출된다.

2) 추출한 음료의 시음을 통해 숙성 정도 판단

(1) 로스팅한 원두는 숙성과 산패가 진행되는데 이에 따라 풍미의 차이가 나며, 커피는 기호식품이므로 숙성의 최적 시점은 개인에 따라 차이가 있을 수 있다.

(2) 원두는 로스팅 과정에서 탄산가스가 생겨나고 탄산가스가 적당히 배출되는 숙성과정을 거치면서 원두의 색깔이 약간 진하게 변하고 맛도 안정된다.

(3) 로스팅을 끝낸 직후의 커피를 추출하여 마셔보면 로스팅 과정에서 생기는 그을음과 자극적 향기, 탄산가스로 인해 텁텁하고 떫은맛과 금속맛을 느낄 수 있다.

(4) 숙성이 잘된 커피는 맑고 깨끗한 색을 지니며, 맛의 농도는 짙고 깊어져 떫은맛과 쓴맛이 줄고 부드러운 맛과 그 여운이 오래 지속된다.

3) 추출 방식에 따라 숙성 정도 선택

일반적으로 로스팅 후 3~4일 정도 지난 원두가 가장 맛있고, 14일이 넘으면 품질이 저하된다고 하는데 원두가 숙성되는 기간은 원두의 종류와 숙성 방법에 따라 차이가 있고 로스팅 정도에 따라서도 차이가 있다. 따라서 정확히 어느 기간이 적당하다고 단정하기는 어려우며 중배전의 원두를 사용하는 핸드드립의 경우 2~7일 정도 지난 후 적당하고, 중강배전 이상의 원두를 사용하는 에스프레소의 경우 1주 정도가 적당하다.

4) 맛에 따라 숙성 정도를 선택

커피는 로스팅 과정에서 생기는 탄산가스가 어느 정도 배출되어야 좋은 풍미가 난다고 하며 대략 2~3일 정도의 시간이 필요하다고 한다. 숙성이 덜 된 원두로 커피를 추출하면 신선함은 있지만 약간 떫거나 쓴맛의 커피가 추출된다.

05. 커피 원두 평가하기

1) 에스프레소 추출 시 크레마의 색깔과 조밀도를 확인하여 원두 상태 평가

(1) 배전 후 얼마 지나지 않아 가스가 많은 원두로 에스프레소를 추출하면 기포가 생기고 크레마가 많이 추출된다. 배전 후 적당히 숙성된 원두로 에스프레소를 추출하면 가스가 적당히 잔존하여 물과 커피입자가 접촉하는 시간이 어느 정도 유지되어 커피의 고형분을 알맞게 끌어낼 수 있어 적당한 비율의 크레마와 커피를 추출할 수 있다.

(2) 오래되어 잔존하는 가스가 없는 커피로 에스프레소를 추출하면 크레마는 거의 없고 커피만 빠른 속도로 추출된다.

(3) 숙성 정도는 에스프레소 크레마의 지속성과 깊은 관계가 있다. 숙성되지 않은 원두는 크레마가 많이 추출되는 것처럼 보이나 크레마보다 가스가 많이 배출되어 휘발성 가스가 빠지면서 크레마도 쉽게 없어진다.

2) 드립 추출 시 부풀음 정도를 확인하여 원두 상태 평가

커피에는 물에 녹는 수용성 물질과 물에 녹지 않는 불용성 물질이 있으며, 이 수용성 물질을 추출하는 과정이 커피추출이다. 드립 시 추출은 커피가루에 물이 투과되어 커피입자 속에 있던 CO_2가 방출되면서 난류현상(Turbulence)을 일으켜 커피가루가 부풀게 되고, 이 난류로 인해 커피가루에 물이 통과하는 속도를 늦추며 커피표면에서 거품이 생기게 된다.

드립 추출 시 커피가 부풀어 오르는 이유는 커피에 잔존하고 있는 이산화탄소가 밖으로 배출되면서 생기는 현상으로 커피의 신선도와 절대적으로 관계있는 것은 아니며, 로스팅 정도에 따라 부풀음에 차이가 있다. 약배전한 원두는 중배전이나 강배전한 원두에 비해 상대적으로 부풀음이 약한데, 강하게 로스팅하면 탄산가스의 활성화가 빠르게 일어나 탄산가스의 배출이 빨라지면서 많이 부풀어 오르게 된다.

(1) 난류현상이란 커피가루가 뜨거운 물과 만나면서 커피가루의 가스를 방출하고 이 힘에 의해 커피가루와 물, 가스가 섞이는 현상으로 커피를 추출하는 과정에서 반드시 일어나며 배전 후 오래되어 가스가 빠진 커피는 난류현상이 잘 일어나지 않아 추출력이 떨어진다.

(2) 로스팅 후 얼마되지 않아 잔존가스가 많은 커피는 가스가 과다하게 방출되어 난류현상을 방해하여 추출속도가 늦어지면서 과잉추출을 유발한다.

(3) 커피입자가 굵으면 가스를 천천히 배출하고 가늘면 빠르게 배출하기 때문에 배전 후 얼마 지나지 않은 커피는 조금 굵게, 오래된 커피는 조금 가늘게 분쇄하여 커피를 추출한다.

(4) 커피의 분쇄도가 지나치게 굵거나 추출에 사용하는 물의 온도가 지나치게 낮으면 부풀음이 약하다.

3) 커피의 맛을 확인하여 원두 상태 평가

(1) 로스팅한 원두는 다공질 구조의 조직을 가지고 있어 향기와 습기 등을 쉽게 빨아들이므로 온도와 습도가 높은 장소에서 공기 중에 오랫동안 방치하면 맛과 향이 점차적으로 사라지고 산패된다.

(2) 로스팅한 원두는 숙성되면서 풍미가 강해지다가 점차적으로 좋은 향은 휘발하고 산패가 진행되면서 좋지 않은 향과 맛이 생기고 심하면 커피오일 성분의 산패로 기름 찌든 냄새, 썩은 냄새 등의 불쾌한 냄새가 나게 된다.

CHAPTER
006

커피 기계 운용

01· 훈련목표 및 편성내용

훈련목표	커피기계운용이란 에스프레소 머신, 커피 그라인더와 보조 커피기계의 설정으로 조절 가능한 범위 내에서 커피의 맛을 변화시키거나 유지할 수 있으며 관리를 통해 각 커피기계들 정상상태를 오랫동안 유지할 수 있는 능력을 함양
수 준	3수준

단원명 (능력단위 요소명)	훈련내용(수행 준거)
에스프레소 머신 운용하기	1. 에스프레소 머신의 추출 온도를 설정할 수 있다. 2. 에스프레소 머신의 추출 압력을 설정할 수 있다. 3. 에스프레소 머신의 커피 추출량을 (자동)설정할 수 있다. 4. 추출하고자 하는 커피 종류에 따른 적절한 방법으로 에스프레소 머신을 작동할 수 있다. 5. 에스프레소 머신의 작동 오류 시 이상 유무를 파악할 수 있다. 6. 소모품 교체 주기와 파악된 이상 유무를 판단해 에스프레소 머신의 소모품을 교체할 수 있다. 7. 커피음료에 영향을 주는 에스프레소 머신의 오염 범위를 세척할 수 있다.
커피 그라인더 운용하기	1. 추출도구에 맞게 커피그라인더의 분쇄 굵기를 조절할 수 있다. 2. 추출도구에 맞게 분쇄할 커피원두 사용량을 조절할 수 있다. 3. 커피 그라인더의 작동 오류 시 이상 유무를 확인할 수 있다. 4. 커피 그라인더 유형에 따라 적절한 방법으로 커피 그라인더를 작동할 수 있다. 5. 소모품 교체 주기와 파악된 이상 유무를 판단해 커피 그라인더의 소모품을 교체할 수 있다. 6. 커피 그라인더에서 원두가 닿는 부분을 청소할 수 있다.

보조 커피기계 운용하기	1 목적에 맞게 보조 커피기계를 사용할 수 있다. 2. 보조 커피기계의 작동 오류 발생 시 이상 유무를 파악할 수 있다. 3. 소모품 교체 주기와 파악된 이상 유무를 판단해 보조 커피기계의 소모품을 교체할 수 있다. 4. 위생관리와 커피음료의 맛에 변화를 미치지 않게 하기 위하여 보조 커피기계를 분해하여 세척할 수 있다.

02 • 에스프레소 머신(Espresso Machine)

바리스타는 기본적으로 에스프레소 머신의 작동과 관리요령에 대한 기본적인 것을 이해하고 있어야 한다.

에스프레소 머신의 종류는 반자동, 완전자동, 가정용 등으로 다양하며, 일반적으로 커피전문점에서는 반자동 머신을 주로 사용하고 있다. 반자동 머신은 별도의 에스프레소 그라인더를 통해 커피입자를 조절하고 분쇄하여 탬핑(Tamping)한 다음 커피를 추출하는 것이 일반적이다.

1) 각 부분의 명칭과 기능 및 관리

제조사에 따라 디자인 및 구조, 기능표시 등에 차이가 있으므로, 설치 시 제품설명서를 충분히 숙지하도록 한다.

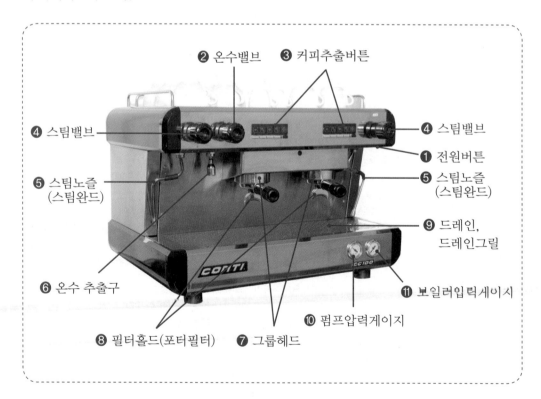

① **전원버튼(메인 스위치)** : 기계에 전원을 공급하는 스위치로 제조사에 따라 설치 위치와 ON/OFF 표시의 차이가 있다.

② **온수밸브** : 온수를 사용할 때 온수를 열어주는 밸브로 일반적으로 시계방향으로 돌리면 온수가 나오고 반대로 돌리면 멈춘다. 제조사에 따라 버튼식도 있다.

③ **커피추출버튼** : 보통 그림으로 추출양이 표시되어 있으며, 추출시간을 설정하여 정해진 시간 동안 작동할 수 있으며 수동으로 원하는 양을 추출할 수도 있다. 에스프레소 추출에서 가장 중요한 요소는 압력으로 에스프레소 추출 시의 압력은 9기압(bar)이 이상적이며, 에스프레소 머신 메이커에서 출고 시 일반적으로 9bar으로 조정되어 있다. 에스프레소 머신의 추출버튼을 누르고 기계 외부에 있는 압력계기판을 살펴 9기압을 넘거나 미치지 못하면 펌프의 압력을 조정해야 한다.

④ **스팀밸브** : 스팀을 사용할 때 스팀을 열어주는 밸브로 일반적으로 시계방향으로 돌리면 스팀이 나오고 반대로 돌리면 멈춘다. 제조사에 따라 레버식도 있다.

⑤ **스팀노즐(스팀완드)** : 머신에서 스팀이 분사되어 우유를 데우거나 스팀밀크를 만들 때 사용하므로 항상 청결이 유지되도록 하여야 한다. 먼저 행주로 스팀노즐을 잡고 스팀레버를 열어 스팀을 뺀 다음 우유 스팀 작업을 한 후 스팀밸브를 다시 한 번 열어 남아 있는 우유를 없애고 노즐에 묻어 있는 우유를 젖은 행주로 깨끗이 닦아준다. 영업 종료 후에는 노즐을 분리하여 노즐의 구멍이 막히지 않도록 깨끗이 청소한다.

⑥ **온수 추출구** : 보일러의 뜨거운 물이 나오는 추출구로 안전사고에 유의하고, 보일러의 이물질이 추출구에 끼일 수 있으므로 분리하여 정기적으로 청소한다.

⑦ **그룹헤드** : 보일러에서 데워진 뜨거운 물이 그룹헤드에 결합된 분쇄커피가 담긴 필터홀더를 통과하면서 최종적으로 커피를 추출하게 된다. 그룹의 수에 따라 1그룹, 2그룹, 3그룹 등으로 나눈다. 그룹헤드는 필터홀더와 결합되어 커피가루와 접촉하는 부분이므로 커피를 추출하고 나면 커피찌꺼기와 커피오일 등이 남게 된다. 따라서 추출할 때마다 맑은 물을 빼내 깨끗이 해야 그룹헤드의 필터가 막히는 것을 방지하고 신선한 커피를 추출할 수 있다. 영업마감 후에는 에스프레소 전용 세제로 깨끗이 필터홀더와 함께 청소하고 그룹헤드 내부의 개스킷(Gas kit)의 수명은 대략 6개월~1년 정도이므로 이를 점검하여 경화되거나 마모되었을 때에는 교체하여 최상의 성능을 유지하도록 한다.

⑧ **필터홀드** : 포터필터라고도 부르며, 분쇄된 커피를 담아 그룹헤드에 장착하여 그룹헤드에서 분사된 뜨거운 물이 통과하면서 최종적으로 커피추출이 이루어지게 된다. 필터홀더는 새로운 커피를 추출하기 직전에 그룹 헤드로부터 분리하여 커피찌꺼기를 버리고 마른 수건으로 깨끗이 닦은 후 분쇄커피를 담아 탬핑(Tamping) 작업을 한 후 결합하여 커피를 추출한다.

⑨ **드레인, 드레인 그릴** : 커피 추출 시 커피잔을 놓는 받침대 기능을 수행하고, 머신에서 떨어지는 물을 받아 배수하는 곳으로 영업 중에는 청결을 유지하고, 영업 마감 시에는 본체에서 분리하여 깨끗이 청소한다.

⑩ **펌프압력게이지** : 커피를 추출할 때 압력을 나타내므로 수시로 점검하여 정상 압력을 유지해야 한다. 보통 0~15까지의 숫자로 표시되어 있으며 기계에 따라 차이는 있으나 대부분 사용 가능 범위는 녹색으로 되어 있다. 압력을 나타내는 바늘이 기계가 멈추어 있을 때에는 0의 위치에 있으며, 작동 시 바늘이 있는 위치가 현재의 압력을 나타낸다(정상적인 경우 보통 7~9에 위치). 바늘이 붉은색의 위치에 있을 때는 정상범위를 벗어난 경우이므로 펌프를 점검하여 압력을 조절해야 한다.

⑪ **보일러압력게이지** : 스팀온수의 압력을 나타내며 보통 0~3까지의 숫자로 나타낸다. 기계가 멈추어 있을 때에는 0의 위치에 있으며, 작동 시 바늘이 있는 위치가 현재의 압력을 나타낸다(정상적인 경우 보통 1~2 사이에 위치). 바늘이 붉은색의 위치에 있을 때는 정상범위를 벗어난 경우이므로 보일러 압력을 점검 · 조절해야 한다.

2) 에스프레소 머신의 내부 구조와 기능 및 관리

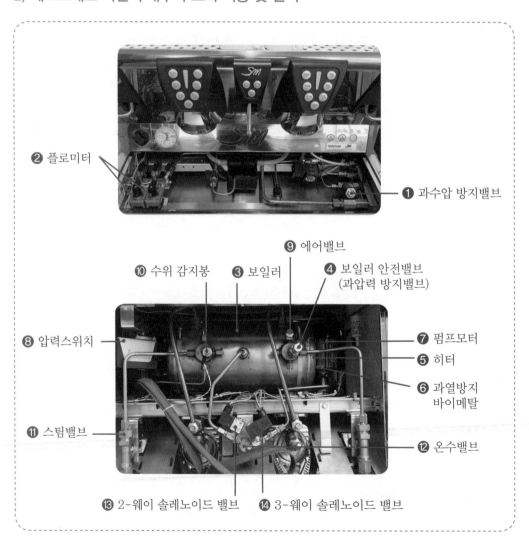

❷ 플로미터

❶ 과수압 방지밸브

❾ 에어밸브

⑩ 수위 감지봉 ❸ 보일러 ❹ 보일러 안전밸브 (과압력 방지밸브)

❽ 압력스위치

❼ 펌프모터
❺ 히터
❻ 과열방지 바이메탈

⑪ 스팀밸브

⑫ 온수밸브

⑬ 2-웨이 솔레노이드 밸브 ⑭ 3-웨이 솔레노이드 밸브

① **과수압 방지밸브** : 공급되는 수압이 갑자기 지나치게 높아지는(보통 11bar 이상) 경우 작동되는 안전밸브이다. 이 부분에 이상이 생기면 펌프모터가 작동할 때마다 배수통(drain tank)으로 연결된 관에서 물이 계속 흘러나오게 되어 커피 추출속도가 상당히 느려지면서 정상적인 에스프레소가 추출되지 않는다.

② **플로미터(Flow Meter)** : 플로미터란 액체나 기체의 유량을 측정하는 장치로 에스프레소를 추출할 때 물의 양을 감지하여 설정된 양만큼의 물을 공급한다. 이 부분에 이상이 생기면 추출버튼이 점멸하는데 에스프레소 추출 시 물량이 조절되지 않고 계속해서 추출된다.

③ **보일러(Boiler)** : 보일러에서 에스프레소 추출에 필요한 뜨거운 물과 압력을 공급하고, 온수와 스팀이 만들어지는데 보일러 내부는 70% 공간에 온수가 저장되고 30% 공간에 스팀이 저장되도록 되어 있다. 스팀과 온수를 공급하는 보일러와 커피추출에 필요한 뜨거운 물을 공급하는 보일러가 하나의 보일러에 통합된 일체형과 스팀과 온수를 공급하는 보일러와 커피추출에 필요한 뜨거운 물을 공급하는 보일로가 별도로 분리되어 있는 독립형이 있다.

④ **보일러 안전밸브(과압력 방지밸브)** : 보일러 내부 압력이 규정 이상으로 높아지면 보일러를 보호하기 위해 작동하는 안전장치이다. 정상적인 상태에서는 작동하지 않으므로 이 부분에서 스팀이 새어나오면 즉시 커피머신 사용을 중단하고 전원을 차단한 후 전문가의 도움을 받도록 한다.

⑤ **히터(Heater)** : 보일러의 물을 데우는 장치로 보일러 속에 내장되어 있어 스케일이 많이 낄 수 있으므로 보일러 청소 시 스케일(scale) 제거 작업도 함께 하도록 하고 정수기 필터를 정기적으로 교환하여 스케일이 끼는 것을 억제해주는 것이 좋다.

⑥ **과열방지 바이메탈(Bimetal)** : 바이메탈은 온도를 조절하는 장치로 전기다리미, 전기주전자 등 온도조절이 필요한 기기에 널리 사용되고 있다. 커피머신의 보일러 온도가 일정 온도 이상으로 높아지면 전원이 차단되어 과열을 방지하게 된다. 따라서 커피머신이 작동하지 않으면 이 부분을 가장 먼저 확인해보는 것이 필요하다. 히터 쪽에 버튼식으로 장치되어 있다.

⑦ **펌프모터(Pump Motor)** : 커피를 추출할 때 에스프레소 추출에 필요한 압력(7~9bar)으로 압력을 높여주는 장치로 이 부분에 이상이 생기면 정상적인 에스프레소 추출이 어렵게 된다. 커피 추출 시 심한 소음이 나거나 펌프압력게이지가 움직이지 않는다거나 압력이 올라가지 않는 경우 이 부분을 점검하도록 한다.

⑧ **압력스위치** : 보일러의 압력을 1~1.5bar로 유지시켜주는 장치이다.

⑨ **에어밸브(Vacum Valve)** : 커피머신이 작동되면서 보일러 내부에 생기는 공기를 빼주는 장치로, 장기간의 사용으로 인한 개스킷의 노화 및 스케일이 끼어 이상이 발생하는데 이 부분에 이상이 생기면 스팀이 새어나와 보일러의 압력이 떨어지고 주변의 다른 부품들에도 영향을 미치게 된다.

⑩ **수위 감지봉** : 온수 및 스팀을 사용하면 보일러의 수위가 내려가게 되고 이를 감지하여 물을 보충해주는 장치로 보일러에 내장되어 있어 스케일이 끼면 센서감지가 어려워 정상작동이 되지 않는 경우가 있다. 커피머신 제조사에 따라 외부에 수위표시 장치가 있는 것도 있어 정상적인 수위를 유지하고 있는지 수시로 확인하여야 하며, 수위표시장치가 없는 경우 전자적으로 감지하여 계기판에 에러표시가 나타난다.

⑪ **스팀밸브(Steam Valve)** : 스팀의 공급과 차단을 하는 밸브로 2그룹의 경우 스팀밸브가 양쪽으로 2개가 있으므로 편하다고 해서 한 쪽만 사용하게 되면 고장의 원인이 되기도 하므로 양쪽을 번갈아 가며 고루 사용하는 것이 좋다.

⑫ **온수밸브** : 온수를 사용할 때만 작동하는 밸브로, 이 부분에 이상이 생기면 작동은 되지만 온수가 추출되지 않거나 계속해서 온수 누수현상이 발생한다.

⑬ **2-웨이 솔레노이드 밸브(2-Way Solenoid Valve)** : 세탁기, 냉온수기, 제빙기 등 다양한 종류의 기기에 필수적 장치이다. 커피머신 보일러에 물의 공급을 통제하는 장치로 보일러에 물이 부족하면 작동되어 냉수가 공급되며, 보일러 물이 적정 수위가 유지되면 물 공급이 차단된다. 온수버튼을 누르면 입력된 시간만큼 온수를 배출한다.

⑭ **3-웨이 솔레노이드 밸브(3-Way Solenoid Valve)** : 커피 추출에 사용되는 물의 흐름을 통제하는 장치로 보일러에서 데워진 온수가 공급되어 커피를 추출할 수 있게 한다. 커피 추출이 끝나면 남아있는 압력과 물이 자동으로 배출된다.
커피머신에서 갑자기 물이 나오지 않거나 계속해서 물이 새거나 흐른다면 고장을 의심해 보아야 한다.

* **역류 방지밸브** : 보일러의 뜨거운 물이 역류하여 펌프로 유입되는 것을 방지하는 장치로, 급수 뭉치 쪽이 있다. 커피머신을 작동시켜 커피를 추출했을 때 처음 추출한 커피와 이후 추출한 커피의 양이 다르고 정상적인 추출이 되지 않는다면 이 부분의 이상 유무를 점검해보도록 한다. 역류방지밸브에 이상이 생기면 펌프에 무리가 가서 펌프 수명을 단축시키게 된다.

❸ 에스프레소 머신 운용

1) 추출온도 및 추출압력 설정

커피머신에 추출온도 조절 및 추출압력 전자제어장치가 되어 디스플레이 화면에 표시되는 경우 화면의 지시대로 설정하여 추출온도를 설정할 수 있다.

에스프레소 머신의 추출버튼을 누르고 기계 외부에 있는 압력계기판을 살펴 9기압을 넘거나 미치지 못하면 펌프의 압력을 조정해야 한다. 압력스위치의 나사를 (+) 방향으로 돌리면 압력이 증가하고 (−) 방향으로 돌리면 압력이 낮아진다. 압력 스위치는 보일러의 온도와 압력을 결정하는 중요한 장치이므로 가급적 함부로 만지지 않는 것이 바람직하다.

2) 커피 추출량 자동 설정

에스프레소 머신의 모델에 따라 설정 방법의 차이가 있으므로 설치 시 제공되는 설명서를 이해하고 숙지하여야 한다. 일반적으로 커피 추출 버튼을 길게 누르면 불빛이 깜빡거린다. 이 상태에서 한 번에 추출할 에스프레소의 양을 설정하고 버튼을 지정하여 누르면 된다. 디스플레이 창이 있는 커피머신의 경우 화면의 지시대로 실행한다.

3) 커피머신 점검

바리스타가 커피머신의 기본적 구조와 작동원리를 이해하고 있다면 커피머신이 작동되지 않거나 이상증상이 발생하는 경우 응급조치와 간단한 수리가 가능하고 A/S를 신속하게 요청할 수 있을 것이다.

4) 소모품 교체 주기와 소모품 교체

에스프레소 머신의 소모품은 그룹헤드 내부의 개스킷과 샤워스크린, 물을 공급하는 정수기 필터 등을 들 수 있다. 커피머신 사용 정도에 따라 차이가 있겠지만 대략 6개월~1년 주기로 점검하여 교체하는 것이 바람직하다.

> **(1) 그룹헤드 개스킷(Gasket)** : 개스킷은 커피 추출 시 추출압력과 커피액이 필터홀드 밖으로 새는 것을 방지하여 양질의 에스프레소 커피가 추출될 수 있도록 하여야 하며 다음의 경우 점검하여 개스킷을 교환하여야 한다.
>
> ① 필터홀드를 장착했을 때 정면에서 우측으로 지나치게 돌아가는 경우
> ② 커피를 추출할 때 필터홀드 밖으로 새는 경우
> ③ 필터홀드를 장착할 때 개스킷의 탄력이 느껴지지 않는 경우 등
>
> **(2) 샤워 디퓨저와 샤워 스크린** : 샤워 디퓨저는 그룹헤드에 장착되어 샤워 스크린을 고정시킨다. 그룹에서 나온 물을 디퓨저에서 여러 갈래로 분산하고 샤워 스크린이 필터홀더의 커피표면 전체에 고르게 분사시킨다. 샤워 디퓨저와 샤워 스크린에는 커피가 직접 접촉하는 부분으로 커피오일 및 커피가루가 침착되어 좋지 않은 냄새가 나거나 정상적인 추출이 어려운 경우가 있을 수 있으므로 수시로 분해 청소하는 것이 좋다.
>
> **(3) 그룹헤드 개스킷, 샤워스크린 분해 청소 및 교체** : 그룹헤드에서 필터홀더를 분리한 다음 드라이버 또는 스패너를 이용하여 그룹헤드에 장착되어 있는 샤워스크린과 샤워디퓨저를 분리하여 경화된 개스킷을 송곳을 이용하여 빼낸다. 전용세제로 샤워 디퓨저와 샤워 스크린을 깨끗이 세척한 후 교체할 개스킷을 끼우고 역순으로 고정시키면 된다. 샤워스크린의 상태에 따라 함께 교체할 수도 있다.

포터필터를 그룹헤드에서 분리하여 들여다보면 볼트가 있어 볼트를 풀면 샤워스크린과 샤워디퓨저, 개스킷을 빼낼 수 있다.

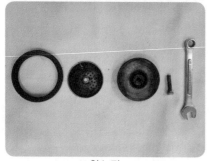

청소 전

청소 후

5) 에스프레소 머신의 오염범위 세척

커피의 품질에 영향을 주는 요인은 다양하지만 커피머신의 관리가 정상적으로 이루어지지 않아 외부 요인에 의하여 커피머신이 오염되었다면 좋은 품질의 커피를 기대하기도 어렵겠지만 위생적으로도 문제 될 수 있으므로 항상 청결을 유지할 수 있도록 관리되어야 한다.

(1) 정기적으로 샤워 디퓨저와 샤워 스크린을 분리하여 청소를 하고 그룹헤드에 침착되어 있는 커피가루 등의 찌꺼기도 함께 청소한다.

(2) 우유를 데우거나 거품을 내는 데 사용하는 스팀노즐은 사용 즉시 깨끗이 하지 않으면 우유가 말라붙어 불쾌한 냄새와 세균번식의 위험도 있으므로, 사용 후에는 반드시 깨끗한 젖은 행주로 노즐에 묻은 우유를 닦아내고 스팀을 분사하여 남아있는 우유찌꺼기를 배출시킨다.

(3) 스팀노즐은 끝부분의 팁을 분리하여 세척용 솔과 전용세제를 녹인 물에 담가 찌꺼기를 깨끗이 청소하고 스팀을 충분히 열어 오염물질을 밖으로 배출시킨다. 팁 부분이 노후되었으면 교체한다.

(4) 필터홀더의 바스킷을 분리하여 전용세제를 녹인 물에 함께 담가 오염된 커피찌꺼기를 깨끗이 세척한다.

(5) 필터홀더의 바스킷을 청소용으로 교체 장착하여 청소용 세제를 담아 포터필터를 그룹헤드에 장착하여 커피추출 버튼을 눌러 그룹헤드에 남아 있는 커피찌꺼기를 깨끗이 청소한다.

(6) 그룹헤드 청소용 솔로 그룹헤드에 남아 있는 커피찌꺼기를 깨끗이 청소한다.

04• 커피 그라인더(Coffee Grinder)

그라인더는 로스팅한 원두를 추출방식에 맞게 분쇄해 주는 도구이다.

1) 핸드밀(Hand mill)

손으로 직접 칼날을 돌려서 커피를 갈아내는 방식의 수동식 그라인드이다.

2) 드립 그라인더(Drip grinder)

드립커피를 추출하기 위해 사용하는 그라인더로 많은 양의 원두를 분쇄하거나, 원두를 구매하는 고객에게 원하는 분쇄도로 즉석에서 분쇄하여 제공하는 등 다양한 용도로 사용하고 있다. 여러 종류가 있으나 영업장에서는 드립커피 판매량 등을 고려하여 적당한 것을 선택한다.

3) 에스프레소 그라인더(Espresso grinder)의 종류와 작동

에스프레소 머신과 함께 사용되는 장비로 에스프레소 커피를 위해 원두를 아주 고운 입자로 분쇄할 수 있는 성능을 갖추고 있다.
에스프레소 그라인더는 크게 두 가지 타입으로 반자동 그라인더와 전자동 그라인더가 있다.

(1) **반자동 그라인더** : 분쇄된 커피가 도저(doser)에 담겨져 있고 도저 아래에 있는 레버를 앞쪽으로 당기면 시계방향으로 돌아가면서 분쇄된 커피가루가 나오게 된다. 이때 너무 천천히 레버를 당기면 작업을 할 때마다 양이 변하므로 빠르게 당겨야 배출되는 분쇄커피 양의 변화가 적어진다. 앞으로 당긴 후 놓아주면 리턴 스프링에 의해 자동으로 복귀하게 된다.

(2) **전자동 그라인더** : 작동시간을 디지털로 직접 설정하여 정해진 시간만큼만 작동시킬 수 있어 미리 분쇄할 필요가 없고 정해진 양만 분쇄하므로 손실되는 분쇄커피도 거의 없다. 또한 분쇄커피를 포터필터에 담기 위하여 반자동처럼 도저의 레버를 당겼다 놓을 필요가 없으므로 힘도 적게 든다.

4) 에스프레소 그라인더의 구조 및 관리

영업장에서 사용하는 에스프레소 그라인더의 기능과 구조는 제조회사에 따라 약간의 차이는 있으나 거의 비슷하다.

❶ 호퍼
❷ 원두 투입레버
❸ 분쇄입자 조절레버
❹ 원두 투입량 조절레버
❺ 도저
❻ 분쇄커피 배출레버
❼ ON/OFF 스위치
❽ 포터필터 거치대
❾ 받침대

(1) **호퍼** : 원두를 담는 통으로 보통 2kg 내외의 용량을 많이 사용한다. 로스팅한 원두를 직접 보관하는 곳이므로 습기와 공기의 접촉을 최대한 차단해야 원두의 신선함이 오래 유지될 수 있기 때문에 뚜껑은 덮여 있는 것이 좋다. 또한 호퍼에는 원두커피 표면의 오일이 많이 묻어 시각적으로 좋지 않을 뿐만 아니라 오일이 산화되어 커피 맛에도 좋지 않은 영향을 주게 되므로 영업 후에는 세제로 깨끗이 세척하여 건조하는 것이 좋다.

(2) **원두 투입레버** : 대부분은 바깥쪽으로 당기면 열려 커피가 칼날 쪽으로 떨어지고, 안쪽으로 밀면 닫히는데 제조사에 따라 반대인 경우도 있다. 그라인더를 작동하기 전에 반드시 레버를 열고 작동시켜야 그라인더가 헛돌아 마모되는 것을 방지할 수 있다.

(3) **분쇄입자 조절레버** : 숫자가 커지면 입자가 굵어지고 숫자가 작아지면 입자가 가늘어지며, 입자가 굵으면 추출속도가 빠르고, 입자가 가늘면 추출속도는 늦다. 레버를 Fine 쪽으로 돌리면 곱게 분쇄 되고, 그 반대쪽 Gross 방향으로 돌리면 굵게 분쇄된다.

(4) **원두 투입량 조절레버** : 시계방향으로 돌리면 양이 줄어들고 시계 반대방향으로 돌리면 양이 늘어난다.

(5) 도저 : 분쇄된 가루커피를 보관하는 통으로 미세한 커피입자와 오일이 뒤섞여 도저 내벽에 붙게 되므로 좋은 에스프레소를 얻기 위해서는 수시로 청소를 해주어야 한다. 찌꺼기가 도저 내부에 붙게 되면 커피가루가 산패되어 좋지 않은 냄새가 발생할 뿐만 아니라 계량되는 분쇄커피의 양도 점점 줄어든다.

(6) 분쇄커피 배출레버 : 도저 아래에 있는 레버를 앞쪽으로 당기면 분쇄된 커피가 나오며, 앞으로 당긴 후 놓아주면 리턴 스프링에 의해 자동으로 복귀한다.

(7) ON/OFF 스위치 : 스위치를 I 에 놓으면 ON, 0으로 위치시키면 OFF가 된다. 제조사에 따라 ON/OFF로도 표시한다.

(8) 포터필터 거치대 : 포터필터를 걸치고 분쇄된 가루커피를 담는다.

(9) 받침대 : 분쇄작업 중 떨어지는 커피가루를 받아준다.

5) 커피 그라인더 소모품 교체

커피 그라인더의 생명은 모터와 칼날에 있다. 칼날은 윗날과 아랫날 2개가 한 쌍으로 되어 있으며 윗날은 분쇄입자의 크기를 결정하고, 아랫날은 커피를 분쇄한다.

양질의 커피를 얻기 위해서는 분쇄된 커피입자가 균일해야 한다. 칼날의 마모가 심해지면 미분 발생이 많아지고 균일한 입자의 분쇄커피를 얻기가 어렵고 마찰열이 많이 발생하여 향기성분을 감소시키기도 한다. 그러나 칼날의 마모 정도는 분쇄된 커피입자의 크기나 추출상태, 추출한 커피의 맛 등의 변화를 통해 알 수도 있으나 오랜 경험이 필요하며, 외부적 확인이 어려우므로 주기적인 점검을 통해 마모 정도를 확인하여야 한다. 마모 정도를 쉽게 점검하는 방법으로는 그라인더에서 날을 분리한 후 손가락으로 밀어 무딘 느낌이 온다면 마모된 것이므로 교환하는 것이 좋다.

(1) 그라인더 칼날 : 분쇄방식에 따라 플랫 버 그라인더(Flat Burr Grinder)와 코니컬 버 그라인더(Conical Burr Grinder)로 크게 구분된다. 플랫 버 그라인더는 대부분의 커피매장에서 사용하는 종류로 회전수가 높아 분쇄입자가 균일하고 미분 발생이 적은 반면 열을 많이 발생하며, 코니컬 버 그라인더는 상대적으로 미분 발생이 많고 입자가 균일하지 못하지만 열 발생이 적다.

(2) 청소 및 칼날 교체 : 그라인더의 칼날은 커피와 직접 접촉하는 부분으로 깊고 날카로운 홈이 파여 있어 커피 찌꺼기와 커피 오일이 잔류하여 커피의 품질과 위생적 측면에 영향을 미치므로 최소 주1회 정도는 분해 청소를 하여야 한다.

그라인더 칼날분해 방법은 메이커에 따라 다소 차이가 있으므로 사용설명서를 숙지하도록 한다.

① 콘센트에서 분리하여 전원을 차단한다.

② 원두 투입레버를 닫고 호퍼를 분리한다.

③ 그라인더에 남아 있는 잔여 원두와 커피가루를 제거한다.

 (청소기로 흡입하면 쉽게 제거할 수 있다.)

④ 시계 반대방향으로 돌려 윗날을 분리한다.

⑤ 아랫날 쪽에 남아 있는 커피가루를 청소용 솔을 이용하여 청소한 후 청소기를 이용하여 다시 한 번 깨끗이 청소한다.

⑥ 윗날도 같은 방법으로 청소한다.

⑦ 칼날의 청소가 끝났으면 역순의 방법으로 결합한다. 이때 칼날을 점검하여 마모되었으면 새날로 교체한다.

⑧ 윗날을 끝까지 돌려 결합한 후 입자조절용 레버를 설정해 두었던 위치에 둔다.

⑨ 도저의 고정나사를 풀어 그라인더 몸체에서 분리하여 분쇄커피 배출구에 잔류한 커피 찌꺼기를 청소용 솔과 청소기를 이용하여 깨끗이 청소하고, 도저도 깨끗이 청소한 후 결합한다.

⑩ 호퍼를 결합하고 그라인더 청소용 세제를 사용하여 한 번 갈아낸 다음 원두를 한 번 갈아내고 마무리한다.

코니컬 버 그라인더

플랫 버 그라인더

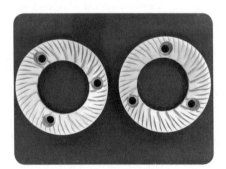
플랫 버 그라인터 칼날

6) 커피 그라인더의 오작동

정상적으로 전원이 공급된다면 작동되지 않는 경우는 거의 없다고 할 수 있다. 그라인더가 갑자기 작동되지 않거나 작동하다가 멈추는 경우 전원을 차단하고 다음 사항을 점검한다.

> ① 호퍼의 원두 투입구를 차단하고 몸체에서 호퍼를 분리하여 칼날 사이에 커피원두가 끼어 있지 않은지 확인한다. 만약 원두가 끼어 있다면 원두를 제거하고 호퍼를 결합하여 다시 작동해 본다.
>
> ② 커피그라인더 청소를 제대로 하지 않아 커피가루 및 커피오일이 칼날이나 가루커피 배출구에 쌓여 있을 수 있다. 칼날 청소 방법에 따라 청소를 한다.
>
> ③ 커피 그라인더의 분쇄입자 조절 레버를 지나치게 미세하게 조정하지 않았는지 확인한다.

05 · 커피입자 조절

양질의 원두로 양질의 커피를 추출하기 위해서는 사용하는 원두의 특징을 잘 알고 분쇄커피의 입자조절과 원두 투입량, 그라인더 날의 청소 및 교체, 도저의 청소 등을 잘해야 한다.

1) 입자 조절 이유

그라인더에서 분쇄한 커피 입자는 곧 에스프레소의 품질과 직결된다. 이것은 커피그라인더에 문제가 생겨 커피 맛이 달라지는 것이 아니라 커피원두에 변화가 생겨 커피 맛이 달라진다. 동일한 회사의 동일한 원두라 하더라도 로스팅 후 시간의 경과, 날씨, 온도 등 여러 가지 변화의 요인이 발생한다. 로스팅 일자가 다른 원두를 사용하거나 새로운 원두 또는 다른 종류의 원두를 사용하는 경우에 입자를 조절하는 것이 바람직하다. 또한 날씨의 변화에 따라서 차이가 있을 수 있으므로 영업 시작 전과 오후에 1회 등 하루 두 번 정도 점검하는 것이 좋다. 분쇄입자가 굵으면 추출속도가 빨라 맛이 연하고 크레마의 농도가 옅어지고, 지나치게 곱게 분쇄하면 추출속도가 늦어진다.

2) 입자 조절 방법

> (1) **호퍼의 아래쪽에 있는 투입구 개방** : 호퍼의 원두 투입구를 열지 않고 그라인더를 작동하면 공회전으로 인해 그라인더가 마모될 수 있으므로 항상 투입구를 확인한 후 작동한다.
>
> (2) **입자 조절** : 분쇄입자조절 레버를 시계반대방향으로 돌리면 입자가 가늘어지고 시계방향으로 돌리면 입자가 굵어진다.(제조사에 따라 반대인 경우도 있다.)

(3) 스위치 작동과 원두분쇄 : ON/OFF 스위치를 작동하여 원두를 티스푼에 받을 정도만 분쇄한 후 스위치를 끈 다음 입자를 확인한다. 반복된 연습을 통하여 분쇄입자의 상태를 알고 있어야 적은 양으로도 빠르게 입자조절을 할 수 있다.

(4) 반복조절 : 분쇄 입자가 맞지 않을 경우 2, 3의 과정을 반복해서 입자를 조절한다. 에스프레소 추출 작업 시 그라인더에는 2잔 분량이 분쇄되어 있기 때문에 2잔 분량을 분쇄한 다음 커피입자를 확인해야 정확하게 확인할 수 있다.

(5) 계량하기 : 입자조절이 어느 정도 끝나면 원하는 투입량을 전자저울로 계량한다. 보통 2잔 분량으로 14~15g 정도를 사용한다.

(6) 에스프레소 머신의 포터필터에 담고 탬핑한다. : 계량한 커피를 포터필터에 담고 적당한 힘을 가하여 탬핑한다.

(7) 포터필터를 그룹헤드에 장착하여 추출하기 : 포터필터를 그룹헤드에 장착하여 추출버튼을 누르고 추출상태를 확인한다.

(8) 반복추출 : 추출상태가 원활하지 않으면 반복해서 연습하여 요령을 익히고 숙달되도록 한다.

ⓠ⑥ㆍ 보조 커피기계 운용

보조커피기계는 다른 종류의 커피머신이 따로 있는 것은 아니며, 커피머신의 고장에 대비하여 운용하는 커피머신이라고 할 수 있으며, 관리 및 운용 방법은 에스프레소 머신과 동일하다. 평소 에스프레소 머신의 정기적인 점검과 청소 등의 관리를 잘 한다면 커피머신은 고가의 장비이므로 별도의 보조 커피머신을 준비하지 않아도 좋을 것이다. 커피머신 외의 커피 추출기구는 매장의 운영 형태와 판매량에 따라 여분의 보조장비를 비치하면 매장운영에 도움이 될 것이다.

커피
추출 운용

01• 훈련목표 및 편성내용

훈련목표	커피추출운용이란 고객의 요구에 맞는 커피음료를 제공하기 위해 다양한 기구와 추출방식을 활용하여 커피를 추출하는 능력을 함양
수 준	3수준

단원명 (능력단위 요소명)	훈련내용(수행 준거)
여과식 커피 추출하기	1. 여과식 커피 추출에 사용할 정수된 물을 알맞은 온도로 데울 수 있다. 2. 커피 추출에 필요한 여과식 커피추출기구를 알맞은 온도로 예열할 수 있다. 3. 여과식 커피추출기구에 맞는 여과 필터를 적절히 사용할 수 있다. 4. 커피 그라인더로 분쇄한 원두를 여과식 커피추출기구에 담을 수 있다. 5. 원활한 커피 추출을 위해 뜸들이기를 할 수 있다. 6. 뜸들이기 후 일정한 속도로 물을 투과하여 커피를 추출할 수 있다. 7. 커피 추출 후 찌꺼기가 담긴 여과 필터를 제거할 수 있다.
침지식 커피 추출하기	1. 침지식 커피 추출에 사용할 정수된 물을 적당한 온도로 데울 수 있다. 2. 커피 추출에 필요한 침지식 커피추출기구를 알맞은 온도로 예열할 수 있다. 3. 커피 그라인더로 분쇄한 원두를 침지식 기구에 담을 수 있다. 4. 원활한 커피 추출을 위해 뜸들이기를 할 수 있다. 5. 뜸들이기 후 일정 시간 동안 물과 커피를 침지하여 커피를 추출할 수 있다. 6. 커피 추출 후 커피 찌꺼기를 제거할 수 있다.

02• 추출기구에 따른 원두의 분쇄

원두를 분쇄하는 이유는 커피원두가 물과 접촉하는 표면적을 넓게 하여 물이 커피를 통과할 때 원두가 가지고 있는 향미 성분을 추출하기 위한 것이다. 따라서 양질의 커피를 추출하기 위해서는 추출기구의 특성에 적합한 원두의 분쇄 정도를 알고 이에 맞게 분쇄커피의 입자 크기를 조절할 수 있어야 한다.

분쇄한 원두의 입자가 균일하지 않거나 미분이 섞이면 커피입자의 표면적 차이가 있어 커피가 가진 향미성분의 추출에도 차이가 발생해 양질의 커피 추출이 어렵게 된다.

커피추출방법에 있어 물과 커피가 접촉하는 시간이 길수록 입자를 굵게, 접촉하는 시간이 짧을수록 곱게 분쇄해야 한다.

추출기구에 따른 입자의 굵기는 에스프레소(0.3㎜)＜사이펀(0.5∼0.7㎜)＜핸드드립(0.7∼1.0㎜)＜프렌치 프레스(1.0㎜)이다.

03• 커피 추출기구와 추출법

커피 추출이란 로스팅(Roasting)한 원두를 추출기구의 특성을 고려하여 분쇄하고 물을 이용하여 커피 성분을 용해시켜 뽑아내는 것으로, 좋은 커피를 추출하기 위해서는 원두의 신선도와 추출방법에 따른 적절한 분쇄도, 추출시간, 물의 온도 등이 고려되어야 한다. 추출방법에는 크게 여과방식과 침출방식이 있다.

1) 핸드드립(Hand Drip)

핸드드립은 크게 페이퍼드립과 융드립으로 구분할 수 있다. 커피의 순수한 맛을 가장 잘 즐길 수 있는 추출방법으로 알려져 있으며, 추출방법이 비교적 간단한 데 비해 다양한 맛의 커피를 얻을 수 있다. 핸드드립을 잘 하기 위해서는 분쇄커피의 굵기도 적당해야 하는데 같은 양의 물을 사용하여 추출하더라도 커피입자를 가늘게 분쇄하면 물의 투과속도가 늦어지므로 진한 맛의 커피가 추출되고, 입자가 굵으면 상대적으로 투과속도가 빨라져 연한 맛의 커피가 추출 된다.

(1) 핸드드립을 위한 기구

① 드리퍼(Dripper)

추출구멍의 숫자와 형태에 따라 여러 가지가 있으며, 그 형태에 따라 특성에 맞게 물 붓기를 해야 한다. 드리퍼의 안쪽에 돌출되어 있는 부분을 리브(Rib)라 하는데 드립 시 물의 흐름을 원활하게 하고 커피 추출 시 발생하는 공기와 가스의 배출을 도와 커피 성분이 잘 추출될 수 있도록 한다. 드리퍼의 종류에 따라 리브의 개수, 모양, 길이가 다르다.

② 서버(Server)

커피가 추출되어 담기는 용기로 다양한 크기와 재질로 만들어져 있으며, 보통 강화유리로 된 제품을 많이 사용한다.

③ 드립 주전자(Drip Pot)

물 붓기를 할 때 물 줄기의 굵기와 속도가 일정해야 하므로 모양이 일반 주전자와 차이가 있다. 주전자의 주둥이가 가는 것이 물의 양을 조절하는 데 유리하며, 물 붓기 하는 방법에 따라 적당한 모양의 주전자를 선택하는 것이 좋다. 스테인리스 제품을 주로 사용하며 구리 및 도기 제품도 있다.

④ 여과지(Paper Filter)

여과지 구입 시에는 드리퍼의 사이즈와 같은 번호의 제품을 구입해야 한다.

⑤ 커피 분쇄기(Coffee Grinder)

영업용과 가정용으로 구분할 수 있으며, 다양한 형태의 수동 핸드밀과 전기를 이용하는 전동밀이 있다.

⑥ 계량스푼

커피 전용의 계량스푼으로 다양한 크기가 있으며, 커피입자의 굵기에 따라 약간의 오차가 있을 수 있다.

⑦ 온도계 및 스톱워치

커피 추출 시 물의 온도와 추출시간에 따라 다양한 맛을 연출하므로 온도계와 스톱워치를 준비하는 것이 좋다.

2) 페이퍼 드립(Paper Drip)

현재 가장 널리 사용되고 있는 페이퍼 드리퍼(Paper Dripper)는 독일의 멜리타(Melita) 부인이 처음 만들었는데 한 번 쓰고 버리는 일회용이기 때문에 사용이 간편하여 드리퍼 (Dripper)를 보편화하는 계기가 되었다. 서버(Server)에 드리퍼를 얹어 여과지를 깔고 분쇄 커피를 담아 뜨거운 물을 부으면 중력에 의해 물이 커피 입자들 사이를 통과하면서 커피를 추출하는 가장 기본적이고 합리적인 추출방법으로 맛이나 향기가 비교적 잘 추출되지만 경험이 필요하다.

작은 구멍이 1개인 멜리타식(Melita, 독일식)과 작은 구멍이 3개인 칼리타식(Kalita, 일본식), 원뿔 모양에 동전 크기의 구멍이 있는 하리오(Hario) 드립과 고노(Kono) 드립 등이 있다. 드리퍼로 커피를 추출하는 일반적 방법은 다음과 같다.

❶ 드리퍼와 서버(Server), 커피잔 등은 미리 데워 둔다.

❷ 여과지는 드리퍼의 크기에 맞는 것을 준비한다.

❸ 90~95℃ 정도의 물을 준비한다.

❹ 분쇄커피 8~10g 분량에 150mL 정도의 물로 약 120mL의 커피를 추출하는 것이 일반 적이지만 기호에 따라 분량을 조절한다.

❺ 전용의 주전자를 사용하여 가늘고 일정한 굵기로 물을 부어야 균질의 커피를 얻을 수 있다.

❻ 처음에는 커피가 적셔질 만큼의 물을 붓고 잠깐 기다려 커피가 잘 추출될 수 있도록 20 초 정도 뜸을 들이는데 이를 인퓨전(Infusion)이라 한다.

❼ 커피가 부풀어 오르면 좀 더 많은 양의 물을 붓는다. 물 붓기를 반복하는데 거품이 꺼 지기 전에 조금씩 물을 붓는다. 오래된 커피는 부풀음 현상이 나타나지 않거나 부푼 정 도가 약하다. 물을 붓는 방법은 중앙에서 바깥쪽으로 나선형의 원을 그리듯 물을 부으 며 나갔다가 다시 나선형으로 바깥에서 중앙으로 들어온 후 반복하는 방법으로 원하는 추출량이 될 때까지 일정한 굵기로 물이 잘 스며들게 한다는 느낌으로 조금씩 천천히 조심스럽게 붓는다.

❽ 부풀음 현상이 없어지고 적당량의 커피가 추출되면 여과지의 물이 약간 남아 있을 때 물 붓기를 끝낸다.

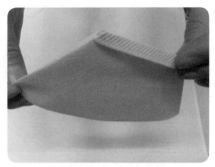

1 드리퍼의 크기에 맞는 필터를 준비하여 측면과 바닥을 재봉선을 따라 반대로 접는다.

2 드리퍼에 맞게 아랫부분에 각을 잡아 준다.

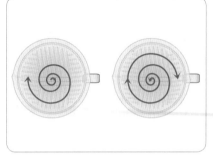

3 필터를 드리퍼에 끼우고 커피를 담고 살짝 흔들어 수평이 되도록 한 다음 커피가 적셔질 정도의 물을 부어 20초 정도 뜸을 들인다.

4 가운데서 바깥쪽으로, 바깥쪽에서 가운데로 원을 그리듯 붓는데, 처음 물 붓기를 시작한 점에서 물 붓기를 멈춘다.

5 커피에 물이 골고루 스며들고 부풀어 오르면 가운데서 바깥쪽으로, 바깥쪽에서 가운데로 원을 그리듯 물을 붓는다.

6 물이 빠지기 전에 물 붓기를 3~4차례 반복한다.

7 적당량의 커피가 추출되고 필터에 물이 조금 남아 있을 때 드립을 끝낸다.

(1) 멜리타(Melita)

멜리타 드리퍼는 하부에 구멍이 하나가 있어 단순하게 생각하면 구멍이 3개인 칼리타에 비해 물 빠짐이 늦을 것 같지만 드리퍼의 경사각이 크고 커피 분쇄도를 칼리타보다 조금 굵게 하므로 큰 차이는 없다. 칼리타에 비해 바닥에서 물과 분쇄커피가 접촉하는 시간이 길어 진한 커피가 추출된다.

(2) 멜리타 아로마(Melita Aroma)

커피 추출구가 바닥면보다 1㎝ 정도 위쪽에 있어 물이 고였다가 커피가 추출되므로 원두가 가지고 있는 풍미를 충분히 우려낼 수 있는 장점이 있으나 자칫하면 과추출로 이어질 수 있으므로 주의해야 한다.

(3) 칼리타(Kalita)

칼리타는 우리나라에서 가장 많이 알려진 드립 추출법의 하나로 추출구가 작은 구멍이 3개로 멜리타에 비해 바디감이 부족하다는 평이 있으나 비교적 안정적이며 부드러운 맛의 커피가 추출된다.

(4) 고노(Kono)

일본의 고노라는 회사에서 개발한 역삼각뿔 모양의 드리퍼로 가운데 작은 동전 크기의 구멍이 하나 있고 물 빠짐이 빨라 일반적인 나선형의 물 붓기 방식으로 드립을 하면 옅은 맛의 커피를 얻게 되므로 여러 가지 물 붓기 방법 가운데 주로 점드립 방식의 물 붓기를 한다. 점드립을 하면 한 방울씩 떨어지는 물이 천천히 커피에 침투하여 천천히 커피를 추출하면서 짙은 농도의 커피를 추출하게 된다. 추출하는 사람에 따라 맛의 편차가 심하므로 어느 정도 숙련을 필요로 한다.

(5) 하리오(Hario)

일본의 주방용품회사인 하리오사에서 개발한 드리퍼로 모양은 고노와 유사하지만 고노의 리브가 직선형인 데 비해 하리오는 회오리 모양으로 추출 속도가 빠르기 때문에 산뜻한 맛의 부드러운 커피를 추출할 수 있다. 그러나 고노에 비해서는 상대적으로 바디감이 떨어진다는 단점을 가지고 있다. 추출 속도가 빨라 사람에 따라 맛의 편차가 심하므로 다른 드리퍼에 비해 숙련이 필요하다.

드리퍼의 비교

구분	사이즈 표시		재 질
멜리타	1×1 : 1~2인용 1×2 : 2~4인용 1×4 : 4~8인용	플라스틱	가격이 저렴하고 취급이 간편하지만, 내구성이 약하고 보온성이 좋지 않다.
칼리타	101 : 1~2인용 102 : 3~4인용 103 : 5~7인용 104 : 7~12인용	금속	일반적으로 구리나 스테인리스 재질로 만들며 가격이 비싸고 보온성이 떨어지지만 외관이 수려하다.
고노	MD-21 : 1~2인용 MD-41 : 2~4인용 MD-11 : 10인용	도기	사용하기 전에 데워 사용하고, 보온성과 안정성이 좋지만 파손에 주의해야 한다.
하리오	01 : 1~2인용 02 : 1~4인용 03 : 1~6인용		

(6) 클레버 드리퍼(Clever Dripper)

페이퍼드립과 프렌치프레스의 장점을 결합한 절충형으로 깊고 풍부한 맛의 커피를 간편하게 즐길 수 있도록 고안되었다. 바닥부분의 추출구에 실리콘 패킹이 암·수로 밀착되어 있어 평상시에는 추출이 되지 않는 상태이지만 컵이나 서버 등에 걸치면 바닥부분이 눌려 한쪽의 실리콘 패킹이 위로 올라가면서 생기는 틈 사이로 커피가 추출된다.

1 필터를 접어 드리퍼에 끼우고 정량의 커피를 담는다.

2 살짝 흔들어 커피를 수평으로 한 후 골고루 물을 붓는다.

3 막대로 골고루 잘 저어준다.

4 2분 정도 지난 후 서버에 클레버를 올려 커피를 내린다.

(7) 케멕스(Chemex) 커피메이커

1941년 독일의 화학자인 피터 쉬럼봄(Peter Sch-lumbohm) 박사에 의해 발명된 제품으로 실험실의 비커 모양을 닮았다. 케멕스 커피메이커의 가장 큰 특징은 커피를 따를 때 배출구로 사용되는 에어 채널(Air Channel)에 있다. 케멕스 페이퍼가 물에 닿게 되면 페이퍼(Filter)는 매끈한 커피메이커의 벽면에 밀착되어 외부에서 공기유입이 불가능하게 되고 위로부터 떨어지는 커피로 인하여 내부 공기가 갇히게 된다. 이때 에어 채널을 통해서 내부 공기가 필터를 지나 빠져나가고 커피메이커 내부는 커피와 아로마(Aroma)로만 채워지게 되는 것이다. 따라서 반드시 필터의 3겹을 에어 채널 부분으로 위치시켜야 추출 중에도 계속 통로가 확보된다. 케멕스로 추출한 커피의 특징은 잡미가 없고 바디가 풍성하며 아로마가 진하게 추출된다는 것이다.

이 외에도 웨이브 드리퍼, 골드 드리퍼, 더블 드리퍼 등 다양한 종류가 있다.

3) 융드립(Flannel Drip)

융드립은 플란넬(Flannel)이라는 천으로 고깔모자 형태의 주머니를 만들어 커피를 추출하는 방법이다. 천 주머니를 깨끗이 씻어 보관했다가 다시 사용하므로 필터 관리가 불편하다는 단점이 있지만 종이필터에서는 추출되기 어려운 지방 성분을 추출할 수 있어 부드럽고 깊은 바디감과 마일드한 맛을 즐길 수 있다.

(1) 융드립의 사용과 보관

① 처음 구입한 융 주머니는 삶아서 깨끗한 물에 헹군 후 끝을 잡고 비틀어 물을 짠 다음 마른행주로 남아 있는 물기를 최대한 없앤다. 융 주머니에 물기가 남아 있으면 추출되는 커피의 맛이 연해질 수 있다.

② 일회용이 아니므로 사용한 다음 따뜻한 물에 깨끗이 씻어 밀폐용기에 담아 냉장고에 보관했다가 다시 사용할 때는 따뜻한 물에 헹구어 물기를 제거하고 사용한다. 융을 씻어 공기 중에 말려서 보관하게 되면 융 속에 남아 있는 커피 성분으로 인하여 산패될 수 있다.

③ 반복 사용으로 인해 커피의 추출 속도가 현저히 떨어지는 경우 교체한다.

(2) 융드립 추출요령

① 융 주머니의 끝을 잡고 비틀어 물을 짠 다음 마른행주로 남아 있는 물기를 없앤다.

② 융은 한쪽 면에는 실털이 있고 반대쪽은 없다. 실털이 있는 부분이 바깥쪽으로 하여 융 주머니에 분쇄커피를 담고 가볍게 흔들어 표면을 평평하게 한다.

③ 융드립에 사용하는 원두는 페이퍼드립보다 조금 더 굵게 분쇄한 것을 사용한다.

④ 뜨거운 물을 천천히 가늘게 부어 전체적으로 커피를 적셔 커피가 잘 추출될 수 있도록 뜸을 들인다.

⑤ 뜸이 들었으면 물은 가능한 가늘고 일정한 굵기로 가운데에서 바깥쪽으로 원을 그리면서 전체적으로 붓는다. 융드립은 분쇄커피의 층이 페이퍼 드립보다 두텁기 때문에 천천히 효율적으로 행해야 한다.

⑥ 이런 방법으로 반복하여 4~5회 정도 드립하면 추출이 끝난다. 물을 높은 곳에서 부으면 거품이 거칠고 낮은 곳에서 부으면 잔거품이 많이 생긴다.

(3) 주의점

① 물 붓기를 나선드립, 점드립, 동전드립 등 어떤 형태로 할 것인지를 생각한다.

② 융드립은 물 흐름이 빨라 맛을 내기 어려우므로 물줄기 조절이나 분쇄도 등을 세심하게 신경 써야 한다.

1 주머니를 뜨거운 물에 헹군 후 비틀어 물기를 제거한다.

2 주머니를 마른행주에 놓고 눌러 남아 있는 물기를 없앤다.

3 커피를 담고 수평으로 한 후 물 붓기를 한다. 물 붓는 방식에는 점드립, 나선드립 등 다양한 방법이 있다.

4 커피 가까이에서 물을 붓도록 하고 원하는 양이 될 때까지 드립한 후 서버에서 분리한다.

4) 더치커피(Dutch Coffee)

더치커피는 콜드 브루 커피(Cold Brew Coffee)의 일본식 표기로 더치(Dutch)는 '네덜란드의' 또는 '네덜란드인의'라는 의미이다. 네덜란드인들이 17세기 대항해시대에 식민지이던 인도네시아에서 생산한 커피를 배에 싣고 유럽으로 운반하는 과정에서 커피를 마시고 싶었지만 배에서는 불을 피우는 것이 금지되었고 또한 장기간의 항해에도 쉽게 변질되지 않고 보관이 쉽도록 커피를 찬물로 우려 마신 데서 유래하였다고 한다. 찬물로 커피를 내리기 때문에 쓴맛이 적게 나고 맛이 부드러워 네덜란드에서 인도네시아산 커피의 강하고 쓴맛을 줄이기 위해 사용된 음용법이라고도 전해진다. 워터드립커피(Water Drip Coffee)라고도 불리며, 상온의 물을 한 방울 한 방울씩 떨어뜨려 천천히 커피를 추출하는데 찬물로 커피를 추출하므로 카페인 함량이 적고 장시간 보관해도 향이 오래 보존되며 뒷맛이 깔끔하다. 일정 기간 보관도 가능하여 냉장고에서 며칠간 숙성시켜 마시면 와인처럼 향긋하고 알싸한 맛을 즐길 수 있다.

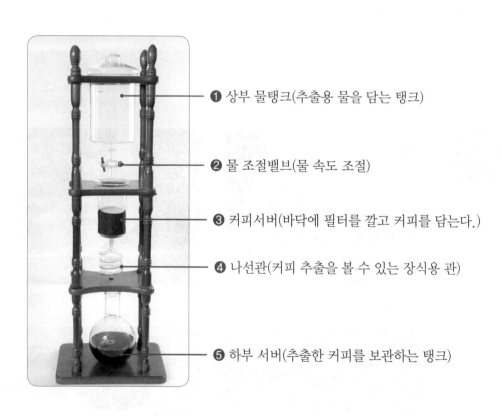

❶ 상부 물탱크(추출용 물을 담는 탱크)

❷ 물 조절밸브(물 속도 조절)

❸ 커피서버(바닥에 필터를 깔고 커피를 담는다.)

❹ 나선관(커피 추출을 볼 수 있는 장식용 관)

❺ 하부 서버(추출한 커피를 보관하는 탱크)

(1) 추출법

시중에 판매되고 있는 더치커피 추출기구는 투과방식과 침지방식 2가지가 있다. 침지방식은 거름망에 분쇄커피를 담고 유리병에 물을 부어 일정시간 거름망을 물에 담가 우려내는 방식으로 일상생활에서 사용하는 도구들을 활용할 수 있으며, 투과방식은 다음의 요령으로 추출한다.

❶ 에스프레소보다는 거칠게, 드립보다는 곱게 분쇄한 가루커피를 용기에 담는다. 이때, 커피가 부풀어 오르면서 넘칠 수 있으므로 커피는 가득 채우지 말고 여유를 둔다.

❷ 살짝 흔들어 커피 표면을 편편하게 한 후 탬퍼 등을 이용하여 가볍게 다진 다음 물이 떨어지는 표면이 패이지 않고 분쇄커피에 물이 골고루 스며들 수 있도록 필터로 덮는다.

❸ 가루커피가 담긴 용기 아래에 추출커피가 담기는 용기를 둔다.

❹ 실린더(상부 물탱크)에 적량의 물을 채우고 물줄기 조절용 코크로 물이 떨어지는 속도를 조절한다. 보통은 물이 1~2초에 한 방울씩 떨어지도록 조절하는데 이렇게 해서 8~24시간 정도 지나면 커피가 추출된다.

❺ 정상적으로 추출되고 있는지, 코크에 이상이 생겨 물길이 막히지 않았는지 수시로 점검하여야 한다.

❻ 분쇄커피와 물의 비율은 원하는 추출커피의 농도에 따라 차이가 있으나 일반적으로 분쇄커피 100g에 1,100mL의 물을 사용하면 1,000mL 정도의 커피가 추출된다.

(2) 더치커피를 즐기는 방법

더치커피라고 해서 반드시 차갑게 마셔야 하는 것은 아니며 뜨거운 물로 희석하여 아메리카노 스타일로 마시거나 찬물로 희석하여 아이스 아메리카노 스타일로 즐겨도 좋다. 아니면 우유로 희석하여 라떼 스타일로 즐기거나 기호에 따라 다양한 부재료를 활용하여 다양한 방식으로 즐길 수도 있다.

5) 베트남 핀 드립(Vietnam Phin Drip)

프랑스 식민 지배를 통해 커피를 받아들인 베트남은 핀이라는 기구를 이용하여 커피를 추출하고, 얼음과 연유를 듬뿍 넣어 차갑고 달게 만드는 것이 특징이다. 베트남의 기후가 고온다습하고 과거 냉장시설이 제대로 보급되어 있지 않은 관계로 우유를 농축한 연유를 사용하게 되었다. 핀 커피의 일반적인 추출법은 다음과 같다.

❶ 컵에 얼음과 연유를 담는다. 이때 얼음과 연유는 미리 담지 않고 추출이 끝난 후 마실 때 넣어도 된다. 기호에 따라 단 것이 싫다면 연유를 넣지 않아도 좋다.

❷ 핀 받침판을 컵 위에 걸치고 작은 캔 모양의 핀에 분쇄커피를 담고 살짝 흔들어 커피 표면을 편편하게 한 후 누름판으로 살짝 다진다. 풀시티 정도로 조금 강배전한 원두를 곱게 분쇄하여 사용한다.

❸ 핀을 핀 받침판 위에 올리고 물을 약간 부어 30초 정도 뜸을 들인 다음 적당량의 물을 붓고 추출이 될 때까지 기다린다. 냉수 또는 온수를 사용해도 되며 추출에 대략 8~10분 정도 소요된다.

1 본체에 가루커피를 담는다.

2 누름판(탬퍼)으로 가볍게 다진 후 탬퍼를 커피
위에 얹어 둔다.

3 얼음을 담은 글라스에 받침판을 걸치고 그 위
에 본체를 얹는다.

4 적량의 물을 붓는다.

5 뚜껑을 덮고 7~8분 정도 기다리면 추출이 끝난다. 얼음은
추출이 끝난 후 넣어도 관계없으며, 연유를 넣어 달콤하게
만들어 마신다.

6) 모카포트(Moka pot)

에스프레소 포트(Espresso Pot)라고도 하며 뜨거워진 수증기가 순간적으로 분쇄커피를 통과 하면서 커피를 추출하는 진공방식의 커피추출기구로, 에스프레소 머신을 이용하여 추출한 커피에 가장 가까운 맛의 커피를 추출할 수 있다. 물을 담는 포트와 커피가루를 담는 홀더 (Holder), 추출된 커피가 담기는 주전자 세 부분으로 구성되어 있다. 사용하는 방법은 다음과 같다.

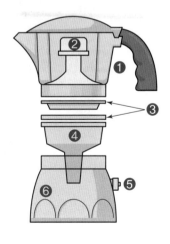

❶ 추출된 커피가 담기는 주전자
❷ 커피추출구
❸ 윗부분-필터
　　아랫부분-개스킷
❹ 커피바스켓
❺ 안전밸브
❻ 보일러(물탱크)

1 보일러(물탱크)의 안전밸브 표시선까지 물을
  붓는다.

2 커피바스켓에 가루커피를 담고 살짝 흔들어
  수평이 되도록 한다.

3 커피바스켓을 보일러에 결합한다.

4 상단 주전자를 결합하여 불에 올려 가열한다.

5 5~6분 가열해 피익하는 소리와 함께 추출구
  에서 커피가 흘러내리면 불을 끈다.

6 불은 재빨리 꺼야 한다. 그렇지 않으면 끓어
  넘치거나 크레마가 사라질 수 있다.
  남아 있는 여열에 의해 계속 추출이 되다가 끓
  는 소리가 멈추면 추출이 완료된 것이다.

7) 사이펀(Syphon)

1840년 영국의 나피어(Robert Napier)가 발명하고 일본에서 상품화된 진공방식의 커피 추출 기구로 원래 명칭은 버큠 브루어(Vacuum Brewer)이지만 일본에서 발전되어 일본식 명칭으로 사이펀이라 부른다. 물을 담는 포트와 필터가 장착된 분쇄커피를 담는 로드로 구성되어 있으며, 종이필터 또는 융필터를 사용한다. 사이펀은 투명한 유리로 되어 있어 커피를 추출하는 과정을 눈으로 볼 수 있기 때문에 시각적 효과가 뛰어나다. 사용하는 방법은 다음과 같다.

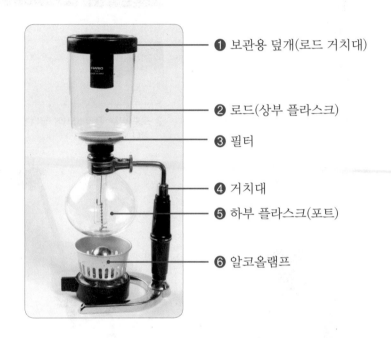

❶ 보관용 덮개(로드 거치대)

❷ 로드(상부 플라스크)

❸ 필터

❹ 거치대

❺ 하부 플라스크(포트)

❻ 알코올램프

❶ 아래의 포트에 필요 분량의 물을 담는다. 이때 찬물을 사용하면 끓이는 데 시간이 많이 소요되므로 뜨거운 물을 사용하는 것이 좋다.

❷ 로드에 필터를 고정시킨 후 분쇄한 가루커피를 담고 살짝 흔들어 수평이 되게 한다.

❸ 로드를 포트에 비스듬히 걸친 다음 알코올램프에 불을 붙여 가열한다. 처음부터 로드를 결합하면 물이 끓기 전에 로드로 물이 올라오게 되므로 주의한다. 불은 포트의 중심에 닿도록 하고 불 조절을 잘 해야 한다. 불이 약하면 불꽃이 흔들려 물을 밀어 올리는 힘이 약하고, 불이 강하면 포트 주변에 열이 집중하므로 로드를 결합했을 때 역류할 수 있다.

❹ 물이 끓기 시작하면 로드를 포트에 결합한다. 물이 끓으면 증기압에 의해 상단의 로드로 물이 올라오게 된다. 로드에 물이 다 올라왔을 때 나무막대를 준비하여 커피가 물에 골고루 적셔지도록 가볍게 잘 저어준다.

❺ 잠깐 기다렸다가 알코올램프의 불을 끄고 다시 가볍게 저어준다.

❻ 수증기의 압력이 없어져 로드로 올라간 물이 커피를 추출하여 아래의 포트로 내려오면 추출작업이 끝난다.

❼ 사이펀은 유리제품이므로 조심스럽게 취급하여야 한다.

1 하부 플라스크에 정량의 물을 붓는다.

2 로드(상부 플라스크)에 필터를 고정
한다.

3 정량의 커피를 담고 하부 플라스크에
비스듬히 고정한 후 알코올램프에 불
을 붙인다. 처음부터 결합을 하면 물
이 끓기 전에 로드에 올라와 정상 추
출이 되지 않는다.

4 물이 끓기 시작하면 상하부 플라스크
를 결합하고 막대로 가볍게 저어준다.

5 하부의 물이 상부로 다 올라오면 가볍게 한 번 저어주고 불을 끈다.

6 상부로 올라갔던 물이 커피를 추출하여 하부로 완전히 내려오면 추출이 끝난다.

약국에서 판매하는 소독용의 에틸알코올은 불이 잘 붙지 않으므로, 화공약품점에서 판매하는 메틸알코올을 사용해야 한다.

8) 프렌치프레스(French Press)

멜리어(Melior), 플런저 포트(Plunger Pot), 티 메이커(Tea Maker) 등의 다양한 이름으로 불리기도 한다. 가장 손쉽게 원두커피를 즐길 수 있는 추출기구의 하나로 포트에 적량의 분쇄커피와 뜨거운 물을 붓고 커피가 잠기게 하여 4분 정도 두었다가 커피가 우러나면 거름망으로 걸러 따라 마시는 방식이다. 사용법은 다음과 같다.

① 중강배전한 커피를 드립커피보다 조금 더 굵게 분쇄한다.

② 분량의 분쇄커피와 물을 붓고 막대로 잘 저어준 다음 분쇄커피가 물에 잠기게 필터를 눌러준다.

③ 4분 정도 두었다가 필터를 아래로 눌러 커피를 걸러내고 잠깐 기다려 미분을 가라앉히고 잔에 따라 마신다.

9) 커피브루어(Coffee Brewer)

아메리칸 커피(American Coffee) 또는 스페셜티 커피(Specialty Coffee)를 판매하는 영업장에서 주로 사용하는 커피 추출기구로 커피에 물을 통과시켜 추출하는 방식이다. 1990년대 후반 에스프레소를 이용한 커피가 유행하기 전까지 영업장에서는 커피브루어를 많이 사용하였다. 브루어로 커피를 추출하려면 몇 가지 지켜야 할 원칙이 있다.

① 커피와 물의 비율을 정확히 한다. 적은 양의 분쇄커피로 많은 양의 커피를 추출하면 너무 연하게 되고 반대로 많은 양의 분쇄커피로 적은 양을 추출하면 진한 커피를 얻게 된다.
② 커피의 분쇄 정도에 따라 추출시간을 조절한다.
③ 적합한 필터를 사용한다. 종이필터를 주로 사용하지만 반영구적으로 사용 가능한 금속망의 필터 및 천으로 만든 것도 있다.

10) 커피메이커(Coffee Maker)

가정이나 사무실에서 손쉽게 원두커피를 즐길 수 있도록 개발된 기구로 핸드드립(Hand Drip) 방식의 추출을 기계로 바꾼 것으로 생각하면 된다. 물탱크에 물을 채우고 장착된 필터에 분쇄커피를 담고 전원을 연결한 다음 버튼을 누르면 데워진 일정한 양의 물이 커피 위에 분사되면서 커피를 추출하는 방식이다. 한 번에 많은 양의 커피를 추출할 수 있고 보온이 가능하기 때문에 커피를 마시는 사람들이 많은 사무실에서 이용하기에 적합하다. 커피 원두의 분쇄 정도와 물의 비율을 잘 맞추면 비교적 좋은 맛의 커피를 쉽게 추출할 수 있다. 제조회사에 따라 필터의 소재에 차이가 있으므로 적절한 것을 선택하도록 한다. 장착된 필터에 페이퍼 필터를 끼워 사용하기도 한다.

11) 이브릭(Ibrik)

가장 오래된 커피추출법의 하나로 뚜껑이 있
는 것을 이브릭, 뚜껑이 없는 것은 체즈베
(Cezve)라 부르는데 이름은 다르지만 이브릭
이 뚜껑을 열고 끓인다는 점 외에 사용방법은
같다. 아주 곱게 분쇄한 커피, 설탕, 물을 넣
고 끓이다가 커피가 끓어 거품이 생기면 막
대로 잘 저어주고 넘치기 직전 불에서 내리고
하는 동작을 세 번 정도 반복하여 끓인 후 잔
에 따른다. 이렇게 추출한 커피를 터키시 커

피(Turkish Coffee)라 부르는데, 고대 커피 애호가들이 즐기던 방식으로 다 마신 다음에는
잔을 뒤집어 생기는 찌꺼기의 모양을 보고 점을 쳤다고 한다.

❶ 곱게 분쇄한 가루커피 5~7g, 물 60~80mL, 설탕을 넣고 불에 올려 막대로 설탕이 잘
  녹도록 저어준다. 기호에 따라 계핏가루, 정향 등의 향신료를 넣기도 한다.
❷ 끓기 시작하여 거품이 생겨 넘치기 직전 불에서 내려 거품이 잦아들면 다시 불에 올
  린다.
❸ 이런 동작을 3~4회 반복하여 끓인 후 잔에 따라 커피가루를 가라앉힌 다음 마신다.
❹ 커피가루가 들어 있어 텁텁하게 느낄 수도 있으나 강한 바디감을 즐길 수 있다.

12) 기타

(1) 프레소(Presso)

양손으로 레버를 누르는 압력을 이용하
여 수동으로 에스프레소를 추출한다. 힘으
로 눌러 추출하므로 프레스 프레소(Press
Presso)라고도 부르며, 가정에서도 손쉽게
에스프레소를 즐길 수 있도록 고안된 것이
다. 에스프레소용보다 조금 굵게 분쇄한 커
피를 포터 필터에 채우고 가볍게 탬핑한 다
음 포터필터를 장착하고 그 아래에 컵을 놓
는다. 물통의 눈금까지 뜨거운 물을 채우고

양쪽의 레버를 위로 들어 올려 천천히 아래로 누르면 커피가 추출된다. 이 동작을 2~3회
반복한다.

(2) 캡슐 커피머신(Capsule Coffee Machine)

가정이나 사무실에서 간편하게 다양한 종류의 커피를 즐길 수 있도록 개발된 것으로 진공 포장된 커피캡슐을 전용 머신에 넣고 버튼을 누르면 자동으로 커피를 추출할 수 있다. 제조사에 따라 다양한 종류의 커피캡슐이 판매되고 있으므로 기호에 맞는 제품을 구입하도록 한다.

(3) 핸드프레소(Handpresso)

휴대용으로 손잡이가 달린 작은 고압 에스프레소 머신으로, 펌프질을 통해 공기를 압축기에서 16기압으로 압축한 다음 뜨거운 물을 작은 물통에 붓는다. 머신을 작동시키면 압축기에서 나온 압력이 물을 밀어내어 에스프레소가 추출된다. 뜨거운 물과 커피만 있으면 크레마와 함께 에스프레소를 어디서나 즐길 수 있는 것이 특징으로 2006년 프랑스에서 개발되었으며 2007년에 상용화되었다. 캡슐을 사용하는 제품과 분쇄커피를 사용하는 제품의 두 가지 모델이 있다.

(4) 에어로프레스(Aeropress)

2005년 미국의 앨런 애들러(Alan Adler)가 발명한 추출기구로 주사기와 같은 원리를 통해 공기압으로 커피를 추출하는 방식이다.

❶ 플런저
❷ 체임버
❸ 깔때기
❹ 여과필터
❺ 필터캡
❻ 계량스푼
❼ 젓개

1 필터캡에 필터를 넣고 물을 약간 가해 밀착시킨다.

2 체임버와 플런저를 결합하여 체임버가 위로 가도록 거꾸로 하여 뜨거운 물을 부어 예열한다.

3 예열이 되었으면 물을 버리고 깔때기를 체임버에 끼우고 계량스푼으로 정량의 커피를 넣는다.

4 80℃ 정도의 정량의 물을 체임버에 붓고 젓개로 잘 저어준다.

5 30초~1분 정도 지난 후 필터캡을 체임버에 결합한다.

6 체임버가 아래로 가도록 뒤집어 잔 위에 얹고 플런저가 커피에 닿을 때까지 일정한 힘으로 눌러준다.

B A R I S T A CHAPTER ESTABLISHED CAFE
008

에스프레소
음료 제조

01• 훈련목표 및 편성내용

훈련목표	에스프레소 음료제조란 고객의 요구에 맞는 에스프레소 음료를 제공하기 위해 커피 추출량을 조절하여 음료를 제조하는 능력을 함양
수 준	2수준

단원명 (능력단위 요소명)	훈련내용(수행 준거)
에스프레소 추출하기	1. 에스프레소 머신의 그룹헤드에서 필터홀더를 분리할 수 있다. 2. 에스프레소 머신의 필터홀더에 분쇄된 커피를 담을 수 있다. 3. 에스프레소 머신의 필터홀더에 담긴 분쇄된 커피를 레벨링할 수 있다. 4. 에스프레소 머신의 필터홀더에 담긴 분쇄된 커피를 탬핑할 수 있다. 5. 에스프레소 머신의 필터홀더를 그룹에 장착할 수 있다. 6. 에스프레소 머신을 조작하여 에스프레소를 추출할 수 있다. 7. 에스프레소 추출 후 필터홀더에 담긴 커피 찌꺼기를 제거할 수 있다.
에스프레소 음료 만들기	1. 에스프레소의 추출량을 조절하여 리스드레토를 만들 수 있다. 2. 에스프레소의 추출량을 조절하여 에스프레소를 만들 수 있다. 3. 에스프레소의 추출량을 조절하여 룽고를 만들 수 있다. 4. 에스프레소의 추출량을 조절하여 도피오를 만들 수 있다. 5. 추출된 기본 에스프레소에 얼음을 첨가한 아이스 에스프레소 음료를 만들 수 있다.

02. 에스프레소(Espresso) 개념

에스프레소 커피는 에스프레소 머신을 사용하여 압력으로 커피를 추출하는 방식으로, 20세기 초 이탈리아에서 시작하여 20세기 후반 전 세계적으로 유행하기 시작하였다. 9기압의 압력을 이용하여 보통 6~8g의 분쇄커피로 약 20~30mL의 진한 커피를 20~30초 사이에 추출하는 것이 일반적이다.

03. 에스프레소 커피의 특징

(1) 기구
드립 방식은 물의 중력에 의해 뜨거운 물이 분쇄커피 사이를 통과하면서 커피를 추출하는 데 비해 에스프레소는 에스프레소 머신을 사용하여 9기압의 물이 분쇄커피를 통과하면서 20~30초 정도의 매우 짧은 시간에 커피를 추출한다.

(2) 커피
에스프레소는 짧은 시간에 커피의 풍미를 추출해야 하므로 보통의 커피보다 강배전한 에스프레소 전용의 배전두를 미세하게 분쇄하여 사용한다.

(3) 성분
에스프레소는 높은 압력으로 짧은 시간에 추출하므로 불미성분과 카페인의 용출이 적어 원두커피가 가지는 풍미의 비율이 높은 커피를 추출할 수 있다. 커피의 특정 성분인 카페인은 커피원두를 강배전하는 과정에서 상당한 양이 휘발하며, 단시간에 추출하기 때문에 용해되는 양이 적으므로 에스프레소는 드립 커피에 비해 카페인 함량이 적다.

(4) 크레마(Crema)
에스프레소 커피의 외형상 가장 특징적인 것이 크레마로서 제대로 추출된 에스프레소 커피는 황갈색의 크레마 형성으로 판단할 수 있다. 크레마의 두께는 3mm 정도의 밝은 황갈색이 좋다. 크레마의 색이 연하고 거품의 밀도가 낮은 것은 커피가 적게 추출된 것이며, 색이 짙거나 밀도가 높으면 많이 추출된 것이다. 크레마는 커피원두의 신선도와 분쇄 정도, 분량, 탬핑 정도, 물의 온도와 양, 추출 시의 압력과 시간 등이 모두 조화를 이루어야 제대로 형성된다.

(5) 분량과 잔
커피 한 잔의 분량이 보통 120~150mL 정도인 데 비해 에스프레소는 30mL 정도를 추출하여 에스프레소 전용의 두껍고 작은 데미타세(Demitasse) 잔에 마신다.

04• 에스프레소 추출하기

좋은 풍미의 에스프레소 커피를 추출하기 위해서는 원두의 분쇄 정도, 분량, 탬핑, 추출속도 4가지가 맞아야 하므로 자신이 사용하는 에스프레소 머신의 성능을 충분히 이해하고 있어야 한다.

(1) 원두의 분쇄(Grind)

커피원두는 에스프레소용으로 강배전한 원두를 즉석에서 곱게 분쇄해야 좋은 커피 맛을 얻을 수 있다. 굵게 분쇄하면 커피가 제대로 추출되지 않고 지나치게 곱게 분쇄하면 쓴맛의 커피가 추출된다. 원두의 분쇄 정도와 추출조건이 적합하면 커피는 일정한 굵기로 천천히 추출된다.

(2) 정확한 1회 분량

원샷(30㎖) 추출에 보통 7~8g을 사용한다.

(3) 탬핑(Tamping)

분쇄커피를 필터홀더(Filter Holder)에 담고 탬퍼(Tamper)로 15~20kg의 압력을 가해 다지는 것을 말한다. 분쇄커피가 다져지면 물이 통과하면서 커피의 풍미를 우려내게 된다.

(4) 추출

에스프레소 추출 시의 압력은 9기압(bar)이 이상적으로 필터홀더를 끼우고 스위치를 누른 후 계기판의 압력을 확인한다. 추출된 에스프레소는 황갈색의 크레마가 균일하고 두텁게 표면에 형성되는데 제대로 추출된 에스프레소일수록 크레마가 확실하게 생긴다.

(5) 청소

추출이 끝나면 그룹헤드로부터 필터홀더를 분리하여 커피찌꺼기를 버리고 추출버튼을 눌러 맑은 물로 깨끗이 청소한다.

1 그룹헤드로부터 필터홀더를 분리한다.

2 필터홀더를 그라인더에 걸치고 스위치를 켜고 도저레버를 당겨 커피를 담는다.

3 필터홀더에 담긴 커피가 수평이 되게 한다.

4 탬퍼를 수평으로 얹는다.

5 필터홀더를 걸치고 탬퍼에 힘을 가해 눌러 다진다.

6 필터홀더 주변의 가루를 털어낸다.

7 필터홀더를 그룹헤드에 결합한다.

8 추출버튼을 누르고 잔을 받쳐 커피를 추출한다.

9 필터홀더를 그룹헤드로부터 분리하여 커피찌꺼기를 버린다.

10 그룹헤드로부터 물을 내려 필터홀더를 깨끗이 씻어 그룹헤드에 결합한다.

05 · 에스프레소 추출에 변화를 주는 요인

(1) 분쇄커피 입자가 굵거나 가는 경우
(2) 커피 사용량이 기준보다 많거나 적은 경우
(3) 탬핑의 강도가 지나치게 강하거나 약한 경우
(4) 커피머신의 펌프 압력이 기준보다 강하거나 약한 경우

정상추출   과소추출   과다추출

* 과소추출, 과다추출이란 추출된 커피 양을 말하는 것이 아니라, 추출되는 커피고형분의 양을 말한다.

06 · 에스프레소 음료 만들기

에스프레소는 커피의 강한 맛을 음미하기 위해 부재료를 섞지 않고 그대로 마시는 음료로, 추출량에 따라 다음과 같이 나눈다.

1) 에스프레소(Espresso)

(1) 솔로(Solo/싱글Single)

가장 기본적인 스타일로, 7~9g의 원두로 예열된 데미타세 잔 (Demitasse Glass)에 25~30mL 분량을 추출한다.

(2) 도피오(Doppio/더블Double)

15~18g의 원두로 50~60mL 분량을 추출한다. 즉 에스프 레소 두 잔 분량을 한 잔에 추출하는 것이다.

(3) 리스트레토(Ristretto)

7~9g의 원두로 20~25mL 분량을 추출한다. 추출시간이 길어지면 잡미도 추출되므로 좋은 향미만 얻기 위해 추출시 간을 짧게 한 것이다.

(4) 룽고(Lungo)

7~9g의 원두로 50mL 분량을 추출한다.

2) 아이스 에스프레소 음료

(1) 카페 샤키라토(Cafe Shakerato)

단순하게 말하면 아이스 에스프레소라 할 수 있다. 에스프레소를 쉐이커에 넣고 얼음과 함께 흔들어 차갑게 만든다.

재료
에스프레소, 얼음, 쉐이커, 샤키라토 잔

만드는 법
1 에스프레소를 추출한다.
2 쉐이커에 얼음 몇 조각을 담고 1의 에스프레소를 붓는다.
3 쉐이커를 결합하여 흔들어 준다.
4 샤키라토 잔에 담는다.

 ① 에스프레소를 얼음과 함께 흔들면 고운 거품이 많이 생기는데 잔에 따를 때 거품과 함께 따르면 부드러운 거품의 촉감과 시각적 효과를 함께 즐길 수 있다.
② 얼음이 녹으면 묽어지므로 에스프레소 더블(2샷)을 넣어 만들기도 한다.

(2) 카페 프레도(Cafe Freddo)

프레도(Freddo)란 이탈리아어로 "거품이 있는 차가운 음료"를 말하는데, 단순하게 말하면 아이스커피를 쉐이킹한 것이다.

재료
에스프레소, 얼음, 물, 쉐이커

만드는 법
1 쉐이커에 얼음과 에스프레소 1온스, 물 5온스를 넣고 쉐이킹한다.
2 잔에 거품을 살리면서 붓는다.

커피
음료 제조

01 훈련목표 및 편성내용

훈련목표	커피음료제조란 고객의 요구에 맞는 음료를 제공하기 위해 에스프레소 음료에 물, 우유, 우유거품 및 각종 부재료를 활용하여 다양한 방법으로 커피음료를 제조하는 능력을 함양
수 준	3수준

단원명 (능력단위 요소명)	훈련내용(수행 준거)
커피음료 우유 스티밍하기	1. 신선한 냉장 우유를 차가운 스팀피처에 담을 수 있다. 2. 스팀밸브를 열어 스팀막대에 남아 있는 물을 제거할 수 있다. 3. 스팀피처에 스팀막대를 넣고 스팀밸브를 열어 우유를 적당한 온도로 가열할 수 있다. 4. 스팀막대와 우유 표면의 간격을 유지하여 공기를 주입할 수 있다. 5. 공기 주입 후 스팀막대를 사용하여 우유와 우유 거품을 혼합하고 알맞은 온도로 데울 수 있다. 6. 아이스 메뉴를 위한 낮은 온도의 우유거품을 만들 수 있다. 7. 스티밍 후 스팀밸브를 열어 스팀막대 속에 남아 있는 우유를 제거할 수 있다. 8. 스티밍 후 스팀막대 표면에 묻어 있는 우유를 제거할 수 있다. 9. 스팀막대 팁을 분해하여 스팀막대 안을 청소할 수 있다.

에스프레소 커피음료 만들기	1. 에스프레소에 물을 첨가하여 아메리카노를 만들 수 있다. 2. 에스프레소에 우유를 첨가하여 카페라테를 만들 수 있다. 3. 에스프레소에 우유와 우유거품을 첨가하여 카푸치노를 만들 수 있다. 4. 에스프레소에 우유거품을 첨가하여 카페마끼아또를 만들 수 있다. 5. 우유와 우유거품에 에스프레소를 첨가하여 라테마끼아또를 만들 수 있다. 6. 에스프레소에 얼음을 첨가해 아이스 에스프레소 커피음료를 만들 수 있다.
응용 에스프레소 커피음료 만들기	1. 에스프레소에 시럽을 첨가하여 응용 에스프레소 커피음료를 만들 수 있다. 2. 에스프레소에 소스를 첨가하여 응용 에스프레소 커피음료를 만들 수 있다. 3. 에스프레소에 파우더를 첨가하여 응용 에스프레소 커피음료를 만들 수 있다. 4. 에스프레소에 휘핑크림을 첨가하여 응용 에스프레소 커피음료를 만들 수 있다. 5. 에스프레소에 주류를 첨가하여 응용 에스프레소 커피음료를 만들 수 있다. 6. 에스프레소에 얼음을 첨가하여 각 아이스 에스프레소 커피음료를 만들 수 있다.

02. 우유의 종류와 특징

우유는 인체에 필요한 대부분의 영양소를 함유하고 있어 단일식품으로는 가장 완전한 식품으로 알려져 있으며, 우유에는 단백질과 지방산이 포함되어 있어 부드러운 맛을 주고 유당은 단맛을 낸다. 커피에 우유를 첨가하면 커피의 쓴맛을 완화하여 부드러운 맛을 주며 칼슘을 보충하는 효과도 있다.

1) 균질우유와 무균질우유

우유의 지방이 분리되는 것을 막기 위해 높은 압력에서 지방구를 잘게 부수어 소화되기 쉽게 만든 균질우유와 이러한 과정을 거치지 않은 무균질우유가 있다. 즉, 무균질우유란 세균이 없는 우유라는 뜻이 아니고 균질 공정을 거치지 않은 우유를 뜻한다.

2) 우유 살균법

멸균우유는 약 150℃에서 2.5~3초 동안 가열처리하여 세균의 포자까지 사멸시키고 변질예방을 위해 7겹의 특수 무균 포장용기에 넣어 만들기 때문에 냉장보관이 필요하지 않으며, 유통기한이 길어 장기보관이 가능하다. 살균우유는 영양 손실을 최소한으로 줄이는 범위에서 해로운 유산균과 지방분해효소를 완전히 사멸시킨 우유로 병원성 미생물로부터의 안전성과 저장성이 높은 우유로 우리나라는 주로 초고온순간살균법을 이용한다.

(1) **저온살균법** : 62~65℃에서 30분간 가열 살균하는 방법으로 결핵균과 같은 병원균의 사멸에 목적이 있으며 살균에 시간이 다소 오래 소요되지만 영양 손실이 거의 없으며, 신선하고 맑은 식감이 난다.

(2) 고온살균법 : 120~130℃에서 수 분 동안 가열 살균하는 방법으로 열로 인해 단백질과 당류가 일부 반응하여 구수하고 단맛이 나게 된다.

(3) 고온순간살균법(HTST) : 71.1℃에서 15초간 가열 살균한다.

(4) 초고온살균법(UHT) : 130~150℃에서 0.75~2초간 가열 살균하는 방법으로 내열성균의 포자를 완전히 사멸시킨다. 현재 우리나라 우유의 대부분은 이 살균법을 택하고 있다.

3) 우유의 종류

(1) 백색시유 : 가장 기본이 되는 우유

(2) 저지방우유 : 보통 3.2~3.3%의 지방이 들어 있는 일반 우유와 달리 지방 함량을 2% 이하로 줄여 다이어트나 성인병 예방에 도움이 되는 것으로 알려져 있다.

(3) 무지방우유 : 비만과 성인병 예방을 위해 시유에서 지방을 제거한 우유

(4) 영양강화우유 : 비타민, 칼슘 등을 강화시킨 강화우유

(5) 유당분해우유 : 유당 불내증 환자를 위한 유당분해 우유

(6) 가공우유 : 우유에 식품첨가물(영양물질, 향미제 등)을 첨가하여 가공한 우유

4) 보관법

냉장온도(5℃ 정도)에서 보관하는 것이 좋으며, 우유는 개봉 후 가급적 빨리 소비하는 것이 좋다. 또한 냄새를 흡수하는 성질이 있으므로 개봉한 우유는 냄새가 강한 식품과 같이 보관하지 않는 것이 좋다.

03• 우유 스티밍(Steaming)

커피점 메뉴에서 에스프레소와 아메리카노를 제외하고는 대부분의 메뉴가 우유를 이용하여 만들어진다. 따라서 바리스타는 기본적으로 우유의 종류와 특징, 우유 데우기와 우유거품 만들기에 대해서 잘 알고 있어야 한다. 우유 스티밍 작업은 에스프레소 머신의 스팀으로 우유 속에 공기를 주입시켜 만들게 된다. 우유 데우기와 거품내기는 각각 이루어지는 것이 아니고 우유 데우기와 거품내기, 혼합과정까지 동시에 이루어진다. 스티밍 후의 우유는 거품과 우유가 섞인 상태의 '스팀밀크(steam milk)'와 거품상태인 '폼 밀크(foam milk)' 액체상태의 '핫 밀크(hot milk)'로 구분할 수 있으며 메뉴에 따라 각기 사용하게 된다.

1) 스팀피처(Steam Pitcher)

우유거품을 만들거나 우유를 데울 때 사용하는 기구로 '밀크 저그(Milk Jug)'라고도 한다. 일반적으로 350mL, 600mL, 1,000mL 크기가 있으며 350mL 피처는 1잔, 600mL 피처는 2잔, 1,000mL 피처는 3~4잔을 만들기에 적합하다.

2) 우유 스티밍 및 노즐관리

우유 스티밍 작업은 '스팀노즐' 또는 '스팀완드'라 불리는 뜨거운 스팀분사장치를 사용하므로 화상을 입지 않도록 주의해야 한다. 우유 스티밍은 차가운 피처에 차갑고 신선한 우유로 공기를 주입하여야 온도상승을 여유롭게 가져갈 수 있어 곱고 부드러운 거품을 만들 수 있다.

(1) 피처에 우유 담기 : 4~5℃정도에 보관된 차가운 우유가 스팀밀크 만들기에 적당하며 우유의 양이 적으면 메뉴를 제대로 만들 수 없고, 너무 많으면 거품내기도 어렵고 낭비도 많아진다. 피처의 1/3~1/2 정도가 적당한데 우유가 회전하면서 밀크폼이 만들어지는 공간이 필요하므로 그 이상은 담지 않는 것이 좋다. 일반적으로 0.3L 피처에는 130mL 정도, 0.6L 피처에는 250mL 정도, 1.0L 피처에는 350mL 정도가 적당하지만 사용하는 잔의 크기나 메뉴에 따라 차이가 있으므로 우유를 어느 정도 담아야 하는지는 바리스타의 경험이 중요하다.

(2) 스팀밸브 열기 : 스팀을 사용한 후 남아 있는 스팀이 식으면서 물이 되므로 1~2초간 스팀밸브를 열어 물을 빼주어야 한다. 이때 물이 튀는 것을 방지하기 위해 전용의 깨끗한 행주로 스팀노즐을 감싸고 스팀밸브를 열어준 다음 행주로 깨끗이 닦는다.

(3) 우유에 스팀노즐 담그기 : 스팀노즐을 우유에 담그고 스팀노즐의 깊이와 우유표면의 각도를 잘 잡아야 좋은 거품을 얻을 수 있다. 바리스타에 따라 나름의 방식으로 실행하고 또한 가르치는 사람마다 조금씩 차이가 있으므로 반복된 훈련을 통하여 익혀야 한다. 또한 노즐을 우유 속에 담그지 않고 스팀밸브를 열어 우유가 튀어 올라 사고가 발생할 수 있으므로 주의해야 한다.

❶ 스팀노즐의 꼭지 부분 1cm 정도를 우유 속에 담그고 스팀밸브를 열어준다. 처음부터 너무 깊이 넣고 스팀밸브를 열면 우유의 온도가 높아져 스팀밀크를 만들기 어렵게 되고, 너무 얕게 스팀노즐을 담그고 스팀밸브를 열면 고운 거품을 만들기 어렵다.

❷ 먼저 우유에 공기를 주입시켜(이때 치직치직하는 공기가 유입되는 부드러운 소리가 난다. 쇳소리 또는 요란한 소리가 나면 노즐의 위치를 잘못 잡은 것이다.) 고운 거품을 만든 다음 온도를 높이면서 거품을 부드럽게 하는 과정을 거친다.

❸ 우유가 스팀피처의 80% 정도의 양이 되면 스팀밸브를 닫고, 스팀피처를 내려놓고 전용의 행주로 노즐에 묻어 있는 우유를 닦고 스팀밸브를 열어 노즐에 남아있는 우유 찌꺼기를 제거한다.

❹ 우유 스티밍 후 스팀밀크를 피처 내에서 원을 그리며 회전시켜(rolling 롤링) 우유거품
과 우유를 혼합해 부드럽게 한다. 스팀밀크작업을 잘 하였더라도 기포가 생기거나 약
간의 거품이 있을 수 있다. 이때는 스팀피처를 바닥에 2~3차례 두드리고 1~2회 회전
시켜 주면 더욱 곱고 부드러운 스팀밀크를 얻을 수 있다.

스티밍 순서

1 0.6L 피처에 우유를 붓는다.(피처의 코 부분까
지 우유를 부으면 2잔의 카페라테 또는 카푸
치노를 만들 수 있다.)

2 스팀노즐을 우유에 담그고 밸브를 연다.

3 우유에 공기를 주입한다.

4 전체의 양이 피처의 80% 정도 되었을 때 스팀
밸브를 닫고 롤링시켜 스팀밀크를 안정화한다.

04· 에스프레소 커피음료 만들기

1) 아메리카노, 아이스 아메리카노

에스프레소를 물로 희석하여 묽게 만든 블랙커피로 미국에서 시작된 것이라 하여 '아메리카노'라 부르는데, 우리나라에서도 가장 인기 있는 메뉴 중 하나이다.
에스프레소의 양과 물의 양에 따라 커피 맛에 많은 차이가 있다.

재료
에스프레소, 뜨거운 물, 아메리카노 잔

만드는 법
1 에스프레소를 추출한다.
2 아메리카노 잔에 뜨거운 물을 적당량 담고 에스프레소를 붓는다.

① 기호에 따라 에스프레소를 싱글 또는 더블을 넣어 만들며, 달게 마시고 싶다면 시럽을 추가한다.
② 뜨거운 물에 에스프레소를 붓기도 하고, 반대로 추출한 에스프레소에 뜨거운 물을 붓기도 한다.
③ 아이스 아메리카노는 얼음(7~8개)을 추가하면 된다. 얼음이 녹으면 묽어지므로 에스프레소를 더블(2샷)로 넣어 만드는 것이 일반적이다.

2) 카페라테(Cafe Latte), 아이스 카페라테

라테는 우유를 뜻하는데, 카페라테는 에스프레소에 따뜻한 우유를 섞은 커피이다. 우유가 들어 있어 맛이 부드러워서 프랑스에서는 주로 아침에 마신다. 풍부한 거품이 특징인 카푸치노에 비해 거품이 거의 없거나 아주 적다.

재료
에스프레소, 우유, 스팀피처, 카페라테 잔

만드는 법
1 에스프레소 1온스를 카페라테 잔에 추출한다.
2 스팀밀크를 만든다. 이때 공기를 조금만 주입하여 거품이 조금만 형성되도록 한다.
3 스팀밀크를 붓고 라테아트로 마무리한다. 우유거품은 살짝만 얹는다.

① 카페라테에 초콜릿시럽을 첨가하면 모카라테, 캐러멜시럽을 첨가하면 캐러멜라테가 된다. 첨가하는 시럽의 종류에 따라 바닐라라테, 민트라테, 헤이즐넛라테 등 다양한 종류를 만들 수 있다.
② 기호에 따라 휘핑크림을 올리고 초콜릿소스, 캐러멜소스를 드리즐하기도 한다.
③ 아이스 카페라테는 카페라테에 얼음(7~8개)을 추가하면 된다. 얼음이 녹으면 묽어지므로 에스프레소를 더블(2샷)로 넣어 만드는 것이 일반적이다.

3) 고구마라테, 녹차라테, 곡물라테 등

카페라테에서 응용된 메뉴로 에스프레소 대신에 다른 종류의 재료를 사용하여 다양한 맛과 형태의 라테를 만들 수 있다.

① 스팀피처에 적량의 재료와 우유를 담는다.
② 롱스푼 등으로 가볍게 섞어준다.
③ 재료가 잘 섞이고 따뜻하도록 스팀을 잘 친 후 잔에 붓는다.

 ① 얼음 몇 개와 재료를 함께 블렌더(믹서)에 넣고 잘 혼합하여 아이스 메뉴를 만들 수 있다.
② 다양한 종류의 라테를 만들 수 있는 페이스트 및 재료들이 시중에 판매되고 있다.

4) 카푸치노(Cappuccino), 아이스 카푸치노

진한 갈색의 커피 위에 우유거품을 얹은 모습이 이탈리아 카푸친 수도회 수도사들이 머리를 감추기 위해 쓴 모자와 닮았다고 하여 카푸치노라고 이름이 붙여졌다는 설과 카푸친 수도회 수도사들이 입던 옷의 색깔과 비슷하다고 하여 붙여졌다는 설 등 여러 가지 이야기가 전해진다.

재료
에스프레소, 우유, 카푸치노 잔, 스팀피처

만드는 법
1 에스프레소 1온스를 카푸치노 잔에 추출한다.
2 스팀밀크를 만들어 1에 붓고 우유거품을 올려 마무리한다.
3 우유거품 위에 계핏가루, 코코아가루 등을 살짝 뿌리기도 한다.

 ① 우유를 너무 많이 붓지 않도록 하고, 우유거품은 1.5㎝ 이상이 되도록 만든다.
② 아이스 카푸치노를 만들 때 중요한 점은 우유거품의 온도로, 거품이 뜨거우면 전체적으로 미지근하고 애매한 맛이 되므로 주의한다. 거품기 또는 프렌치프레스에 차가운 우유를 넣고 상하로 펌프질하면 차가운 거품을 만들수 있다. 얼음이 녹으면 묽어지므로 에스프레소를 더블(2샷)로 넣어 만드는 것이 일반적이다.
③ 차가운 우유 120mL 정도를 거품기로 거품을 낸 다음 컵에 얼음 몇 개를 담고 우유거품을 붓고 에스프레소를 넣는다.

5) 카페 마키아토(Macchiato)

이탈리아어로 "얼룩진"이라는 뜻으로 데미타세 잔에 에스프레소를 추출하여 우유 거품을 점을 찍은 듯 얹는다.

재료
에스프레소, 밀크폼(Milk Foam), 데미타세 잔

만드는 법
1 데미타세 잔에 에스프레소를 추출한다.
2 스팀밀크를 만든다.
3 에스프레소 위에 우유거품을 살짝 점찍듯 얹는다.
   (잔에 가득 채우기도 한다.)

6) 캐러멜 마키아토, 아이스 캐러멜 마키아토

① 잔에 캐러멜 시럽을 20mL 정도 채운다. (시럽펌프를 1회 누르면 약 7mL 정도가 나온다.)
② 스팀밀크를 만들어 ①에 9부 정도 채운다.
③ 에스프레소를 추출하여 ②에 에스프레소의 흔적이 최소한 적게 남도록 하며 붓는다.
④ 캐러멜 소스를 자유로운 모양으로 예쁘게 드리즐(Drizzle)한다.

 ① 드리즐이란 소스(캐러멜, 초콜릿 등)를 음료 위에 뿌려주는 것을 말한다.
② 다양한 시럽을 사용하여 여러 가지 메뉴를 만들 수 있다.
③ 아이스 캐러멜 마키아토
　　– 컵에 캐러멜 시럽을 20mL 정도 펌핑한 다음 에스프레소를 추출하여 함께 잘 섞어준다.
　　– 컵에 얼음을 몇 개와 우유를 붓고 캐러멜 소스로 드리즐한다. 기호에 따라 생크림을 토핑하기도 한다.
　　– 다른 방법으로 에스프레소를 추출하여 두고, 컵에 캐러멜 시럽을 담고 우유를 섞은 다음 얼음을 넣고 에스프레소를 붓는다(우유를 부을 때 얼음과 에스프레소가 추가되는 것을 고려하여 우유를 부어야 한다). 기호에 따라 휘핑크림을 토핑하고 카라멜 소스를 드리즐하여 마무리한다.

캐러멜 마키아토 만드는 법

1 에스프레소를 추출한 다음 잔에 캐러멜 시럽
을 펌핑한다.

2 스팀밀크를 잔에 채운다.(이때 에스프레소 양
을 고려하여 잔을 채운다.)

3 에스프레소를 흔적이 최대한 작게 나게 붓는다.

4 캐러멜 시럽을 드리즐한다.

5 캐러멜 마키아토

7) 라테 마키아토, 아이스 라테 마키아토

❶ 라테 마키아토 잔(8온스 유리잔)에 설탕시럽 20mL를 따른다.

❷ 스팀밀크를 만들어 ①의 잔에 1/2 정도를 붓고 잘 섞어준다.

❸ 잠깐 기다렸다가 스팀밀크를 9부 정도 채운다.

❹ 에스프레소를 추출하여 ③에 에스프레소의 흔적이 최소한 적게 남도록 하며 붓는다.

---

 ① 무지방우유 및 저지방우유 등은 스팀밀크가 잘 만들어지지 않으므로 일반 백색시유를 사용하는 것이 좋다.
② 스팀밀크, 에스프레소, 밀크폼의 3층으로 연출되는 시각적 효과가 있다.
③ 설탕시럽 대신에 캐러멜, 헤이즐넛, 딸기, 바닐라, 아이리시 등 다양한 시럽을 사용하여 여러 가지 메뉴를 만들
수 있다. 얼음을 넣고 차게 만들면 아이스 메뉴가 된다.

카페라테 마키아토 만드는 법

1 손잡이가 있는 8온스 유리잔에 설탕시럽을 20mL 정도 넣는다.

2 스팀밀크를 붓고 우유와 시럽을 잘 섞어준다.

3 스팀밀크로 잔을 채운다.

4 우유와 거품이 분리되기 시작하면 에스프레소 원샷을 조심스럽게 붓는다.

5 비중의 차이에 의해 우유와 커피, 밀크폼이 분리되어 3개 층이 형성된다.

05. 응용 에스프레소 커피음료 만들기

1) 유제품의 종류와 특징

(1) 크림 : 크림은 우유에서 유지방을 분리하여 만들며 지방이 18% 이상 함유된 것으로, 우유 만으로 만든 동물성 크림과 식물성 기름에 유화제, 안정제 등 여러 가지 식품첨가물을 넣어 만든 것이 있다. 동물성은 유통기한이 짧고 식물성은 유통기한이 길며 당분이 첨가된 제품과 무가당 제품이 있다. 커피에 크림을 넣으면 고소하고 부드러운 맛이 강해진다.

① 라이트 크림(Light Cream) : 10~30%의 비교적 적은 양의 지방을 함유하고 있으며 커피크림 또는 테이블크림이라고 한다.

② 생크림(Fresh Cream) : 지방을 30% 이상 함유하고 있으며 헤비크림이라고도 하며, 생크림에 거품이 일게 한 것을 휘핑크림이라고 한다.

(2) 연유 : 우유 중의 수분을 증발시켜 고형분 함량을 높게 농축한 것으로 설탕의 첨가 유무에 따라 가당연유와 무당연유로 나눈다.

① 가당연유 : 우유에 설탕을 넣어 1/3 정도로 농축한 것으로 40~45%의 설탕이 들어 있어 설탕의 방부력을 이용하여 따로 살균하지 않고 저장할 수 있어 유통기한이 길다.

② 무당연유 : 우유를 그대로 1/2~1/3로 농축한 것으로 설탕에 의한 방부력이 없으므로 통조림으로 가공하여 살균 처리하여 만든다. 방부력이 없으므로 제품 개봉 시 신속히 사용해야 한다.

(3) 아이스크림 : 우유 또는 유지방, 크림 등에 설탕 · 달걀 · 안정제 · 향료 · 색소 등을 넣고 얼려 만든 유제품으로 다양한 종류의 향료를 첨가하지만 바닐라 · 딸기 · 초코가 대표적이다. 식품위생법에서는 유지방 함량 6% 이상을 아이스크림, 2% 이상을 아이스밀크로 규정하고 있다. 본래는 서양요리에서 디저트로 이용되었으나 오늘날에는 기호품으로 널리 사용하고 있으며, 커피에서는 바닐라 아이스크림을 커피 위에 올리는 것이 일반적으로 대부분 아이스 메뉴에 이용되지만 뜨거운 커피에 올리는 경우도 있다.

2) 휘핑크림(Whipping Cream) 만들기

소형의 질소가스 카트리지의 사용이 금지되어 있어 2.5L 이상 고압가스용기에 연결하여 충전 후 분리 사용하거나 거품기를 이용하여 휘핑크림을 만들 수도 있으며 시판 중인 스프레이 휘핑크림을 사용할 수도 있다.

질소가스 충전이 필요 없이 휘핑크림을 만들 수 있는 기구들도 판매되고 있다.

생크림은 냉장고에 보관된 차가운 것을 사용하는 것이 좋다.

3) 응용 에스프레소 커피음료 만들기

(1) 에스프레소 콘파냐(Espresso Con Panna)

이탈리아어로 콘은 "~를 넣은", 파냐는 "생크림"을 뜻한다. 즉 에스프레소에 생크림을 얹은 것이다. 에스프레소의 진한 커피맛을 부드러운 생크림이 감싸 부드럽고 달콤한 맛을 즐길 수 있다. 생크림과 에스프레소를 같이 마시는 것이 좋으며 기호에 따라 설탕, 시럽, 너츠(Nuts) 등을 토핑하기도 한다.

재료
에스프레소, 휘핑크림, 데미타세 잔

만드는 법

1 데미타세 잔에 에스프레소를 추출한다.
2 에스프레소 위에 생크림을 보기 좋게 얹는다.
3 기호에 따라 설탕, 시럽, 너츠 등으로 토핑한다.

(2) 아포가토(Affogato)

아포가토(Affogato)는 이탈리아어로 "익사하다"라는 뜻으로, 아이스크림 위에 진한 에스프레소(Espresso)를 끼얹어 내는 디저트 음료이다. 에스프레소의 진한 커피향과 아이스크림의 부드럽고 달콤함을 동시에 즐길 수 있다.

재료
에스프레소, 아이스크림, 데미타세 잔, 아이스크림 잔

만드는 법

1 데미타세 잔에 에스프레소를 추출한다.
2 아이스크림 잔에 아이스크림 1스쿱(Scoop)을 담고 그 위에 에스프레소를 끼얹는다. 기호에 따라 견과류, 초콜릿 등을 토핑한다.

 ① 아이스크림에 에스프레소를 끼얹어 제공하면 아이스크림이 녹으므로, 따로 내어 먹기 직전에 끼얹는 것이 좋다.
② 캐러멜, 모카, 바닐라 등 다양한 시럽으로 아이스크림에 드리즐하기도 한다.

(3) 카페모카(Cafe Mocha), 아이스 카페모카

초콜릿 향이 나는 예멘 모카커피에서 유래한 것으로, 에스프레소에 초콜릿시럽 또는 초콜릿가루를 넣어 인위적으로 초콜릿 맛을 강조한 커피이다.

재료

에스프레소, 초콜릿시럽, 초콜릿소스, 우유, 스팀피처, 카페모카 잔

만드는 법

1 카페모카 잔에 초콜릿시럽을 적량 펌핑한다.
2 에스프레소를 추출하여 1에 붓고 잘 섞는다.
3 스팀밀크를 붓고 휘핑크림을 올린 다음 시럽을 드리즐하여 장식한다.

 ① 잔의 크기에 따라 에스프레소를 30~60mL 정도 사용하여 커피의 풍미를 함께 살린다.
　② 기호에 따라 휘핑크림을 생략하기도 하며, 땅콩가루나 슬라이스 아몬드를 살짝 얹어 주어도 좋다.
　③ 시럽을 많이 사용하면 에스프레소의 풍미가 감춰지므로 시럽의 양을 잘 조절하도록 한다.
　④ 초콜릿시럽 외에도 캐러멜시럽, 바닐라시럽, 화이트초콜릿시럽 등 다양한 시럽으로 변화된 카페모카를 만들
　　수 있다.
　⑤ 아이스 카페모카는 얼음과 차가운 우유를 사용한다. 얼음이 녹아 맛이 묽어지지 않도록 에스프레소의 양을 알
　　맞게 한다.

(4) 카페 칼루아(Cafe Kahlua)

칼루아는 멕시코의 술인 데킬라에 멕시코산 커피를 넣어 만드는데, 카페 칼루아는 여기에 에스프레소를 넣어 커피 맛이 어우러진 메뉴이다.

재료

에스프레소 1온스, 뜨거운 물 5온스, 설탕시럽 2/3온스, 칼루아 2/3온스, 휘핑크림, 설탕, 레몬조각

만드는 법

1 글라스의 가장자리에 레몬조각을 문지른 다음 설탕을 묻힌다.
2 에스프레소 1온스를 글라스에 붓고 설탕시럽을 넣고 잘 섞어 준나.
3 조심스럽게 뜨거운 물을 붓고 칼루아를 붓는다.
4 모양 있게 휘핑크림을 올려 마무리한다.

(5) 아이리시 커피(Irish Coffee)

아일랜드산 아이리시 위스키를 커피에 넣어 조화롭게 만든 것으로, 추운 겨울 아일랜드의 더블린 공항에서 일하는 노동자들이 블랙커피의 힘으로 졸음을 이기고 위스키의 따뜻함으로 추위를 녹이며 작업을 한 데서 유래하였다고 한다.

재료
아이리시 위스키 1온스, 뜨거운 블랙커피, 레몬조각, 설탕,
아이리시 커피 기구세트

만드는 법
1 커피잔의 가장자리를 레몬조각으로 문지르고 설탕을 입힌다.
2 아이리시 위스키를 잔에 따른 다음 아이리시 커피 기구세트에 장착한다.
3 알코올램프에 불을 붙여 가열한다.
4 어느 정도 따뜻해지면 위스키에 불을 붙여 알코올 분을 살짝 휘발시킨다.
5 뜨거운 블랙커피를 적당량 붓는다.

---

 ① 아이리시 커피를 만드는 방법은 다양하다. 손잡이가 있는 유리잔에 아이리시 위스키와 뜨거운 블랙커피, 설탕을 넣고 잘 섞은 다음 휘핑크림을 올려 마무리하기도 한다.
② 아이리시 위스키 대신 아이리시 시럽을 사용하기도 한다.

---

(6) 카페 로열(Cafe Royal)

황제의 커피라 불리는 카페 로열은 푸른 불꽃을 피우는 환상적인 분위기의 커피로 나폴레옹 황제가 즐겨 마신 데서 유래하였다고 전해진다. 각설탕에 브랜디를 붓고 불을 붙여 분위기를 연출하는 커피이다.

재료
뜨거운 블랙커피 120mL, 각설탕 1개, 코냑 1티스푼,
카페로열스푼

만드는 법
1 커피 잔에 블랙커피를 담는다.
2 카페로열스푼을 1의 잔 위에 걸치고 각설탕을 담는다.
3 코냑을 스푼에 붓고 불을 붙인다.
4 푸른 불꽃과 함께 각설탕이 녹으면 스푼으로 저어 마신다.

라테아트

01 훈련목표 및 편성내용

훈련목표	라테아트란 커피문화에 대한 인식이 넓어지고 고객의 기호가 다양해짐에 따라 커피 관리의 전문성을 향상시키기 위해 에스프레소에 우유와 우유거품, 다양한 기구 및 소스 등을 활용해 커피 표면에 시각적인 디자인을 만드는 능력을 함양
수 준	4수준

단원명 (능력단위 요소명)	훈련내용(수행 준거)
푸어링 아트 하기	1. 에스프레소에 우유와 우유거품을 활용하여 하트 형태를 만들 수 있다. 2. 에스프레소에 우유와 우유거품을 활용하여 로제타 형태를 만들 수 있다. 3. 에스프레소에 우유와 우유거품을 활용하여 밀어넣기를 활용한 디자인을 만들 수 있다. 4. 에스프레소에 우유와 우유거품을 활용하여 다양한 디자인을 만들 수 있다.
에칭 아트 하기	1. 에칭펜를 이용하여 에칭아트를 만들 수 있다. 2. 크레마와 우유거품을 이용하여 에칭아트 디자인을 할 수 있다. 3. 소스를 활용하여 에칭아트 디자인을 데코레이션할 수 있다.
스텐실 아트 만들기	1. 스텐실 아트 기구를 이용하여 스텐실 아트를 만들 수 있다. 2. 크레마와 우유거품을 이용하여 스텐실 아트 디자인을 할 수 있다.

02 • 라테아트

라테아트란 우유라는 뜻의 이탈리아어 '라테(Latte)'와 예술(미술)이란 뜻의 영어 '아트(Art)'가 합성된 말로 스팀밀크를 이용하여 커피 표면에 그림을 그리는 것을 말한다. 에스프레소 커피에 스팀밀크를 따르는 방법과 방향, 속도 등에 따라 하트와 나뭇잎 등 여러 가지 그림을 만들 수 있다. 또한 소스, 파우더, 우유거품 등의 부재료와 라테아트펜 등의 도구를 이용하여 다양한 그림이나 모양을 만들 수도 있다.

03 • 푸어링 아트(Pouring Art)

1) 에스프레소에 스팀밀크 붓기

(1) 에스프레소에 스팀밀크를 부으면 우유와 에스프레소는 섞이고 우유거품은 크레마와 부딪히면서 라테아트가 만들어진다.

(2) 스팀밀크를 붓기 전에 반드시 피처를 좌우로 흔들어(rolling 롤링) 우유와 거품이 잘 섞이도록 한 다음 크레마 안정화를 위해 일정한 양으로 스팀밀크를 붓는다.

(3) 스팀피처의 끝부분을 잔의 중앙에 향하게 하여 스팀피처는 일정하게 앞으로 기울여 스팀밀크를 붓는다.

(4) 스팀밀크를 부을 때 스팀피처를 좌우로 흔드는 간격이 일정해야 그림의 좌우가 일정하게 그려진다.

2) 하트

(1) 잔에 에스프레소를 추출한 다음 잔을 20° 정도 기울여 한 가운데에 스팀밀크를 붓는다.

(2) 스팀피처를 잔보다 5~10cm 정도 위의 높이로 유지하면서 크레마를 안정화시키며 잔의 한 가운데에 스팀밀크를 붓는다. 이때 스팀밀크가 잔의 벽면을 타고 떨어지면 스팀밀크가 에스프레소 표면을 덮어 하얗게 되면서 하트를 그릴 수 없게 되므로 주의한다.

(3) 잔의 절반 정도가 채워지면 잔을 천천히 수평으로 유지하면서 피처를 좌우로 흔들며 원을 만든다.

(4) 스팀밀크의 하얀 원이 만들어지면 스팀피처를 천천히 앞으로 밀면서 위로 들어 올리면서 스팀밀크를 붓는 동작을 멈추면서 마무리한다.

3) 나뭇잎

(1) 잔에 에스프레소를 추출한 다음 잔을 20° 정도 기울여 중심부에 스팀밀크를 붓는다.

(2) 스팀피처의 높이를 잔보다 5㎝ 정도의 높이를 유지하면서 크레마를 안정화시키며 잔의 1/2~2/3까지 스팀밀크를 붓는다. 이때 스팀밀크가 잔의 벽면을 타고 떨어지지 않도록 주의한다.

(3) 크레마를 안정시킨 다음 빠르게 피처를 내려 커피잔에 붙이고 잔의 위쪽에서부터 스팀피처를 좌우로 흔들어 주면서(핸들링) 스팀밀크를 붓는다. 이때 따르는 스팀밀크의 굵기와 좌우로 흔드는 동작에 따라 나뭇잎의 크기와 모양이 달라진다.

(4) 흔들기를 하면서 피처를 앞쪽으로 부드럽게 이동하면서 커피잔이 수평이 되도록 하면서 흔들기를 멈추고 피처를 뒤쪽으로 이동시키면서 마무리한다.

How To

4) 밀어 넣기

밀어 넣기는 라테아트에서 하트 또는 나뭇잎 만들기에서 조금 더 발전한 테크닉이 필요하다. 우선 하트를 만드는 방법과 같이 큰 하트를 만든 다음 그 뒤쪽에 작은 하트를 만들고 또 그 뒤 쪽에 작은 하트를 만들면 3단 밀어 넣기가 완성된다.

04 • 에칭 아트(Etching Art)

우유거품 및 각종 소스, 파우더 등을 이용하여 다양한 방법으로 다양한 모양의 무늬를 만들 수 있다. 일반적으로 라테아트펜을 사용하여 에칭(Etching)의 방법으로 무늬를 만들며, 먼저 어떤 재료로 어떤 무늬 또는 그림을 어떤 방법으로 만들 것인지를 정해야 한다.

1) 꽃

(1) 잔에 에스프레소를 추출한 다음 스팀밀크를 만든다.

(2) 피처를 높이 들고 스팀밀크가 크레마 속으로 잠기도록 스팀밀크를 가늘게 천천히 붓는다. 이때 크레마와 스팀밀크가 섞이지 않도록 붓는다.

(3) 스팀밀크의 우유와 거품이 잘 섞이도록 한 다음 스푼으로 스팀밀크를 떠서 원모양으로 만들어 준다.(우유를 따를 때 우유거품이 중앙에 오도록 하여 만들어도 된다.)

(4) 초코소스로 원 모양의 스팀밀크 테를 두르듯 일정한 굵기로 드리즐한다.(일정한 간격을 두고 다시 드리즐(drizzle)하여 원을 2개 또는 여러 개를 그려도 된다.)

(5) 라테아트펜으로 중앙에서 바깥으로 일정한 간격으로 8번 그어준다.(송곳이나 이쑤시개 등을 사용해도 관계없으며, 한 번 그어줄 때마다 깨끗한 행주로 닦아가면서 작업을 해야 깔끔한 무늬를 만들 수 있다.)

(6) 라테아트펜으로 바깥에서 중앙으로 일정한 간격으로 8번 그어준다.(5의 사이사이로 긋는다.)

2) 코스모스

(1) 잔에 에스프레소를 추출한 다음 스팀밀크를 만든다.

(2) 피처를 높이 들고 스팀밀크가 크레마 속으로 잠기도록 스팀밀크를 가늘게 천천히 붓는다. 이때 크레마와 스팀밀크가 섞이지 않도록 부어야 한다.

(3) 스팀밀크의 우유와 거품이 잘 섞이도록 한 다음 스푼으로 스팀밀크를 떠서 원 모양으로 만들어 준다.(우유를 따를 때 우유거품이 중앙에 오도록 하여 만들어도 된다.)

(4) 초코소스로 원 모양의 스팀밀크 테를 두르듯 일정한 굵기로 드리즐한 다음 일정한 간격을 두고 다시 한 번 드리즐하여 원을 그린다.

(5) 라테아트 펜으로 바깥에서 중앙으로 일정한 간격으로 8번 그어준다.(송곳이나 이쑤시개 등을 사용해도 관계없으며, 한 번 그어줄 때마다 깨끗한 행주로 닦아가면서 작업을 해야 깔끔한 무늬를 만들 수 있다.)

3) 순백의 하트

(1) 잔에 에스프레소를 추출한 다음 스팀밀크를 만든다.

(2) 피처를 높이 들고 스팀밀크가 크레마 속으로 잠기도록 스팀밀크를 가늘게 천천히 붓는
다. 이때 크레마와 스팀밀크가 섞이지 않도록 부어 크레마의 색깔을 살려야 한다.

(3) 스팀밀크의 우유와 거품이 잘 섞이도록 한 다음 스푼으로 스팀밀크를 떠서 원 모양의 점
을 일정한 간격으로 만든다.

(4) 라테아트펜으로 밀크폼의 가운데를 통과하도록 원을 그린다.

4) 별

(1) 잔에 에스프레소를 추출한 다음 스팀밀크를 만든다.

(2) 피처를 높이 들고 스팀밀크가 크레마 속으로 잠기도록 스팀밀크를 가늘게 천천히 붓는다. 이때 크레마와 스팀밀크가 섞이지 않도록 부어 크레마의 색깔을 살려야 한다.

(3) 스팀밀크의 우유와 거품이 잘 섞이도록 한 다음 스푼으로 스팀밀크를 떠서 원 모양의 점을 일정한 간격으로 만든다.

(4) 라테아트펜으로 원의 중앙에서 바깥쪽으로 일정한 간격으로 그어준 다음 다시 사이사이에 바깥에서 안쪽으로 그어준다.(송곳이나 이쑤시개 등을 사용해도 관계없으며, 한 번 그어줄 때마다 깨끗한 행주로 닦아가면서 작업을 해야 깔끔한 무늬를 만들 수 있다.)

How To

05 · 스텐실 아트(Stencil Art)

스텐실이란 미술에서 글자나 무늬, 그림 등을 종이에 그려 오려낸 다음 그 구멍에 물감을 넣어 글자나 그림 등을 찍어내는 기법으로, 커피의 스텐실 아트는 제과·제빵에서 슈가파우더 등을 뿌릴 때 사용하든 도구들을 커피에 응용하여 다양한 스텐실 아트를 만들고 있다. 현재 시중에는 다양한 문양(무늬)의 스텐실 툴이 유통되고 있어 이를 활용하거나 약간 두꺼운 종이에 원하는 글씨나 문양을 그려 오려내어 스텐실 툴을 만들어 특별한 테크닉이 없더라도 다양하고 섬세한 스텐실 라테아트를 만들 수 있다. 스텐실 라테아트의 장점으로 누구나 쉽게 멋진 문양의 아트를 만들 수 있고 짧은 시간의 연습을 통해 항상 일정한 문양을 낼 수 있다는 것이다. 또한 초코파우더, 녹차파우더, 시나몬파우더, 슈가파우더, 호박파우더 등 다양한 종류의 파우더를 활용하여 다양한 색상의 스텐실 아트를 만들 수 있다.

1) 스텐실 아트 툴(Stencil Art Tool)

시중에 유통되고 있는 제품을 구입하거나 종이에 나만의 그림을 그려 오래내어 개성 있는 스텐실 아트 툴을 만들어 사용할 수 있다.

스텐실 툴

2) 스텐실 아트 만들기

  (1) 카푸치노를 만든다.
  (2) 스텐실 툴을 컵 위에 걸친다.
  (3) 문양의 빈 공간에 파우더를 골고루 뿌린다.
  (4) 조심스럽게 스텐실 툴을 들어낸다.

스텐실 아트 만들기

1 카푸치노를 만든다.

2 스텐실 툴을 컵 위에 걸친다.

3 파우더용 체에 적당량의 파우더를 담는다.

4 문양의 빈 공간에 파우더를 골고루 뿌린다.

5 조심스럽게 스텐실 툴을 들어내면 원하는 문
양의 스텐실 아트가 완성된다.

CHAPTER 011

커피
테이스팅

01 훈련목표 및 편성내용

훈련목표	커피테이스팅이란 커피의 향, 맛, 바디의 감각적인 영향들을 통해 일정한 기준에 따라 커피의 질과 수준을 평가하며 커피 품질을 판별하고 관리하는 능력을 함양
수 준	4수준

단원명 (능력단위 요소명)	훈련내용(수행 준거)
커피테이스팅 준비하기	1. 커피테이스팅 방법에 따라 필요한 기물과 도구를 준비할 수 있다. 2. 커피테이스팅 방법에 따라 분쇄된 원두와 정수물을 준비할 수 있다. 3. 커피테이스팅 방법에 따라 커피를 추출할 수 있다.
커피테이스팅 하기	1. 커피테이스팅 방법에 따라 평가의 항목 및 기준을 점검할 수 있다. 2. 커피테이스팅 평가지에 따라 커피의 시각적 외관, 향기와 맛, 촉감을 표시할 수 있다. 3. 커피테이스팅 평가지에 평가의견을 작성할 수 있다.
커피테이스팅 결과 정리하기	1. 커피테이스팅한 결과를 다른 테스터의 결과와 비교 · 검토할 수 있다. 2. 비교 · 검토 결과 차이가 발생한 영역에 대해 협의를 할 수 있다. 3. 협의 결과를 토대로 평가 기준점을 수정 · 보완할 수 있다. 4. 커피테이스팅을 마친 후 사용한 커피와 도구를 정리할 수 있다.

PART 1. 커피 관리 133

02· 커피의 맛

커피는 1,000여 가지 이상의 화학적 인자들이 조화되어 오묘한 풍미를 내며, 개인마다 느낌의 차이가 있어 그 맛을 감별하기는 쉽지 않다. 커피는 단맛, 신맛, 쓴맛, 떫은맛의 4가지 기본적인 맛이 조화되어 독특한 풍미를 낸다.

1) 기본 4원미

(1) **단맛** : 커피 생두의 탄수화물은 배전을 통해 당분의 일부가 캐러멜화(Caramelization)하여 쓴맛과 향기 성분이 되며 나머지는 단맛으로 남지만 가열에 의해 쓴맛이 강해지면 단맛은 약해진다. 원두가 적당히 가열되었을 때 느낄 수 있으며, 단맛은 커피맛의 미묘한 차이를 부여한다.

(2) **신맛** : 신맛은 쓴맛과 함께 커피맛을 결정하는 중요한 미각 성분의 하나로 배전도가 강하면 신맛은 약해진다.

(3) **쓴맛** : 커피의 쓴맛은 가열에 의해 캐러멜화된 당이 탄화되어 나타내는데 커피의 쓴맛이 단맛과 고소한 맛, 상큼한 신맛까지도 잘 살려주는 요소가 되기도 한다. 좋은 쓴맛을 즐기려면 강한 로스팅의 원두는 피하고 추출 시 커피원두의 분쇄도를 너무 가늘지 않게 하여 90℃ 전후의 물로 추출한다.

(4) **떫은맛** : 커피를 추출하는 과정에서 온도의 영향을 가장 많이 받는 것이 떫은맛이다. 커피의 카페인 성분은 뜨거운 물에 쉽게 용해되어 추출되지만 떫은맛 성분인 탄닌(Tannin)은 저온에서 잘 녹는 반면 고온의 뜨거운 물에서는 분해 또는 변질되어 불쾌한 맛을 낸다.

2) 커피 맛을 표현하는 용어

(1) **바디(Body)** : 조화된 맛의 풍부함을 표현하는 말로 입 속에서 느끼는 전체적인 중후함의 농도를 표현한다.

(2) **액시디티(Acidity)** : 상쾌한 느낌의 신맛을 나타낸다.

(3) **아로마(Aroma)** : 입안 전체에서 느끼는 신선하고 깨끗한 느낌의 향기와 풍미를 나타낸다.

(4) **델리케이트(Delicate)** : 달콤하고 은은한 느낌의 감미로움을 나타낸다.

(5) **스위트니스(Sweetness)** : 부드럽고 달콤한 단맛을 표현한다.

(6) **마일드(Mild)** : 밝고 깨끗한 느낌을 표현힌다.

(7) **비터(Bitter)** : 좋지 않은 느낌의 쓴맛을 표현한다.

(8) **위니(Winey)** : 조금 강한 톡 쏘는 느낌의 쌉쌀한 맛을 나타낸다.

(9) **밸런스(Balance)** : 맛의 균형을 나타낸다.

(10) **스파이시(Spicy)** : 향초류에서 느낄 수 있는 향을 표현한다.

(11) **플랫(Flat)** : 특징이 없는 밋밋한 느낌을 표현한다.

(12) **프루티(Fruity)** : 포도, 오렌지, 레몬 등의 과일 맛의 느낌을 표현한다.

(13) **너티(Nutty)** : 땅콩이나 아몬드 등 너트류의 고소한 느낌을 표현한다.

(14) **초콜릿 플레이버(Chocolate Flavor)** : 초콜릿에서 느낄 수 있는 고소하고 달콤한 느낌의 향을 나타낸다.

(15) **애프트 테이스트(After Taste)** : 커피를 삼키거나 뱉은 후 입안에 남아있는 향기를 표현한다.

03• 커피 테이스팅(Coffee Tasting)

커피를 감별하는 것을 커핑(Cupping)이라 하고 감별하는 사람을 커퍼(Cupper)라 부른다. 커피가 지닌 맛과 향을 평가하는 것은 평가자 개인의 취향, 관습, 경험 등과도 밀접한 관계가 있어 똑 같은 커피에 대해서도 평가자에 따라 다른 평가가 나오기도 하므로 타인의 평가에 대해서 말하기에는 애매한 점이 있다.

1) 유의점

(1) 커피맛에 영향을 줄 수 있는 변수를 최대한 줄이고 동일한 조건에서 풍미를 즐길 수 있도록 준비한다.

(2) 같은 무게의 분쇄원두를 컵에 담고 뜨거운 물을 부은 다음 3~5분 정도 지난 다음 커핑을 한다.

(3) 커핑을 하기 전 깨끗한 물로 입안을 헹군 다음 커핑하고, 계속해서 입안을 헹구면서 커핑한다.

2) 커피 테이스팅 준비하기

(1) **장소** : 조명이 잘 되고 냄새가 없고 청결한 곳으로 조용하고 적당한 온도가 유지되어야 한다.

(2) **커핑 컵** : 동일한 재질의 200mL 정도의 잔으로 5개를 준비한다.

(3) **커핑 스푼** : 열전달이 잘 되는 재질의 스푼으로 5mL 정도의 커피액을 담을 수 있어야 한다.

(4) **물** : 이미(異味)와 이취(異臭)가 없는 물로 증류수나 연수는 사용하지 않으며, 물을 끓일 수 있는 도구와 커핑 후 입안을 헹굴 수 있는 물을 함께 준비한다.

(5) 로스팅 : 커핑하기 전 24시간 이내에 8~12분 이내, 약~약중 상태로 로스팅하여 8시간 정도 실온에 보관하고 탄 맛이 없어야 한다.

(6) 분쇄 : 커핑 직전에 분쇄하는데 그라인더에 샘플원두가 아닌 다른 종류의 커피가 남아 있으므로 샘플 원두를 약간 분쇄하여 청소한다. 드립용보다 조금 굵게 분쇄한다.

(7) 기타 : 계량저울, 온도계, 커핑 기록지, 필기구, 커핑 스푼을 헹굴 수 있는 물과 물기를 닦을 수 있는 행주, 커핑한 커피를 뱉을 수 있는 용기, 입가를 닦을 수 있는 냅킨 등

3) 커피 테이스팅 하기

커핑은 커피의 품질을 평가하기보다는 커피가 지닌 특성을 파악하는 것으로 반복 훈련을 통해 감각을 익혀야 한다. 커핑은 일반적으로 SCAA 기준에 따르고 SCAA 커핑기록지에 그 결과를 기록한다.

(1) 분쇄커피 담기 : 준비한 5개의 커핑컵에 분쇄커피를 담는다. 물과 커피의 최적 비율은 물 150mL에 커피 8.25g이다. (물 1mL당 분쇄커피 0.055g)

(2) 분쇄커피 향 체크(Dry Aroma) : 프레그런스(Fragrance)라고도 하며, 두 손을 커핑컵에 오무려 모아 대고 코를 커핑컵 가까이 하여 커피가 지닌 본래의 향을 깊게 들이마시면서 커피가 지닌 향의 속성과 강도를 체크한다.

(3) 물 붓기 : 끓인 물을 약간 식힌 93℃ 정도의 물 150mL를 커피가루 전체가 젖도록 붓는다. 4분 정도 가만히 두어 분쇄커피에 충분히 물이 배이도록 한다. 이때 커핑컵을 이동하지 않도록 한다. 이 과정을 브레이킹(Breaking)이라 한다.

(4) 젖은 커피의 향(Wet-Aroma) : 뜨거운 물을 부었을 때 피어나는 향(Aroma)을 체크하는 단계로, 물을 붓고 4분 정도 지나면 분쇄커피는 커핑컵의 표면에 층을 형성한다. 이때 커핑스푼으로 표면의 분쇄커피를 밀면서 커핑컵에 코를 가까이 하여 커피향을 체크한다.

(5) 평가 : 커핑스푼으로 표면에 떠 있는 거품을 조심스럽게 걷고 5mL 정도의 커피를 커핑스푼으로 떠서 커피액이 목젖에 닿도록 입속으로 강하게 흡입하여 혀와 입속 전체에 골고루 퍼지게 하여 풍미를 느껴본다. 커피가 식으면서 맛에 영향을 주므로 서로 다른 온도에서 반복해서 평가하여 정확한 평가가 되도록 한다.

(6) 시간이 지남에 따라 온도가 낮아지면서 맛과 향의 차이가 생기므로 샘플 1개당 최소 3회 이상 평가를 진행한다.

4) 커핑 항목

(1) **프레그런스(Fragrance)** : 가루커피가 지닌 본래의 향

(2) **아로마(Aroma)** : 커피가루에 뜨거운 물을 부은 후 올라오는 향

(3) **플레이버(Flavor)** : 커피를 입안에 머금었을 때 느끼는 풍미

(4) **애프트테이스트(Aftertaste)** : 커피를 삼키거나 뱉은 후 입안에 남아 있는 향미의 여운

(5) **액시디티(Acidity)** : 커피의 부드러운 신맛

(6) **바디(Body)** : 커피를 머금었을 때 입속에서 느껴지는 밀도감, 촉감, 무게감

(7) **밸런스(Balance)** : 플레이버, 액시디티, 바디 등의 전체적인 균형감

5) 커피 테이스팅 결과 정리하기

(1) 커핑 기록지에 각각의 항목에 대한 커핑 결과와 모든 항목을 포함한 총평을 기록하고 점수를 매긴다.

(2) 함께 커핑한 사람들과 느낀 원두의 맛과 향에 대하여 정보를 나누고 공유한다.

(3) 동일한 원두로 함께 커핑을 진행하였다 하더라도 개인마다 느끼는 차이가 있을 수 있으므로 서로의 의견을 존중하고 수용한다.

(4) 커핑기록지 작성을 끝내고 커핑에 사용한 비품들을 정리한다.

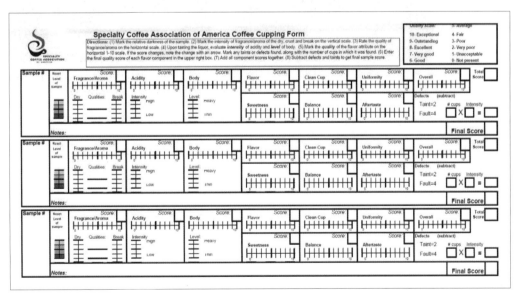

커핑기록지

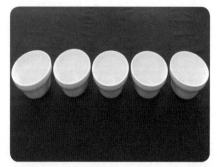

1 커핑컵 5개를 준비한다.

2 커핑컵에 8.25g의 분쇄커피를 담는다.

3 두 손을 커핑컵에 오무려 모아대고 코를 커핑컵 가까이 대고 향기를 맡는다.

4 93℃ 정도의 물 150mL를 커피가루 전체가 젖 도록 붓고 4분 정도 기다린다.

5 커핑스푼으로 표면의 분쇄커피를 밀면서 향을 체크한다.

6 표면에 떠 있는 거품을 조심스럽게 걷고 5mL 정도의 커피를 커핑스푼으로 떠서 커피액이 목 젖에 닿도록 입속으로 강하게 흡입하여 혀와 입속 전체에 골고루 퍼지게 하여 풍미를 느껴 본다.

커피
기계 수리

01· 훈련목표 및 편성내용

훈련목표	커피기계수리란 이상이 있는 머신을 특수 장비, 특수 환경이 필요한 고도의 전문성을 제외한 범위 내에서 정상적인 상태로 수리할 수 있는 능력을 함양
수 준	4수준

단원명 (능력단위 요소명)	훈련내용(수행 준거)
커피기계 수리요청 접수하기	1. 고객의 수리요청을 접수하여 수리 접수증을 작성할 수 있다. 2. 수리 접수증, A/S 정책을 토대로 수리 정책을 수립할 수 있다. 3. 수리 접수증을 토대로 투입 인력, 예상 소요 시간을 예측할 수 있다. 4. 고객과 방문 일자, 시간, 장소 등을 조율하여 확정할 수 있다. 5. 방문 시 필요한 부품 및 도구들을 준비할 수 있다.
고장부분 진단하기	1. 기계 작동 여부, 작동상태, 기능상의 문제를 토대로 커피기계의 이상 상황을 파악할 수 있다. 2. 파악된 이상 상태를 토대로 상호 영향을 미치는 기계 부분을 유추할 수 있다. 3. 추정 결과를 토대로 고장진단 보고서를 작성할 수 있다. 4. 고장진단 보고서를 기반으로 고객과 협의할 수 있다.
커피기계 수리하기	1. 고장 진단보고서와 매뉴얼을 토대로 분해 여부를 결정할 수 있다. 2. 매뉴얼, 작업 표준서, 안전사고를 고려하여 효율적으로 커피기계를 분해할 수 있다. 3. 부품 매뉴얼, 부품의 상태를 토대로 수리를 위한 필요 조치를 취할 수 있다. 4. 해당 이상 상황의 해소 여부를 파악한 후, 커피기계를 조립할 수 있다.

02. 수리요청 접수

A/S는 상품을 구매한 소비자에게 제공하는 관리 서비스로서 소비자는 제품을 구입하여 사용 중에 문제가 발생하였을 때 A/S를 요청하게 된다. A/S는 제품 구입 시 중요하게 검토되는 요소 중의 하나로 소비자는 가격이 조금 비싸더라도 A/S가 철저한 기업의 제품을 구매하게 된다. 일반적으로 커피점에서 A/S를 요청하는 장비의 이상증상으로는 그라인더 분쇄도나 커피머신 소모품 및 정수기 필터를 제때 교환하지 않아 발생하는 문제 등이 많다. 그러나 메인보드의 불량이나 보일러의 히터가 작동되지 않는 등 긴급을 요하는 경우도 있어 커피장비에 대하여 기본사항을 알고 대처할 수 있어야 한다.

1) A/S 접수

접수 대장을 만들어 제품명, 모델명, 업체명, 업체 주소, 업체 연락처, 업체 담당자명, 고장 증상, 업체요청사항, 예상비용, 방문예정일자 등을 기록한다. 장비의 고장상태 및 문제점을 파악하기 위해 가급적 상세히 기록하여 효율적인 A/S가 될 수 있도록 한다.

(1) A/S 접수대장의 내용을 기초로 회사의 A/S 정책과 매뉴얼에 따라 A/S 계획을 세운다.

(2) A/S에 필요한 인력, 소요시간, 소요비용 등을 예측한다.

(3) A/S를 요청한 고객에게 예상되는 A/S에 필요한 인력과 비용, 소요시간 등을 알려주고 방문일자와 방문시간을 조율하여 방문 약속을 한다.

(4) 장비의 이상 증상에 대한 내용을 토대로 A/S에 필요한 부품 및 공구를 준비한다.

2) 장비 이상상태 파악 및 A/S 내용 협의

약속된 일정에 업체를 방문하여 매뉴얼에 따라 진행하고 그 내용을 A/S 처리대장을 만들어 기록한다.

(1) 장비의 작동 여부와 작동상태, 기능상의 문제점 등을 점검하여 이상 상태를 파악한다.

(2) 파악된 이상 상태를 기초로 상호 영향을 미치는 부분과 부품을 추정하고 점검한다.

(3) 추정 결과를 기초로 이상 부분과 부품, 청소 및 부품교체 여부, 소요시간, 예상비용 등을 기록한 고장진단 보고서를 만들어 이를 기반으로 고객과 A/S에 대한 협의를 한다.

3) 수리

(1) 고장 진단보고서와 A/S 매뉴얼을 기초로 청소 및 부품교체 여부, 분해 여부를 결정한다.

(2) 장비를 분해하지 않고 청소 및 부품교체가 가능한지를 결정하고 A/S 매뉴얼에 따라 안전사고 등을 고려하여 효율적으로 장비를 분해하도록 한다. 분해하는 경우 나사 등의 작은 부품을 잃어버리지 않도록 주의한다.

(3) 부품 매뉴얼, 부품의 상태를 토대로 수리를 위해 필요한 사전조치를 취한 다음 수리를 한다.

(4) 수리가 끝나면 A/S 요청한 이상상태의 해소 여부를 파악하고 정상작동이 되면 조립하여 작업을 완료하고 고객에게 확인시킨다.

(5) 만약 현장에서 A/S가 불가능하거나 장비를 회사로 수거하여 A/S하여야 하는 경우 장비를 대체하여 사용할 수 있도록 조치를 하여야 한다. 따라서 A/S 업체에서는 여유의 장비를 가지고 있어야 한다.

03• A/S 관리

장비의 고장은 커피점 사장의 입장에서는 엄청난 스트레스가 될 수 있다. 쉽게 수리가 되면 다행이지만 그렇지 않은 경우 영업에 지장을 주고 과다한 수리비 발생 등으로 불신이 증폭될 수 있으므로 수리요청 접수 시에는 친절한 설명과 함께 차후 관리를 위한 A/S 관리대장을 작성하도록 한다.

(1) **A/S 처리대장 :** 판매한 제품에 대하여 문제가 발생하여 고객이 A/S를 요청하였을 때 업체명, 장비명, 모델명, A/S 내용, A/S 소요시간, A/S 투입인원 수 등 어떻게 처리하였는지를 기록하여 관리하면 제품별, 모델별 어떤 종류의 A/S 요청이 많았는지를 데이터화하여 A/S 체계수립 및 제품의 문제점 보완, 업체의 관리 등에 효율적인 자료로 활용할 수 있다. 또한 A/S한 후의 업체의 만족도 등을 함께 기록하면 A/S 품질 개선과 A/S 체계 수립에도 활용할 수 있다.

(2) **A/S 처리내역서 :** 장비의 A/S 내역을 처리한 후 이에 대한 상세한 내용을 기록한다. 제품명, 모델명, 제품제조일, 제품판매일, A/S 접수일자, A/S 처리일자, A/S 소요시간, 업체명 등을 비롯하여 고장증상 및 진단, 수리 및 부품교체, 청구비용 등을 상세히 기록하여 업체에 1부를 제공하여 A/S에 대한 정확한 정보를 밝혀 고객 불만을 최소화할 수 있도록 하고 1부는 A/S 업체에서 보관하여 향후 발생하는 A/S 요청에 대응할 수 있도록 한다.

(3) A/S 처리보고서 : 요청받은 A/S에 대한 처리 결과를 결제 라인을 통해 A/S 처리내역서와 함께 상급자에게 보고하여 이를 바탕으로 회사에서는 그 내용을 참고하여 고객에게 보다 만족스러운 A/S 체제를 수립함으로써 고객에 대한 신뢰를 구축할 수 있고 A/S 품질을 높일 수 있게 된다.

04• 커피머신의 주요 이상 증상과 조치

증상	원인	점검 및 조치
전혀 작동되지 않는 경우	배전판 차단기 이상	차단기 확인
	플러그 및 콘센트 이상	다른 기기를 연결하여 확인
	전원 스위치 이상	점검 후 수리 또는 교환
	전원 회로기판(PCB) 이상	점검 후 수리 또는 교환
커피 추출이 되지 않는 경우	수돗물이 단수된 경우	단수 해제 후 추출
	수도 밸브가 잠긴 경우	커피머신에 연결된 물 공급 밸브 확인
	연수기 또는 정수기가 막힌 경우	연수기 및 정수기 청소와 필터 교환
	물 공급 전자밸브 (솔레노이드 밸브)가 불량	점검 후 교환
커피 추출 속도가 늦는 경우	펌프 모터 불량	전문가에게 A/S 요청
	샤워스크린 또는 샤워홀더가 막힌 경우	청소 또는 교환
	포터필터의 바스켓이 막힌 경우	청소 또는 교환
	커피 입자가 지나치게 곱게 분쇄	그라인더의 분쇄도 조절
	커피 투입량이 많은 경우	그라인더 투입량 조절
커피 추출 속도가 빠른 경우	펌프 압력이 높은 경우	펌프 압력 조절
	물 온도가 낮은 경우	커피추출 물 온도 확인
	커피 입자가 굵게 분쇄	그라인더의 분쇄도 조절
	커피 투입량이 적은 경우	그라인더 투입량 조절
펌프압이 걸리지 않는 경우	전압이 낮은 경우	전압이 215V 이상인지 확인
	콘덴서 불량	콘덴서 점검 후 교환
	펌프헤드 불량	점검 후 청소 또는 교환
	모터 불량	모터 교환

커피 추출 시 물의 양이 계속 변하는 경우	과수압 방지 밸브 불량	과수압 방지 밸브 교환
	플로미터 불량	점검 후 교환
커피머신을 5분 이상 사용하지 않다가 커피 추출 시 첫잔만 물의 양이 다른 경우	역류방지 밸브 불량	점검 후 교환
커피머신의 전원 공급과 관계없이 보일러 수위가 계속 올라가는 경우	온수보일러의 급수 전자밸브 불량	전자밸브 청소 또는 교환
커피 추출이 잘 되면서 물량이 조절되지 않고 추출램프가 점멸하는 경우	플로미터 이상	플로미터의 콘넥트 연결단자, 유동감지 자석, 플로센서 점검 후 교환
보일러가 데워지지 않는 경우	히터 불량	히터 열선 확인 후 교환
	과열방지 바이메탈 불량	차단 시 원상태로 복귀
	압력 s/w 또는 온도센서 불량	청소 및 교환
보일러에서 스팀이 새는 소리가 날 때	과수압 방지 밸브 불량	점검 후 교환
	에어밸브 불량	점검 후 교환
온수 추출 시 찌꺼기가 나오는 경우	보일러에 물 찌꺼기 침착	보일러 분해 청소
압력이 정상인 상태에서 스팀 사용 시 스팀이 잘 나오지 않는 경우	스팀노즐이 막혔을 때	노즐 청소
	스팀노즐 팁이 막혔을 때	노즐 팁 청소

CHAPTER
013

커피매장
영업관리

01• 훈련목표 및 편성내용

훈련목표	커피매장 영업관리란 커피매장의 고객에게 최상의 서비스를 제공할 목적으로 고객의 불만사항 관리 및 영업 준비부터 마감까지 관리하는 능력을 함양
수 준	3수준

단원명 (능력단위 요소명)	훈련내용(수행 준거)
커피매장 위생관리하기	1. 관계법령 및 규정에 따라 개인위생을 점검할 수 있다. 2. 관계법령 및 규정에 따라 주방위생을 점검할 수 있다. 3. 관계법령 및 규정에 따라 홀 위생을 점검할 수 있다.
커피매장 영업 준비하기	1. 청결한 매장 환경을 위해 위생상태를 점검할 수 있다. 2. 원활한 영업 시작을 위해 커피기계를 점검할 수 있다. 3. 원활한 영업 시작을 위해 기구를 점검할 수 있다. 4. 원활한 영업 시작을 위해 기물을 점검할 수 있다. 5. 영업 시작을 위해 식재료의 상태를 점검할 수 있다. 6. 커피 맛을 유지하기 위해 커피를 추출해서 맛을 볼 수 있다. 7. 영업 시작을 위해 포스시스템을 작동시킬 수 있다.

커피매장 영업마감 관리하기	1. 당일 영업 마감을 위해 매장의 위생상태를 점검할 수 있다. 2. 당일 영업 마감을 위해 기계를 점검할 수 있다. 3. 당일 영업 마감을 위해 기구를 점검할 수 있다. 4. 당일 영업 마감을 위해 기물을 점검할 수 있다. 5. 익일 영업을 위해 식재료 재고를 파악할 수 있다. 6. 포스시스템을 활용하여 일일 정산을 할 수 있다. 7. 보안을 위해 문단속을 할 수 있다.
커피매장 기물 관리하기	1. 위생 관리를 위해 기물을 세제로 세척할 수 있다. 2. 미생물에 의한 오염 방지를 위해 기물을 소독할 수 있다. 3. 작업의 효율을 높이기 위해 기물을 정해진 위치에 보관할 수 있다. 4. 위생을 위해 커피 잔과 접시의 건조상태를 확인할 수 있다.
커피매장 안전 관리하기	1. 전기사고 예방을 위해 전기상태를 점검할 수 있다. 2. 화재 예방을 위해 소방시설을 점검할 수 있다. 3. 미끄럼 사고 예방을 위해 매장 바닥의 물기를 제거할 수 있다. 4. 사고보상처리를 위해 보험을 가입할 수 있다.
커피매장 고객 맞이하기	1. 커피매장에 들어오는 고객에게 인사를 할 수 있다. 2. 커피매장에 들어온 고객에게 자리를 안내할 수 있다. 3. 커피매장에서 고객과 마주칠 때 가벼운 인사를 할 수 있다. 4. 커피매장에서 나가는 고객에게 인사를 할 수 있다.
커피 음료 주문받기	1. 고객에게 주문 가능한 커피 음료를 안내할 수 있다. 2. 고객에게 매장에서 사용하고 있는 원두의 특성을 설명할 수 있다. 3. 음료 선택이 어려운 고객에게 음료를 추천할 수 있다. 4. 고객이 주문한 음료를 고객에게 확인시켜줄 수 있다. 5. 포스시스템을 사용하여 고객이 주문한 음료금액을 정확하게 계산할 수 있다.
커피 음료 서빙하기	1. 주문 표에 맞게 음료가 나왔는지 확인할 수 있다. 2. 제조된 커피음료를 고객에게 정확하게 제공할 수 있다. 3. 고객이 추가적으로 요청하는 요구사항을 처리할 수 있다. 4. 고객에게 커피음료의 특성에 따른 음용 방법을 설명할 수 있다.
커피매장 정리정돈하기	1. 고객이 사용한 테이블을 정리할 수 있다. 2. 고객이 사용한 셀프바를 정리정돈할 수 있다. 3. 고객이 음용한 용기를 정리할 수 있다.
커피매장 고객 불만 대응하기	1. 고객의 불만사항을 파악할 수 있다. 2. 고객의 커피음료 맛에 대한 불만에 대응할 수 있다. 3. 고객의 서비스에 대한 불만에 대응할 수 있다.

02 · 식품위생법상 『식품접객업』 시설기준

식품위생법상 식품접객업에는 '휴게음식점영업' '일반음식점영업' '단란주점영업' '유흥주점 영업' '위탁급식영업' '과자점영업'으로 구분하고 있다. 커피점 영업을 하려면 '휴게음식점' 또는 '일반음식점' 영업신고를 시·군·구에 하여야 한다.

1) 공통시설기준

(1) 영업장

① 독립된 건물이거나 식품접객업의 영업허가를 받거나 영업신고를 한 업종 외의 용도로 사용되는 시설과 분리·구획 또는 구분되어야 한다.

② 영업장은 연기·유해가스 등의 환기가 잘 되도록 하여야 한다.

③ 음향 및 반주시설을 설치하는 경우 생활소음·진동이 관련 기준에 적합한 방음장치를 하여야 한다.

④ 공연을 하는 무대시설은 영업장 안에 객석과 구분되게 설치하여야 한다.

⑤ 『동물보호법』에 따른 동물의 출입, 전시 또는 사육이 수반되는 시설과 직접 접한 영업 장의 출입구에는 손을 소독할 수 있는 장치, 용품 등을 갖추어야 한다.

(2) 조리장

① 조리장은 손님이 내부를 볼 수 있는 구조이어야 한다.

② 조리장의 바닥에 배수구가 있는 경우 덮개를 설치하여야 한다.

③ 조리장 안에는 취급하는 음식을 위생적으로 조리하기 위하여 필요한 조리시설·세척 시설·폐기물 용기 및 손 씻는 시설을 각각 설치하여야 하고, 폐기물 용기는 오물·악 취 등이 누출되지 않도록 뚜껑이 있고 내수성 재질로 된 것이어야 한다.

④ 조리장에는 주방용 식기류를 소독하기 위한 자외선 또는 전기살균소독기를 설치하거 나 열탕세척소독시설을 갖추어야 한다.

⑤ 충분한 환기시설을 갖추어야 한다.

⑥ 식품별 보존 및 유통기준에 적합한 온도가 유지될 수 있는 냉장시설 또는 냉동시설을 갖추어야 한다.

(3) 급수시설

① 수돗물 또는 『먹는 물 관리법』에서 정한 수질기준에 적합한 지하수 등을 공급할 수 있 는 시설을 갖추어야 한다.

② 지하수를 사용하는 경우 취수원은 화장실·폐기물 처리시설·동물사육장, 그 밖의 지 하수가 오염될 우려가 있는 장소로부터 영향을 받지 않는 곳에 위치하여야 한다.

(4) 화장실

① 화장실은 콘크리트 등으로 내수처리를 하여야 한다. 공동화장실이 설치된 건물 안에 있는 업소 및 인근에 사용이 편리한 화장실이 있는 경우 따로 화장실을 설치하지 않을 수 있다.

② 화장실은 조리장에 영향을 미치지 않는 곳에 위치하여야 한다.

③ 정화조를 갖춘 수세식화장실을 설치하여야 한다. 다만, 상·하수도가 없는 지역에서는 수세식이 아닌 화장실을 설치할 수 있다. 수세식이 아닌 화장실을 설치하는 경우에는 변기의 뚜껑과 환기시설을 갖추어야 한다.

④ 화장실에는 손 씻는 시설을 갖추어야 한다.

2) 휴게음식점·일반음식점 및 제과점 영업시설기준

(1) 일반음식점에 객실을 설치하는 경우 객실에는 잠금장치를 할 수 없다. 다만, 투명한 칸막이 또는 투명한 차단벽을 설치하여 내부가 전체적으로 보이는 경우는 제외한다.

(2) 휴게음식점 또는 제과점에는 객실을 둘 수 없으며 객석을 설치하는 경우 객석에는 높이 1.5미터 미만의 이동식 또는 고정식 칸막이를 설치할 수 있다. 이 경우 2면 이상을 완전히 차단하지 않아야 하고, 다른 객석에서 내부가 서로 보이도록 하여야 한다.

(3) 기차·자동차·선박 또는 수상구조물로 된 유선장·도선장 또는 수상레저사업장을 이용하는 경우 다음 시설을 갖추어야 한다.

① 1일의 영업시간에 사용할 수 있는 충분한 양의 물을 저장할 수 있는 내구성이 있는 식수탱크

② 1일의 영업시간에 발생할 수 있는 음식물 찌꺼기 등을 처리하기에 충분한 크기의 오물통 및 폐수탱크

③ 음식물의 재료(원료)를 위생적으로 보관할 수 있는 시설

(4) 영업장으로 사용하는 바닥면적의 합계가 100제곱미터(지하층의 경우 66제곱미터) 이상인 경우에는 소방시설 등 및 내부 피난통로, 그 밖의 안전시설을 갖추어야 한다. 다만, 영업장이 지상 1층 또는 지상과 직접 접하는 층에 설치되고 주된 출입구가 건출물 외부의 지면과 직접 연결되는 곳에서 하는 영업을 제외한다.

(5) 휴게음식점, 일반음식점 또는 제과점 영업장에는 손님이 이용할 수 있는 자막용 영상 장치 또는 자동반주장치를 설치하여서는 안 된다. 다만, 연회석을 보유한 일반음식점에서 회갑연, 칠순연 등 가정의 의례로서 행하는 경우는 제외한다.

(6) 일반음식점의 객실 안에는 무대장치, 음향 및 반주시설, 우주볼 등의 특수조명시설을 설치해서는 안 된다.

03 · 커피매장 위생관리

위생관리를 제대로 하지 않으면 식중독 사고가 발생할 수 있어 특별히 신경을 써야 한다. 식중독은 일시에 많은 환자가 발생할 수 있고, 법적 책임과 매장에 대한 신뢰감을 잃을 수 있으므로 철저한 관리가 필요하다. 식품위생법의 관련규정을 준수하고 점검표를 만들어 관리하면 효율적이다.

1) 개인위생

(1) 정기적으로 건강진단을 받는다.(연 1회)

(2) 식품취급자는 손·피부 등에 화농이 있는 경우 식품취급을 금한다.

(3) 신체를 깨끗이 하여 식품취급에 임하고 작업장에서는 위생복(유니폼)·앞치마·모자·신발 등을 따로 준비하여 작업 중 착용하며, 위생복(유니폼)과 앞치마는 매일 세탁과 다림질을 한다.

(4) 작업 전에는 반드시 손 세정을 하고, 작업 중에는 반지·귀걸이·시계 등 장신구를 착용하지 않는다.

(5) 손톱은 짧게 깎고 화려한 매니큐어는 피하고, 머리카락은 단정하게 정리한다.

2) 주방위생

(1) 음식물은 선입선출(FIFO)의 원칙을 지킨다.

(2) 유통기한이나 보존기한이 지난 식재료는 폐기 처분한다.

(3) 개봉한 식재료는 반드시 밀폐용기에 담아 원산지 및 유통기한 라벨을 만들어 부착하여 보관한다.

(4) 식품을 나누어 담을 때에는 적당한 기구를 사용하도록 한다.

(5) 식재료는 조리장 또는 식자재창고의 바닥에 두지 않는다.

(6) 행주, 칼, 도마 등을 사용한 후에는 반드시 열탕 소독한 후 깨끗이 건조하여 보관한다.

(7) 정수기와 제빙기는 주기적인 필터교환과 소독을 실시한다.

(8) 싱크대와 배수구는 외부에서 곤충 및 해충이 침입할 수 없도록 하고 자주 청소한다.

(9) 작업장의 바닥과 선반, 후드 등에 먼지 등이 끼지 않도록 수시로 청소한다.

(10) 기물은 위생적으로 취급 및 관리하도록 하고, 주방에는 외부인의 출입을 금지하도록 한다.

3) HACCP와 PL

식품의 원료관리, 제조·가공 및 유통의 전 과정에서 유해한 물질이 해당 식품에 오염되는 것을 방지하기 위하여 전 과정을 중점 관리하는 기준으로 HACCP 제도가 있다.

(1) HACCP(위해요소중점관리기준) : 식품의 원료 생산에서부터 최종제품의 생산과 저장 및 유통의 각 단계에 최종제품의 위생안전 확보에 반드시 필요한 관리점을 설정하고, 적절히 관리함으로써 식품의 위생 안전성을 확보하는 예방적 차원의 식품위생관리방식이다.

(2) HACCP 의무 적용대상 식품

① 어육가공품 중 어묵·어육소시지

② 수산물가공품 중 어류·연체류·조미가공품

③ 냉동식품 중 피자류·만두류·면류

④ 과자류, 빵류 또는 떡류 중 과자·캔디류·빵류·떡류

⑤ 빙과류 중 빙과

⑥ 음료류(다류 및 커피류는 제외)

⑦ 레토르트식품 등

⑧ 절임류 또는 조림류의 김치류 중 김치류

⑨ 코코아가공품 또는 초콜릿류 중 초콜릿류

⑩ 면류 중 유탕면 또는 곡분, 전분, 전분질 원료 등을 주원료로 반죽하여 손이나 기계 따위로 면을 뽑아내거나 자른 국수로서 생면·숙면·건면

⑪ 특수용도식품

⑫ 즉석섭취·편의식품류 중 즉석섭취식품

⑬ 비가열음료

(3) 위해요소중점관리기준(HACCP) 수행절차 : HACCP는 위해분석(HA ; Hazard Analysis)과 중요관리점(CCP ; Critical Control Points)으로 구분된다. HA는 위해가능성 요소를 찾아 분석·평가하고, CCP는 해당 위해요소를 방지·제거하고 안전성을 확보하기 위해 다루어야 할 중점관리점을 말한다. HACCP는 7원칙 12절차에 의한 체계적인 접근방식을 적용하고 있다.

절차순서	내용	절차순서	내용
절차 1	HACCP 팀 구성	절차 7 (원칙 2)	중요관리점(CCP) 결정
절차 2	제품 설명서 작성	절차 8 (원칙 3)	CCP 한계기준 설정
절차 3	용도 확인	절차 9 (원칙 4)	CCP 모니터링 체계 확립
절차 4	공정흐름도 작성	절차 10 (원칙 5)	개선조치방법 수립
절차 5	공정흐름도 현장 확인	절차 11 (원칙 6)	검증절차 및 방법 수립
절차 6 (원칙 1)	위해요소 분석	절차 12 (원칙 7)	문서화, 기록유지방법 설정

(4) PL(Product Liability, 제조물 책임) : 제조물 책임은 제조물 책임법에 근거를 두고 있다.

① 목적 : 제조물의 결함으로 발생한 손해에 대한 제조업자 등의 손해배상책임을 규정함으로써 피해자 보호를 도모하고 국민생활의 안전 향상과 국민경제의 건전한 발전에 이바지함을 목적으로 한다.

② 제조물 책임

　가. 제조업자는 제조물의 결함으로 생명 · 신체 또는 재산에 손해를 입은 자에게 그 손해를 배상하여야 한다.(그 제조물에 대하여만 발생한 손해는 제외)

　나. 제조물의 제조업자를 알 수 없는 경우에 그 제조물을 영리 목적으로 판매 · 대여 등의 방법으로 공급한 자는 제조물의 제조업자 또는 제조물을 자신에게 공급한 자를 알거나 알 수 있었음에도 불구하고 상당 기간 내에 그 제조업자나 공급한 자를 피해자 또는 그 법정대리인에게 고지하지 아니한 경우에는 손해를 배상하여야 한다.

4) 매장(홀) 위생

(1) 매장에 설치된 에어컨의 필터는 주기적으로 점검하여 청소한다.

(2) 매장 출입구의 깔판은 흙먼지가 쌓이지 않도록 수시로 점검한다.

(3) 물걸레로 청소를 한 후에는 물기가 없도록 마감한다.

(4) 화장실에는 물비누와 페이퍼타월 또는 에어타월 등을 비치하고, 수시로 점검하여 청결을 유지한다.

(5) 창틀이나 선반, 장식용 소품 등에 먼지가 끼지 않도록 수시로 점검하여 청결을 유지한다.

(6) 정기적으로 방제 및 소독을 한다.

5) 식품위생법상 식품접객업 위생 관련 규정

(1) 식품접객업을 하려는 자는 6시간의 사전 위생교육을 받아야 한다.(조리사, 영양사의 면허를 받은 자는 제외)

(2) 식중독 발생 시 보관 또는 사용 중인 식품은 역학조사가 완료될 때까지 폐기하거나 소독 등으로 현장을 훼손하여서는 아니 되고 원상태로 보존하여야 하며, 식중독 원인규명을 위한 행위를 방해하지 말아야 한다.

(3) 영업의 원료관리, 제조공정 및 위생관리와 질서유지, 국민의 보건위생 증진 등을 위하여 식품위생법에서 정하는 사항을 준수하여야 한다.

(4) 건강진단

① 건강진단을 받아야 하는 영업자 및 그 종업원은 영업 시작 전 또는 영업에 종사하기 전에 미리 건강진단을 받아야 한다.

② 식품접객업에 종사하는 자는 매년 1회의 정기건강진단을 받아야 한다.

③ 건강진단 결과 타인에게 위해를 끼칠 우려가 있는 질병이 있다고 인정된 자는 그 영업에 종사하지 못한다.

④ 영업자는 건강진단을 받지 아니한 자 및 건강진단 결과 타인에게 위해를 끼칠 우려가 있는 질병이 있는 자를 그 영업에 종사시키지 못한다.

⑤ 영업에 종사하지 못하는 질병의 종류

가. 「감염병의 예방 및 관리에 관한 법률」에 따른 제1군감염병 : 콜레라, 장티푸스, 파라티푸스, 세균성이질, 장출혈성대장균감염증, A형간염

나. 「감염병의 예방 및 관리에 관한 법률」에 따른 제3군감염병 : 결핵(비감염성인 경우는 제외)

다. 피부병 또는 그 밖의 화농성질환

라. 「후천성면역결핍증(성병에 관한 건강진단을 받아야 하는 영업에 종사하는 사람만 해당)

04• 커피매장 영업 준비

1) 매장 점검

(1) 영업 전 매장 내의 이상 유무 점검과 해야 할 업무 숙지, 각종 장비 및 기물·재료·시재금 등을 확인하여 영업에 문제가 없도록 한다.

(2) 매장 바닥, 출입구의 깔판 및 출입문, 화분, 간판 등을 점검하여 깨끗이 청소한다.

(3) 청소는 위에서 아래로, 입구에서 안쪽으로 하는 것이 원칙이다.

(4) 정수기 및 커피머신, 조명, 오디오 등 기기의 작동 여부와 휴지 및 냅킨의 비치 등을 확인하고 정리·정돈한다.

(5) 배송된 물품은 품목과 용도별로 분류하여 정리·정돈한다.

(6) 불필요한 기물과 포장재 등은 보이지 않는 곳에 정리·정돈한다.

(7) 예약고객이 있는지 확인하여 예약인원에 맞게 사전에 테이블세팅을 해두도록 한다.

2) 재료 및 기물, 장비 점검

(1) 기물 및 기구 등을 점검하여 파손된 것은 교체하고 부족한 것은 보충한다.

(2) 커피머신 및 커피그라인더 주변을 깨끗이 청소하고 정상적인 작동 여부를 확인하기 위해 시험 추출을 한다.

(3) 커피 맛을 평가하여 일정한 커피 맛을 유지할 수 있도록 한다.

(4) 포스시스템의 정상작동 여부를 확인한다.

(5) 영업에 필요한 식재료의 양, 상태, 유통기한 등을 확인한다.

3) 포스시스템(POS system, point-of-sale system)

컴퓨터를 이용하여 판매시점에 판매 관련 자료를 관리하는 '판매시점 정보관리시스템'으로, 판매와 동시에 품목·가격·수량 등의 정보를 시스템에 입력하고 이 정보를 활용하여 매출자료를 분석하고 활용하여 판매관리를 한다.

---

(1) POS 시스템의 특징

① 온라인시스템으로 데이터를 거래발생과 동시에 직접 컴퓨터에 전달하므로 수작업이 필요 없다.

② 실시간 시스템으로 모든 거래 및 영업정보를 실시간 파악할 수 있어 정보변화에 즉시 대응가능하다.

③ 거래(현금, 신용카드, 외상, 할인, 매입, 매출 등)에 대한 모든 정보(판매시간, 판매상품, 판매가격 등)의 파악이 가능하다.

---

(2) POS 시스템 확인

① 카드 리더기와 영수증 출력기가 장착되어 있어 인터넷 연결은 기본이므로 인터넷 연결 여부와 영수증 용지의 정상 여부를 체크한다.

② POS 시스템은 금전등록기 역할을 하는 '단말기(Terminal)', 단말기에서 발생된 데이터를 메인 서버에 전달하는 통신 부문인 '미들웨어(Middleware)', 전달된 데이터를 수집·보관·집계·분석하는 '메인 서버(Main Server)'의 3요소로 구성되어 있는데 각 요소들의 상태를 점검한다.

05. 커피매장 영업 마감 관리

1) 위생상태 점검

(1) 매장 청소와 영업에 사용한 기물 및 기구, 기계, 작업대 등을 깨끗이 청소하고 정리·정돈한다.

(2) 개인복장 및 개인용품의 위생상태를 체크한다.

(3) 음식물 쓰레기 및 일반 쓰레기 등을 규정에 따라 위생적으로 처리한다.

2) 기물, 기구, 기계의 점검 및 청소

(1) **기물 및 기구** : 제빙기, 온수디스펜서, 냉장냉동고, 스팀피처, 온도계, 탬퍼, 커피추출기구, 커피잔, 커피스푼, 물잔 등 사용한 기물 및 기구를 깨끗이 청소하고 건조하여야 할 것은 건조시키고 파손된 것은 분리한다.

(2) **에스프레소 머신** : 그룹헤드, 스팀노즐, 샤워 디퓨저, 샤워 스크린, 포터필터, 드레인, 넉박스 등 분리되는 것은 분리하여 전체적으로 이물질이 남아 있지 않도록 깨끗이 청소한다.

(3) **커피 그라인더** : 그라인더 속에 남아 있는 분쇄커피를 모두 제거하고, 호퍼를 분리하여 커피기름때가 남지 않도록 깨끗이 청소한다.

3) 재고 파악

(1) 커피원두와 우유 및 식재료의 재고를 정확히 파악하여 다음 날 영업에 필요한 양을 기록하여 발주할 수 있도록 한다.

(2) 선입선출에 의한 출고가 가능하도록 식재료의 재고를 정리·정돈한다.

(3) 필터, 냅킨, 휴지, 일회용 컵 등 일회용 소비재를 점검하고 정리·정돈한다.

4) 일일 정산 및 보안

(1) 포스시스템을 활용하여 당일의 매출 및 지출내역과 시재금을 확인한다.

(2) 매출을 확인하여 품목별로 분류하고 분석한다.

(3) 전반적인 서비스 상태를 점검하고, 익일 영업을 위한 예약내역, 컴플레인, 매장 컴퓨터 및 시설의 잠금 상태를 확인한다.

(4) 수도, 전기, 가스 등의 잠금 상태와 화재예방을 위한 조치 등을 확인한다.

(5) 퇴근 시 문단속을 철저히 한다.

06• 커피매장 기물 관리

1) 세척 및 소독, 건조

(1) 악취방지와 위생을 위해 배수관은 세제를 사용하여 수시로 청소한다.

(2) 매장에서 사용하는 기물 및 기구 등은 사용 가능한 세제로 깨끗이 세척하여 건조한다.

(3) 커피잔, 유리잔, 물컵, 커피스푼 등을 깨끗이 세척하여 손자국이 남지 않도록 건조한다.

- •1종 세제 : 사람이 그대로 먹을 수 있는 야채, 과일 등을 씻는 세제
- •2종 세제 : 식기, 조리기구 등을 씻는 세제
- •3종 세제 : 제조, 가공용 기구 등을 씻는 세제(제조장치, 가공장치 등)

2) 보관 및 점검

(1) 매장에서 사용하는 기물 및 기구 등은 정해진 위치에 보관하고 수시로 점검하여 영업에 지장이 없도록 한다.

(2) 차게 해야 하는 것과 따뜻하게 해야 하는 것을 구분하여 적정한 방법으로 보관한다.

07• 커피매장 안전 관리

1) 전기

(1) 각종 기기 및 기구, 장비는 작동방법과 안전수칙을 완전히 숙지한 후 사용한다.

(2) 전기 및 전자기기는 젖은 손으로 다루지 않으며, 물이 닿지 않도록 주의하고 전선은 피복의 손상 여부를 확인한다.

(3) 안전을 위한 누전차단기를 설치하고, 정해진 규격의 전압과 용량을 확인하여 사용한다.

(4) 하나의 콘센트에 여러 개의 전기기구를 사용하거나 플러그를 끼우거나 뺄 때 젖은 손으로 하지 않는다.

(5) 전기기기를 사용할 때에는 스위치가 꺼져 있는지를 확인한 후에 전원을 연결하고, 작업이 끝나면 기기의 스위치를 끈 후 플러그를 뽑는다.

(6) 사용하지 않는 전기제품의 플러그는 콘센트에서 분리하고, 사용하지 않는 콘센트는 안전장치를 한다.

(7) 전기기기 주변에는 인화성 및 가연성 물질을 두지 않는다.

2) 가스

(1) 가스를 사용하기 전 창문을 열고 충분히 환기시킨다.

(2) 반드시 가스차단기를 설치하고 가스기구의 콕, 중간밸브, 배관 등에 충격을 주지 않는다.

(3) LPG는 공기보다 무겁고, LNG는 공기보다 가볍다.

(4) 수시로 가스누출 여부를 점검하고 가스냄새가 날 때에는 즉시 관리자에게 알린다.

(5) 가스 사용 시에는 자리를 떠나지 않도록 하고, 가스 사용을 중단할 때에는 연소기구의 작동도 중지시킨다.

(6) 가스 주변에는 인화성 및 가연성 물질을 두지 않는다.

3) 소방시설

(1) 재난 시 피난안내도를 고객이 잘 보이는 곳에 설치한다.

(2) 대피통로를 막거나 물건 등을 쌓아 두지 않도록 한다.

(3) 피난유도등, 화재경보기, 소화기 등의 정상 작동상태와 사용법을 숙지한다.

(4) 소화기 사용법 : 화재는 순식간에 번지므로 초기진압이 가장 중요하다. 따라서 평소에 소화기 사용법을 숙지하고 피난통로와 비상구를 확인한다.

　① 소화기의 안전핀을 뽑는다. 이때 손잡이를 누른 상태에서는 잘 뽑히지 않으므로 당황하지 말고 침착하게 행동한다.

　② 불을 등지고 소화기의 손잡이를 힘껏 누른 채 불의 아래쪽에서 비로 쓸어내듯 뿜어낸다. 불이 꺼지면 손잡이를 놓는다.

4) 매장 및 주방안전

(1) 여러 형태의 안전사고 발생요인을 수시로 점검하여 조치한다.

(2) 안전사고 발생 시 보상을 위한 화재보험, 안전사고보상보험 등에 가입하여 안전사고에 대비한다.

(3) 칼을 들고 이동 시에는 칼끝을 바닥으로 향하게 하고 칼날은 몸의 반대방향으로 하며, 칼을 들고 뛰어다니지 않는다.

(4) 칼로 캔을 따는 등 본래의 목적 외의 용도로 사용하지 않으며, 칼을 사용하지 않을 때에는 보관함에 보관한다.

(5) 무딘 칼은 안전사고의 위험이 있으므로 날이 잘 선 칼을 사용한다.

(6) 뜨거운 용기를 운반할 때에는 마른행주를 사용한다.

(7) 뜨거운 용기나 튀김기름 등을 운반할 때에는 주변 사람들을 환기시켜 충돌을 피하도록 한다.

(8) 반드시 냄비를 불에 올린 다음 불을 켜고, 조리가 끝나면 불을 끄고 냄비를 내린다.

5) 안전사고 및 응급상황 발생 시 조치

(1) 안전사고 및 응급상황이 발생하는 경우 정해진 매뉴얼에 따라 관리자에게 보고하고 신속히 관계기관에 신고하여 도움을 요청한다.

(2) 직원별로 분담된 역할을 충실히 수행하여 피해를 최소한으로 줄인다.

(3) 평소에 매뉴얼에 따라 예방교육 및 관리자의 책임 하에 훈련을 한다.

08 커피매장 고객 맞기

커피매장에서 고객을 맞는 것은 가장 기본적인 서비스이다. 서비스의 일반적 특징으로 무형성·비분리성·이질성·소멸성 등을 들 수 있다. 서비스는 형태가 없는 무형의 상품이므로 서비스를 제공하는 사람과 서비스를 받는 사람의 입장에서 느끼는 품질의 차이가 있을 수 있고 제공하는 즉시 소멸된다. 서비스 종사원의 태도는 매장의 이미지와 영업에 직접적인 영향을 미치므로 서비스의 중요성을 인식하고 예의바른 태도와 서비스로 고객이 안락한 분위기에서 환대받고 있다는 느낌이 들도록 해야 한다.

1) 서비스 종사원의 용모와 복장

(1) 머리카락은 깨끗이 정리하고, 긴 머리카락은 날리지 않도록 주의한다.

(2) 남자의 경우 면도는 매일하여 깨끗한 상태를 유지하고, 여자의 경우 짙은 화장과 향수는 피한다.

(3) 손톱은 짧게 깎고, 짙은 매니큐어와 화려한 장신구는 피한다.

(4) 유니폼은 구김이 없도록 다림질을 하고, 명찰은 정위치에 착용한다.

(5) 신발은 굽이 높은 것을 피한다.

2) 인사하기

인사는 고객서비스의 기본으로 자신의 인격과 교양을 밖으로 표현하는 행위이다. 따라서 고객에게 감사하는 마음으로 정중하며 밝고 명랑하게 해야 한다. 고객이 매장에 들어오거나 나갈 때, 고객과 눈이 마주칠 때, 음료를 주문받거나 서빙할 때 등 고객의 움직임에 따라 인사를 하여야 한다.

(1) 인사의 종류

① 가벼운 인사 : 눈인사에 해당하는 것으로 머리만 굽히지 않도록 주의하고 상체를 약간 구부린다. 인사를 하지 않아도 무방한 장소에서 하는 보편적 인사법이다.

② 보통 인사 : 가장 일반적인 인사법으로 고객을 맞이하거나 환송할 때 하는 인사법으로 상체를 30도 정도 구부려 "어서 오십시오." "안녕하십니까?" "감사합니다." "안녕히 가십시오." 등의 인사말과 함께 인사한다.

③ 정중한 인사 : VIP고객 및 진심을 담아 감사함 또는 미안함을 표현할 때 하는 인사법으로 상체를 45도 정도 기울여 인사한다. "대단히 반갑습니다." "대단히 고맙습니다." "대단히 감사합니다." "대단히 죄송합니다." 등의 인사말과 함께 인사하여 정중함을 표현한다.

(2) 인사하는 요령

① 가슴과 등을 펴고 곧은 자세를 취한다.

② 고객의 눈을 보고 밝은 미소를 짓는다.

③ 손은 겨드랑이 선에 맞춰 자연스럽게 내리고, 허리에서 상체를 접듯이 천천히 숙여 시선은 고객의 발끝에 둔다.

④ 상체를 굽힐 때보다 느린 속도로 들고, 시선을 고객의 눈과 마주쳐 밝은 미소를 띤다.

(3) 인사하는 마음자세

① "예." 하는 순응의 마음

② "제가 하겠습니다." 하는 봉사의 마음

③ "감사합니다." 하는 감사의 마음

④ "죄송합니다." 하는 반성의 마음

⑤ "덕분입니다." 하는 겸손의 마음

(4) 적절한 인사말 : 인사를 할 때에는 적절하고 간단한 인사말을 하는 것이 고객에게 친근함을 표시하고 고객과 의사소통을 원활히 하는 첫 단계이다.

① 자주 방문하는 고객 : "어서 오십시오." "반갑습니다." "그동안 안녕하셨습니까?"

② 망설이는 고객 : 안녕하십니까? 무엇을 도와드릴까요?

③ 고객에게 사과할 때 : 고객님, 대단히 죄송합니다.

④ 고객에게 반복해서 물을 때 : 죄송합니다만 다시 한 번 말씀해 주시겠습니까?

⑤ 안내할 때 : 이쪽으로 오시겠습니까? 제가 도와드리겠습니다.

⑥ 고객과 부딪혔을 때 : 죄송합니다. 실례했습니다.

3) 대기 및 보행

(1) 가슴을 펴고 양발을 어깨넓이만큼 벌리고 손은 앞쪽으로 모은다.

(2) 동료들과 잡담하지 않으며, 뒷짐을 지거나 벽이나 기둥 등에 기대지 않는다.

(3) 보행 중에는 발을 끌지 않으며, 업장 내에서는 어떠한 경우에도 뛰지 않는다.

(4) 매장 내에서 고객과 서로 지나칠 때에는 고객의 행동반경을 피해서 가볍게 인사를 하고 고객이 먼저 지나가도록 한다.

4) 자리 안내

(1) 좌석안내

① 고객에게 좌석을 안내하기 위해서는 매장 내의 좌석상태를 사전에 파악하고 있어야 한다.

② 고객을 좌석으로 안내할 때에는 고객의 우측에서 2~3보 앞에서 이동하면서 손을 펴고 손바닥이 위로 향하게 하여 방향을 표시한다.

③ 고객을 안내할 때에는 다른 고객에게 방해가 되지 않는 동선을 이용하여 안내한다.

④ 만취한 고객 및 매장의 분위기를 흐릴 수 있는 고객은 입장을 거절하는 것이 좋다.

(2) 좌석배정

① 고객이 매장의 한 쪽으로 치우치지 않도록 좌석을 배정하여 안내한다.

② 고객이 희망하는 좌석이 있으면 우선 안내한다.

③ 연인관계인 고객은 벽 쪽의 조용한 좌석으로 안내한다.

④ 혼자인 고객은 전망이 좋은 창가의 좌석으로 안내한다.

⑤ 화려한 복장의 고객은 매장의 중앙 좌석으로 안내한다.

⑥ 노약자 및 신체부자유자는 출입이 용이한 좌석으로 안내한다.

⑦ 어린이나 유아를 동반한 고객은 안쪽의 좌석으로 안내한다.

⑧ 단체손님의 경우 일행의 리더를 이끌어 좌석을 안내한다.

⑨ 사전 예약한 모임의 경우 사전에 좌석을 배치하고 예약석임을 표시한다.

⑩ 나이와 지위를 고려하여 상석으로 안내하고, 여성에게 우선으로 좌석을 안내한다.

(3) 대기고객

① 좌석이 없을 경우는 고객이 기다려야 할 예상시간을 알려주고 지루하지 않고 편안하게 기다릴 수 있도록 한다.

② 빈 좌석이 나오면 기다리는 고객을 순서대로 안내한다.

③ 고객이 기다릴 수 없다면 다른 영업장으로 안내하는 것이 좋다.

5) 주문받기

대부분의 고객은 사전에 생각하고 있는 메뉴를 주문하지만 직원의 추천에 의존하는 경우도 많으므로 매출에서 직원의 역할이 크다고 할 수 있다. 메뉴에 대한 주재료, 만드는 법, 소요 시간, 맛, 가격 등 전반적 내용을 이해하여 고객의 문의에 적절히 대처할 수 있도록 한다.

(1) 고객에게 신뢰를 줄 수 있도록 친절하고 예의바른 자세로 주문을 받아야 한다.

(2) 고객이 좌석에 착석한 다음 약간의 여유를 두고 주문을 받는다.

(3) 고객의 선택을 위해 고객에게 메뉴에 대한 바른 정보를 제공해주어야 한다.

(4) 메뉴를 추천할 때에는 먼저 고객의 취향을 파악하여 추천한다.

(5) 메뉴에 대한 질문에 대해서는 상세히 설명한다.

(6) 고객에게 메뉴를 추천하는 경우 매장의 이익을 고려한 주문이 이루어질 수 있도록 한다.

(7) 고객이 희망하는 음료를 정확히 주문받고, 주문한 내용은 반드시 복창하고 메모하여 확인한다.

(8) 시간이 소요되는 메뉴는 그 이유를 고객에게 설명하여 무작정 기다리지 않도록 한다.

(9) 품절메뉴 등 판매 불가능한 메뉴를 주문하는 경우 그 이유를 설명하고 대체메뉴를 추천할 수 있도록 한다.

(10) 고객에게 "잘 모르겠다." "안 된다." 등의 부정적인 말은 하지 않도록 한다.

(12) 단골고객은 기호와 특성 등을 파악하고 이를 서비스에 반영할 수 있어야 한다.

6) 계산하기

(1) 고객에게 계산서를 내기 전 좌석번호와 제공된 메뉴의 가격과 수량 등이 정확한지 확인한다.

(2) 밝은 미소로 지불방법과 할인쿠폰의 사용 여부를 물어본다.

(3) 현금 계산 시 거스름돈과 함께 현금영수증을 제공한다.

(4) 신용카드 또는 체크카드로 계산하는 경우, 계산서 금액을 정확하게 단말기에 입력하여 계산한 다음 카드영수증과 카드를 고객에게 반환한다.

(5) 할인쿠폰 등이 있으면 설명과 함께 할인쿠폰을 빠지지 않고 제공한다.

(6) 포스시스템이 갖추어져 있으면 적극적으로 활용하여 간편하고 신속하게 처리하도록 한다.

09· 전화응대

전화를 받거나 거는 사람은 그 업체의 이미지를 대표하며, 서로의 표정이 보이지 않으므로 항상 친절하고 신속하게 정중한 자세로 임해야 한다. 또한 전화응대는 단순히 음성에만 의존하므로 오해의 소지가 있어 주의 깊게 경청하여야 한다.

1) 전화 받기

(1) 전화기 곁에는 메모지를 비치하여 언제든지 메모할 수 있도록 한다.

(2) 전화벨은 두 번째 울릴 때 전화를 받는다. 전화벨이 여러 번 울려도 전화를 받지 않으면 고객은 당황할 수 있다.

(3) 자신의 소속과 이름을 밝히고 상대방을 확인한 후 인사말을 한다.

(4) 전화를 늦게 받은 경우 "늦게 받아 미안합니다." 등의 말을 하고 양해를 구한다.

(5) 메모할 준비를 하고 용건을 경청하여 메모를 한 다음 메모내용을 복창하여 확인한다.

(6) 답하기 어려운 내용은 양해를 구하고 담당자를 바꾸어 주거나 확인하여 연락할 것을 약속한다.

(7) 상대방이 먼저 전화연결을 끊은 것을 확인한 다음 조용히 수화기를 내려놓는다.

2) 전화 걸기

(1) 상대방의 시간, 장소, 상황 등을 고려하여 식사시간이나 이른 시간, 심야시간 등을 피한다.

(2) 전화 걸기 전에 상대방의 전화번호와 소속, 직위, 이름 등을 다시 한 번 확인한다.

(3) 상대방이 받으면 자신을 밝히고 상대를 확인한 다음 간단한 인사말과 용건을 말한다.

(4) 용건은 간단하고 명료하게 말하고, 중요사항은 다시 한 번 확인한다.

(5) 마무리 인사를 하고 전화를 끊는다. 이때 상대방이 윗사람인 경우에는 상대방이 전화를 끊고 난 다음 전화를 끊는다.

10. 서빙 및 정리 · 정돈

서빙은 고객응대 표준매뉴얼에 따라 신속하고 정확하게 제공할 수 있어야 한다. 따라서 매장의 고객응대 근무자는 메뉴에 대하여 정확하게 이해를 하고 서빙에 필요한 기물 및 기구, 장비 등과 사용법, 제공하는 방법 등을 정확하게 알고 있어야 한다.

1) 일반적으로 사용하는 기물의 종류

(1) 쟁반(Service Tray)

① 원형, 타원형, 사각형 등 다양한 모양과 재질의 제품이 있으나 취급의 편리함으로 플라스틱 제품을 주로 사용하고 있다.

② 일반적으로 쟁반은 왼손을 손바닥을 하늘로 향하게 펴서 쟁반 바닥의 중심에 받쳐 든다.

③ 쟁반에 기물을 올릴 때에는 밸런스를 생각하며 잡음이 나지 않도록 조심스럽게 놓는다.

④ 손님에게 기물을 제공할 때에는 쟁반을 테이블에 놓고 서빙하는 일이 없도록 하고 잡음이 나지 않도록 놓는다.

(2) 잔

① 손잡이를 잡고 사용하며 어떤 경우라도 손님의 입이 닿는 가장자리 부분에 손이 닿아서는 안 된다.

② 잔의 손잡이는 고객의 오른 쪽에 향하도록 테이블에 놓는다.

③ 손잡이가 없는 잔은 1/2 아랫부분을 잡는다.

(3) 스푼 · 포크 · 나이프

① 다양한 용도와 종류의 스푼 · 포크 · 나이프가 있으므로 용도에 맞게 제공하여야 한다.

② 손잡이를 잡고 사용하며 어떤 경우라도 손님의 입이 닿는 부분에 손이 닿아서는 안 된다.

③ 포크는 굽은 부분이 위로, 나이프는 칼날이 안쪽으로 향하게 놓는다.

④ 식사가 끝난 뒤에는 포크와 나이프를 접시의 중앙에 나란히 놓는다.

(4) 기타 : 제공하는 메뉴에 따라 린넨(Linen), 글라스, 커피추출기구, 웨건(wagon) 등 여러 가지 기물이 필요한 경우도 있다.

2) 서빙

(1) 고객이 주문한 것과 일치하는지 확인한 후 고객에게 "실례하겠습니다." 등의 간단한 인사와 함께 주문한 식음료를 제공하고 "맛있게 드십시오." "즐거운 시간 되십시오." 등의 인사로 마무리한다.

(2) 잔이나 스푼·포크·나이프 등을 고객에게 제공할 때에는 어떤 경우라도 손님의 입이 닿는 부분에 손이 닿지 않도록 한다.

(3) 잔이나 기물 등에 흠집 또는 이물질이나 얼룩이 묻어 있지 않은지 다시 한 번 확인한다.

(4) 테이블에 내려놓을 때 잡음이 나지 않도록 조심스럽게 내려놓는다.

(5) 고객이 주문한 식음료의 제공은 주빈, 연장자, 여성, 남성의 순서로 한다.

(6) 뜨거운 음료와 차가운 음료를 동시에 서빙하는 경우 "뜨거우므로 조심하십시오." 등의 상황에 맞는 말과 함께 뜨거운 음료를 먼저 제공한 다음 차가운 음료를 제공한다.

(7) 음용방법 등의 설명이 필요한 식음료는 설명하도록 한다.

(8) 고객의 추가 요구사항 등을 물어보고 이에 응하도록 한다.

3) 기물의 취급

매장에서 사용하는 기물류 가운데 고가의 제품이 있을 수 있으므로 항상 조심스럽게 다루도록 하고 위생적으로 취급하여야 한다.

(1) 기물은 세척하기 전 종류별로 분류하여 세척에 필요한 물품을 확인한다.

(2) 손님의 입이 직접 닿는 기물은 식기세척기에서 잘 지워지지 않는 립스틱 자국이 있는지 확인하여 수작업으로 세척한 다음 식기세척기에 넣도록 한다.

(3) 세척한 기물은 물기와 얼룩이 없도록 깨끗이 건조하고 닦는다.

(4) 파손된 기물이 있는지 확인하여 분리한다.

(5) 정비가 완료된 기물은 손자국이 남지 않도록 주의하여 가지런히 보관 장소에 보관한다.

4) 정리·정돈

고객이 머물고 간 테이블과 주변에 남아 있는 기물류와 쓰레기 등은 깨끗이 치운다. 젖은 행주로 먼저 닦고 마른 행주로 닦아 테이블에 물기가 남아 있지 않도록 한다.

(1) 영업 전에는 영업에 필요한 재료와 기물, 기계 등의 정상작동 여부와 정해진 위치에 있는지 확인하고 부족한 것은 보충한다.

(2) 신규로 납품된 재료 및 물품에 대하여 검수하여 정해진 곳에 이동시켜 보관한다.

(3) 영업 중에는 매장 및 영업장 주변이 깨끗한지 수시로 점검한다.

(4) 영업 전과 마감 후에는 직원미팅을 통해 전달사항을 확인하고 고객의 칭찬 및 개선사항 등을 청취하여 조치를 취한다.

(5) 영업마감 후에는 전기, 가스, 화재 등 안전사고를 대비한 사항들을 점검한다.

(6) 냉장고, 정수기, 냉난방기, 제빙기, 커피머신 등의 정상작동상태와 위생상태를 수시로 점검한다.

(7) 화장실 및 주방의 청소와 위생상태를 수시로 점검하여 위생적으로 관리되도록 한다.

⑪ 고객 불만 대응

식음료 매장에서 고객 불만은 자주 발생하는 상황으로 식음료의 품질이나 종사원의 서비스, 매장시설 등 여러 요소에서 발생하므로 사전에 점검하여 고객의 불만이 발생하지 않도록 하는 것이 중요하다. 고객의 불만은 불신으로 이어져 많은 잠재고객을 잃을 수 있으며 폐점의 위기에 몰리는 경우도 있을 수 있으므로 이에 대한 매뉴얼을 만들어 고객의 사소한 불만에도 적절히 대응할 수 있어야 한다.

1) 발생 요인

(1) 직원이 불친절하거나 말씨가 퉁명스럽거나 태도가 좋지 않은 경우

(2) 신속하게 응대하지 않거나 고객에게 관심을 갖지 않는 경우

(3) 주문내용이 다르거나 계산서가 바뀌거나 계산이 잘못된 경우

(4) 직원의 용모가 불결하거나 단정하지 않은 경우

(5) 음식에 이물질이 들어 있거나 맛에 이상이 있는 경우

(6) 음식을 적온으로 제공하지 않은 경우

(7) 기물에 흠집이 있거나 이물질이 묻어 있는 경우

(8) 매장이 소란스럽거나 불결하거나 시설미비로 불편한 경우

(9) 의사소통이 제대로 되지 않거나 예약을 했는데 좌석이 없는 경우

(10) 실수로 음식을 고객에게 흘리거나 쏟은 경우

2) 불만 처리 절차

(1) 자신의 의견을 개입시키지 말고 고객의 입장에서 불만사항을 충분히 듣는다.

(2) 자신의 잘못이 아니더라도 손님의 기분이 상한 데 대하여 정중히 사과하고 적절한 질문을 한다.

(3) 자신의 권한범위 내에서 해결할 수 없으면 상사에게 보고하여 지시를 받아 처리한다.

(4) 고객이 만족할 수 있는 해결책을 생각하여 제시한다.

(5) 고객 불만사항에 대한 조치를 한 후에는 고객의 반응을 조사하고 처리결과를 확인하여 재발방지를 위한 조치를 한다.

3) 처리요령

(1) 손님의 입장에서 손님의 말을 중간에 자르지 말고 끝까지 겸손한 자세로 듣는다.

(2) 불평과 불만에 대하여 해명하거나 변명하지 않고, 솔직한 자세로 정중하게 사과하여 손님이 불쾌한 기분을 풀 수 있도록 한다.

(3) 다른 손님에게 불편을 끼치지 않도록 신속하게 최선을 다하여 처리한다.

(4) 자신이 해결할 수 없으면 상사나 선배사원에게 불만사항을 인계하여 해결할 수 있도록 한다.

(5) 손님이 일어서 있는 경우에는 일단 앉도록 유도하고 진정시킨 다음 청취한다.(시끄러운 장소이면 조용한 곳으로 안내하여 청취한다.)

(6) 손님의 불평불만을 잘 처리하여 업장의 이미지를 향상시키고 오히려 그 손님을 고정고객으로 확보하는 계기로 삼을 수 있도록 한다.

(7) 손님의 불평불만 사항과 처리사항을 6하 원칙에 따라 기록하여 매장의 시설개선과 종업원 교육을 위한 자료로 활용할 수 있도록 한다.

⑫ · 분실물 및 습득물 처리

매장 내에서 발생한 고객의 모든 분실물 및 습득물에 대해서는 반드시 문서화하여 안전하게 관리하도록 하고 본인에게 돌려주거나 법이 정하는 절차에 따라 처리하도록 한다.

(1) 매장에서 발생한 분실물 및 습득물은 일시 및 장소 등을 기재하여 관리책임자에게 인계한다.

(2) 고액의 현금 및 고가의 물품에 대하여는 매장에서 보관이 어려운 경우 행정기관에 신고하여 처리를 받도록 한다.

(3) 지갑이나 가방의 경우 임의로 열지 않도록 하고, 발견 즉시 밀봉 처리하는 것이 좋다.

(4) 습득물에 대하여는 임의로 처리해서는 안 되며, 반드시 일정기간 동안 보관하여야 한다.

커피매장 운영

❶ 훈련목표 및 편성내용

훈련목표	커피매장운영이란 커피매장의 수익 창출을 위해 효율적으로 커피관련 자재·재고 관리, 커피관리 스케줄 관리, 영업일지 작성, 판매 분석 등을 수행하는 능력을 함양
수 준	5수준

단원명 (능력단위 요소명)	훈련내용(수행 준거)
커피 관련 자재·재고 관리하기	1. 매장 내 제품별 기초 재고량을 설정할 수 있다. 2. 필요한 제품을 해당 업체에 발주할 수 있다. 3. 자재·재고관리를 위해 관리대장을 작성할 수 있다.
매장직원 스케줄 관리하기	1. 매장의 원활한 운영을 위해 출·퇴근 스케줄을 작성할 수 있다. 2. 매장의 영업 상황에 따라 직원을 채용할 수 있다. 3. 매장직원별 인사기록표를 작성할 수 있다.
커피매장 영업일지 작성하기	1. 영업일지에 각 기간별 매출 내역을 작성할 수 있다. 2. 기간별 체크리스트를 작성할 수 있다. 3. 대상별 체크리스트를 작성할 수 있다. 4. 체크리스트를 종합하여 영업일지를 작성할 수 있다. 5. 영업일지의 내용을 인수인계할 수 있다.

커피매장 영업현황 분석하기	1. 매장에서 판매하는 커피음료별 판매원가를 분석할 수 있다. 2. 매장에서 판매하는 커피음료별 판매수익을 분석할 수 있다. 3. 매장에서 판매하는 기간별 커피음료 판매현황을 분석할 수 있다. 4. 매장에서 판매하는 음료별 판매현황을 분석할 수 있다. 5. 매장에서 판매하는 커피음료별 판매 원가와 수익을 분석하여 가격을 조정할 수 있다. 6. POS로부터 매출원가, 판매비 및 일반관리비를 추출하여 매장 영업이익을 분석할 수 있다.
커피매장 고객 관리하기	1. 커피매장의 고객 데이터베이스를 구축하기 위하여 필요한 항목을 파악할 수 있다. 2. 구축된 고객 데이터베이스를 토대로 고객의 특성을 분석할 수 있다. 3. 커피매장의 고객 유형별로 적절한 유지방안을 수행할 수 있다. 4. 영업 활동을 토대로 고객 유지 방안을 수정·보완할 수 있다.

02 · 자재 및 재고 관리

재고관리는 영업에 필요한 적정한 양의 자재 및 재료를 확보하여 영업을 원활하게 하고 올바른 관리를 통하여 원가를 관리하는 데 있다. 커피매장에서 소비하는 재료는 대부분 유통기한이 정해져 있어 먼저 구입한 것을 먼저 출고하여 사용하는 선입선출(FIFO ; First In First Out)이 절대원칙이다.

1) 매장 자산의 유형에 따른 재고관리

커피매장의 자산은 크게 다음과 같이 구분할 수 있으며, 이에 따른 관리대장을 작성하여 관리하면 효율적이다.

(1) **고정자산** : 사용 가능 기한이 1년 이상으로 생산 활동에 쓰이며 수익의 원천이 되는 재산으로 노후 정도에 따라 감가상각을 하게 된다. 커피매장에서는 커피머신, 커피그라인더, 정수기, 제빙기, 냉동냉장고, 쇼케이스, 주방설비, 포스시스템, 컴퓨터 등 비교적 고액의 물품이 해당된다.

(2) **식음료 재료** : 영업의 원재료로 사용하는 것으로 구입 시 유통기한, 단가의 변동 상황 등을 세밀하게 체크해야 한다. 커피, 우유, 시럽, 소스, 음료, 케이크, 크림 등이 해당된다. 구매 및 출고, 재고내역 등을 기록하여 필요한 시점에 발주하여 검수할 수 있도록 한다.

(3) **소모품** : 제품의 특성상 그 용도에 따라서 한 번 사용하면 재사용이 어렵거나 닳거나 양이 줄어드는 물품을 말한다. 1회용 컵, 홀더, 스트로, 냅킨, 커피필터, 휘핑가스, 커피기계소모품 등이 있다. 재고현황을 수시로 파악하여 발주한다.

(4) 비품 및 사무용품 : 일정하게 갖추어 두고 쓰는 물품으로 청소도구 및 사무를 보는 데 필요한 물품으로 문구용품, 복사지, 전산용품 등을 들 수 있다. 물품의 상태를 파악하여 필요할 때 발주하도록 한다.

2) 기초재고량 설정

경영활동을 원활히 수행하기 위해서는 상품 등의 재고자산을 어느 정도의 수량만큼 항상 보유하고 있어야 하는데, 이를 기초재고량이라고 한다. 기초재고량을 필요량보다 많이 보유하게 되면 유통기한 경과로 인한 폐기 등 관리가 힘들고 원가상승 요인이 될 수 있으므로 적정 재고량을 파악하여 유지하는 것이 좋다. 기초재고량 설정 시 다음 사항을 고려한다.

(1) 예상치 못하는 매출에 대한 식재료 및 소모품의 소비에 따른 대처
(2) 업체의 공급과 배송을 고려한 재고 보유
(3) 가격변동 추이 및 유통기한과 소비량, 재고관리를 위한 제반사항과 관리비용

3) 발주

발주를 위해서는 재고관리대장에 적정재고량을 기재하여 기초재고량에 준하여 날짜별, 시간대별도 재고를 파악하여 발주시기를 놓치지 않도록 해야 한다.

(1) 발주서에는 수신처, 발주처, 발주일자, 품목, 규격, 수량, 입고요청일, 배송지, 연락처, 담당자, 요청사항 등을 발주서 양식에 따라 정확히 기재한다.
(2) 제품별 거래처는 두 곳 이상을 선택하여 단가와 품질 등을 비교 · 검토하여 발주한다.
(3) 새로운 메뉴 출시에 필요한 물품의 구매 시에는 제품의 품질과 지속적 구입가능 여부, 대체상품 여부, 가격 등을 고려하여야 한다.
(4) 제품의 브랜드 또는 거래처를 바꾸고자 하는 경우 판매상품의 품질 변화 여부, 지속적 구입 가능 여부, 판매조건 등을 고려해야 한다.
(5) 구매 담당자는 최소한 월 1회 이상 시장조사를 통하여 양질의 제품을 저렴한 가격에 구매할 수 있도록 노력해야 한다.
(6) 신선식품은 필요시점에, 장기보관이 가능한 제품은 일시에 대량구매를 통하여 원가를 절감할 수 있도록 한다.
(7) 발주하기 전에는 반드시 재고조사를 실시한다.
(8) 발주 시에는 발주서 내용을 확인하여 결재계통을 통하여 관리자 또는 대표자에게 보고하고 결재를 받는다.

(9) 발주한 물품이 배송되어 입고할 때에는 발주서와 거래명세표 및 입고된 물품의 품질과 수량을 검수한다.

(10) 매출장, 매입장, 세금계산서, 계산서, 신용카드 영수증, 현금영수증 등의 증빙서류는 매입처별로 분류하여 별도로 철하여 보관한다.

4) 재고관리

재고관리는 생산하는 제품의 품질과 원가에 영향을 미치게 되므로 재고관리대장을 작성하여 효율적으로 관리할 수 있어야 한다.

(1) 재고관리대장과 실제 재고와 차이가 없는지 확인한다.

(2) 유통기한이 정해져 있는 물품은 매일 유통기한과 품질을 확인해야 한다.

(3) 1회용품 등의 소모품은 매일 사용하는 것으로 개수를 헤아리기 어려운 것은 묶음 또는 포장 단위를 확인하여 적정 재고를 보유할 수 있도록 한다.

(4) 냉장 또는 냉동 보관해야 하는 제품은 박스를 개봉하여 파손 여부와 보관온도, 유통기한 등을 확인하여 보관 또는 진열한다.

(5) 케이크 등 변질되기 쉬운 제품은 쇼케이스에 모형을 진열하고 별도로 보관할 수 없다면 수시로 품질을 점검하여야 한다.

(6) 커피원두 및 시럽이나 소스, 파우더 등은 포장이 파손되거나 뭉쳐지거나 하여 유통기한 전이라도 품질에 이상이 발생할 수 있으므로 재고파악 시 반드시 점검하여야 한다.

(7) 선입선출의 원칙에 의하여 먼저 구입한 것은 앞쪽에, 나중에 구입한 것은 뒤쪽에 구분하여 보관한다.

(8) 우유 등 사용빈도와 입고횟수가 높은 상품은 출고가 용이하도록 진열 보관한다.

(9) 냅킨 등 포장이 큰 물품은 박스채로 보관하고 박스에 입고일자와 수량을 기재한 후 보관한다.

(10) 시럽이나 소스, 병조림 제품 등은 입고일자와 유통기한 등을 별도의 라벨에 기재한 후 제품의 라벨에 부착하여 파손되지 않도록 주의하여 관리한다.

03• 직원 스케줄 관리하기

규모가 작은 매장은 대표자 1인 또는 관리자(매니저), 바리스타 등 1~2명의 직원으로 움직이는 경우가 대부분으로 이 경우 대표자 또는 관리자 1인이 직원의 채용, 스케줄 관리, 업무분담 등 모든 업무를 담당한다. 따라서 직원의 효율적 스케줄관리는 매장의 성공 여부와도 직결될 수 있으므로 직원들의 업무체계를 명확하게 하여 최적의 노동량을 계산하고 스케줄표를 작성한다면 큰 부담이 없으면서 인력자원을 낭비하지 않고 수익률을 높일 수 있으며, 직원들은 좋은 근무환경에서 근무할 수 있을 것이다.

1) 출 · 퇴근 스케줄 관리

(1) 출 · 퇴근 스케줄 작성

① 식사시간과 휴식시간, 업무시간을 명확하게 구분하여 정신적 · 육체적 스트레스를 주지 않도록 한다.

② 업무체계를 명확히 하고 최적 노동량을 계산하여 효율적 인원을 배치하고 스케줄 관리를 통해 수익률을 높일 수 있도록 한다.

③ 정해진 스케줄이 변경되는 경우 사전에 공지하고, 직원의 성과에 대하여 적절한 보상이 이루어질 수 있도록 한다.

④ 확정된 스케줄표는 연락망과 업무분담표를 함께 직원들이 쉽게 열람할 수 있도록 한다.

(2) 근태관리 : 근태관리란 출근과 결근을 관리하는 업무로, 근태관리가 제대로 이루어지지 않으면 운영에도 큰 차질이 생기게 되고 업무능력을 과대 또는 과소 평가하여 직원의 적정한 임금책정에도 어려움을 겪게 된다.

① 매장의 특성에 따른 기본수칙을 정하고 이를 직원에게 제시하여 성실한 근무풍토가 조성될 수 있도록 한다.

② 근태에 관해서는 사용자와 근로자 모두가 기본적 예의와 책임을 다할 수 있도록 한다.

③ 근태관리를 통해 직원의 업무능력에 따른 적정한 임금이 책정될 수 있도록 한다.

(3) 출퇴근 카드 작성 : 출퇴근 일지 또는 기계를 통해 출근시간과 퇴근시간을 기록하여 업무에 지장이 없도록 한다.

① 출근 시에는 업무 시작 전 업무수행을 위한 사전준비를 하도록 한다.

② 퇴근 시에는 다음 날 영업에 지장을 초래하지 않도록 당일 업무에 대하여 인수인계 및 정리정돈 등을 한다.

③ 지각이나 결근 시에는 전화 등의 방법으로 관리자에게 보고될 수 있도록 한다.

④ 지각이나 결근 시에는 사전에 양해를 얻도록 하고 출 · 퇴근일지(카드)에 그 사유를 기재하고 증빙서류를 첨부해 보관한다.

⑤ 무단 또는 허위, 증빙서류 미제출 등의 지각이나 결근이 반복되어 업무에 지장을 초래
　하는 경우 규정에 따라 징계 또는 퇴사시킬 수 있도록 한다.

2) 직원채용

매장을 경영하기 위해 늘 고민하는 문제가 바로 직원 채용과 관리이다. 매장경영의 성패를 결정
하는 여러 요소들 가운데 가장 중요한 것이 창업자 자신과 직원, 고객, 파트너 등 사람이다.

(1) 채용계획과 채용시점

① 채용인원은 대충 계산해서는 안 된다. 매장의 규모와 층수, 메뉴 등에 따라 달라지므
　로 직무분석을 하여 필요 인원을 채용하도록 한다.
② 직무분석에 따라 신입 또는 경력직을 결정하고 정규직, 비정규직, 임시직, 파트타이
　머 등 채용유형과 고용형태를 검토하여야 한다.
③ 사람에 대한 관점과 철학을 가지고 원하는 인재상을 설정하고 가능하면 이전 직장에
　서의 근무상태를 확인하는 것도 좋다.
④ 수입을 예측하고 이에 따른 인건비를 계산하여 구체적 채용계획을 세우도록 한다.
⑤ 현재 필요 인력만을 채용할 것인지 아니면 미래에 필요한 예비인력까지 채용할 것인
　지를 정해야 한다.
⑥ 대부분의 커피매장이 사전 계획에 의한 인력채용보다는 직원의 갑작스러운 공석으로
　인한 충원을 하다보니 직무에 적합한 인력을 제때 확보하기 어려운 문제점이 있다.
⑦ 신규직원 채용 시 공고문에는 채용예정인원, 자격(나이, 학력, 경력, 우대조건 등),
　근무장소, 근무조건(급여, 근무형태, 근무시간, 휴무일, 복리후생 등) 등을 정확하게
　명시하여야 한다.

(2) 채용관리

① 채용이 확정되면 제출해야 하는 필요서류를 통보하고 제출받은 서류는 개인정보보
　호법에 따라 타인이 접근할 수 없도록 관리하여야 한다.
② 채용이 확정되면 근로기준법에 따른 계약기간(정규직의 경우 근무시작일만 기재),
　근무장소, 근무시간과 휴게시간, 근무일과 휴일, 임금, 수당, 지급일, 지급방법, 상
　여금 및 퇴직금 여부 등이 명시된 근로계약서를 작성하여 사용자와 근로자가 각각
　보관하도록 한다.
③ 채용한 신규직원이 새로운 업무에 적응할 수 있도록 교육 및 훈련을 실시하고 적극
　적으로 도와준다.

3) 직원관리

직원관리도 중요하지만 직원이 롤 모델로 삼을 수 있는 대표자가 될 수 있도록 자신을 관리하는 것도 중요하다. 직원관리에는 성과지향과 관계지향의 두 가지 큰 방향이 있다.

(1) 직원관리

① 성과지향은 목표에 대해 명확히 제시하고 성과에 따른 보상을 제공하는 방식(인센티브 등)으로 업무의 효율이 높아지는 효과가 있으나 지나친 성과지향은 직원의 이직을 초래할 수 있다.

② 관계지향은 직원과의 좋은 관계를 형성(회식이나 생일선물 등)하기 위한 대표적인 방법이다.

③ 성과지향과 관계지향 두 가지를 적절히 활용하는 것이 좋으나 쉽지 않으므로 대표자의 리더십이 중요하다.

④ 매출에 문제가 없음을 보여주어야 하고 성장, 발전을 위해 노력하는 모습을 보여주어야 한다.

⑤ 직원관리에서 교육은 필수사항으로 직무, 리더십, 인성 등 다양한 교육을 계획하고 실행한다.

⑥ 직원의 컨디션과 애로사항 등을 점검하고 관리한다.

(2) 인사관리 : 인사관리란 각자의 능력을 최대로 발휘하여 좋은 성과를 거두도록 관리하는 것으로 효율적 인사관리를 위한 인사관리카드(인사기록표)를 작성하는 것이 좋다.

① 인사카드는 직원이 자필로 작성하게 하고, 제출된 서류와 일치하는지 확인한다.

② 인사카드에는 개인의 신상에 대한 사항과 입사일, 근무장소, 담당업무, 직위, 고용형태 등을 기재하여 개인정보보호법에 따라 타인이 접근할 수 없도록 관리하여야 한다.

③ 식품접객업소에 근무하기 위해서는 반드시 보건증이 필요하므로 제출받아 보관한다.

(3) 직원 건강관리

① 매장에 종사하는 근무자는 연 1회 정기건강진단을 받아야 하고, 결격사유에 해당하는 질병이 있으면 업무에 종사할 수 없다.

② 매장에 종사하는 근무자는 유효기간 내의 보건증을 소지하여야 하고, 보건증은 반드시 유효기간이 경과하기 전에 발급받도록 한다.

③ 관계기관에서 위생검사를 나오는 경우 보건증을 쉽게 확인할 수 있도록 관리한다.

④ 보건증은 거주지와 관계없이 자치구의 보건소 또는 지정 의료기관에서 발급받는다.

⑤ 4대보험에 가입하여 직원의 복리후생과 업무와 관련하여 재해를 입는 경우 적절한 치료와 보상을 받을 수 있도록 한다.

04 · 영업일지 작성

영업에서 발생하는 내용을 기록하는 장부로서 고객 분석, 공헌메뉴, 이익구조, 사건사고의 책임소재 등을 파악해 향후 매장운영에 필요한 중요자료가 될 수 있도록 세밀하고 정확하게 작성하는 것이 좋다.

1) 영업일지에 매출내역 작성

영업일지에 매출내역을 정확히 작성하면 공헌메뉴, 이익구조 등이 쉽게 파악되어 향후 매출 향상을 위한 중요자료로 삼을 수 있다.

2) 기간별 체크리스트 작성

매장에서 일어나는 업무들을 회계원리에 따라 계정과목별로 전표를 정리·기입하고 서류를 보관하는 일이다.

> **(1) 손익계산서** : 손익계산은 수익과 비용을 계산하여 이익 또는 손해를 파악하고 경영활동 계획을 수립하는 것이며, 이것을 보고서로 요약하여 정리한 것이 손익계산서이다.
>
> ① 손익계산서를 작성하기 위해서는 일정기간 동안 수익과 비용을 기준에 따라 구분하여 계정과목별로 집계한다.
>
> ② 수익은 상품의 판매를 통한 매출, 은행이자수입 등 재무활동으로 얻은 영업 외 수입, 영업활동과 관계없이 얻은 특별수입 등으로 나눌 수 있다.
>
> ③ 비용에는 상품을 만들기 위해 소비한 재료비·인건비·경비 등의 매출원가, 제품의 판매와 관리를 위해 소비한 판매관리비, 영업 외에서 발생한 은행이자 등의 영업 외 비용, 비정상적이고 우발적으로 발생한 손실에 들어가는 특별손실비용, 세무와 관련 된 세무비용 등이 있다.
>
> **(2) 회계장부** : 각종 경영활동으로 발생한 증빙자료를 모으고 전표를 발행하여 계정 항목별로 구분한 다음 장부를 만들어 관리한다.
>
> **(3) 기간별 체크리스트** : 일정한 기간이라는 시간적 개념이 포함된 업무내역을 작성하는 것으로 기간에 맞춰 정해진 날짜에 맞춰 신고해야 할 것은 신고하고, 납부해야 할 것은 납부하여 연체가 발생하지 않도록 한다.
>
> **가. 일별 체크리스트**
>
> ① 매출 또는 매입이 발생한 경우 거래명세서와 세금계산서 등을 거래처별로 분류하여 원장에 기재하고 보관한다.
>
> ② 지출하는 경우 지출증빙서류를 수취하여 기록하고 보관한다.
>
> ③ 현금영수증과 신용카드전표는 매출 또는 매입으로 구분하여 보관한다.

④ 상품의 입고와 출고에 대해서 품목별, 업체별, 일자별로 구분하여 재고관리대장을 만들어 기록 보관한다.

⑤ 직원들의 근무현황과 공문서철 등을 만들어 그 내용을 기록·보관한다.

나. 월별 체크리스트

① 발급받거나 발행한 영수증이 정해진 기준에 맞는지 확인하도록 한다. 예를 들어 정식 세금계산서를 수취하여야 하는데 간이영수증을 수취한 경우 가산세를 납부하여야 한다.

② 세금계산서, 계산서, 신용카드전표, 현금영수증 등이 일일명세서와 대조하여 누락 없이 정확한지 확인한다.

③ 급여는 본인 명의 통장에 이체하거나 직접 지급을 하고, 반드시 급여대장철을 만들어 본인의 확인을 받는다.

다. 분기별 체크리스트

① 사업자등록의 과세유형에 따라 세금에 대한 신고와 납부일 등이 차이가 있다.

② 상근직과 일용직 등의 근무형태에 따른 급여지출에 대한 신고기간도 다르므로 확인한다.

③ 세무사에서 업무를 대행하는 경우 관련 자료를 보내 신고서류를 작성하여 신고하고 세금납부를 통보해오면 세금을 납부하면 된다.

라. 연도별 체크리스트

① 매출, 매입, 재고현황, 재고금액 등을 결산한다.

② 4대 보험금, 소득세 등을 정산하여 신고하면 정산한 금액이 납부한 금액보다 많으면 환급받고, 적으면 추가납부를 해야 한다.

③ 종합소득세 또는 법인세 등을 확정 신고하고 납부한다. 중간예납 금액이 있으면 이를 제하고 납부하면 된다.

④ 세무사에서 업무를 대행하는 경우 관련 자료를 보내 신고서류를 작성하여 신고하고 납부를 통보해오면 납부하면 된다.

3) 대상별 체크리스트 작성

영업을 시작 및 마감하기 전에 확인해야 하는 대상을 정하여 주요내용을 기재한 양식을 만들어 체크하도록 한다.

(1) 영업 전

① 매장 문을 열고 외부인의 침입이 없었는지 경비시스템의 이상 여부와 전기안전 등을 확인한다.

② 커피머신, 커피그라인더, 제빙기, 쇼케이스, 냉동냉장고, 조명, 통신장비, 냉난방기, 냉온수기, 오디오 등의 전열기구와 상하수도 등의 정상작동 여부를 확인한다.

③ 냉장냉동고에 보관된 상품의 상태를 점검한다.

④ 매장 및 작업공간, 화장실, 커피머신 등 사용하는 기계 · 기구 · 비품 등의 청소상태를 점검한다.

⑤ 영업에 필요한 재료 및 소모품 등을 점검한다.

⑥ 전날 마감 시 시재에 대하여 확인하지 못한 경우 매출현황(현금 및 신용카드별 구분)을 확인하여 일지에 기록하고 정리한다.

⑦ 현금의 경우 사업자계좌에 입금한다.

⑧ 재고를 확인하여 필요한 경우 발주를 하고, 입고된 물품은 검수한 후 보관한다.

⑨ 커피를 추출하여 시음하고, 판매할 상품의 품질과 이상 유무를 확인한다.

⑩ 영업 준비가 끝나면 점검사항에 대하여 서명하고 근무자의 미팅을 통해 전달 및 지시사항을 전한다.

(2) 영업 마감 : 영업 전 점검사항과 동일한 내용을 점검하고 확인한 다음 마감할 수 있도록 한다.

4) 영업일지 작성

영업일지는 하루의 손익계산서로서 일별 · 기간별 · 대상별 체크리스트를 활용하여 필요한 내용을 발췌할 수 있어야 하며 매출 및 매입, 직원의 근무현황, 매장의 이상 여부 등 관리자에게 보고해야 하는 내용을 중심으로 정해진 양식에 따라 작성한다.

(1) 영업일지는 내부의 중요한 문서로 대외비자료로 회람이 끝나면 문서 담당자는 확인하고 서명하여 문서함에 보관하여야 한다.

(2) 영업일지는 문서번호와 관리번호를 부여하여 권별, 분기별로 보관하고 관리책임자를 두어 분실되지 않도록 하고 관리 책임소재를 명확히 하도록 한다.

5) 영업일지 인수인계

영업일지의 인수인계는 정해진 절차와 방법에 따라 실시하여 이상 여부에 대한 책임소재를 명확히 할 수 있어야 하며 일자, 담당자 등 필요한 내용을 기록하여 직급체계에 따라 결재가 이루어질 수 있도록 한다.

(1) 매출

① 근무자의 근무시간별, 일별 마감 시 보유하고 있는 시재 및 매출총액은 전산시스템에서 매출장을 출력하여 그 내용을 영업일지에 기록하고 첨부하여 서명한 후 보관한다.

② 신용카드 금액과 수량, 현금, 포인트 사용금액 등이 매출총액과 일치하는지 확인하여 기록한다.

(2) 지출

① 지출결의서를 작성하여 지출내역과 차이가 없는지 확인한다.

② 지출 유형을 구분하여 증빙자료는 증빙자료철에 기록하고 보관한다.

③ 지출되었던 금액이 다시 입금되는 경우 입금표를 함께 작성하여 입금과 지출의 차이가 발생하지 않도록 한다.

(3) 직원의 근무내용

① 시급 및 일용직 근무자의 경우 근무시간에 따라 인건비가 정산되므로 근무시간을 명확히 기재하고 서명을 받도록 한다.

② 직원과 관련된 근태사항, 건강상태, 특이사항 등을 기록한다.

(4) 보고 및 입출고 내역

① 공문서 및 건물관리비, 임대료납부서 등을 수취한 경우 기록하고 첨부한다.

② 고객의 불만사항, 재료의 이상, 매장의 장비 및 시설 등의 이상 등을 기재한다.

③ 품목별, 거래처별로 발주와 입고내역을 기록하여 합계를 낸다.

④ 제품의 제조에 사용되는 소모품 등의 출고일자를 기재하여 효율적 관리가 되도록 한다.

⑤ 구입한 제품이 제조·판매에 사용되지 않고 무상으로 제공되거나 파손 또는 폐기한 경우 재고에서 차감하고 해당 장부를 별도로 만들어 기록하여 보관한다.

⑥ 폐기하는 경우 사진 등을 찍어 보관하면 세무자료로 활용 가능하다.

⑦ 보고사항은 영업일지에 기록하였더라도 인수인계 시 구두보고를 하여 업무가 신속히 이루어질 수 있도록 한다.

05. 영업현황 분석

1) 원가계산

원가란 제품을 생산하는 데 소비한 경제가치를 화폐액수로 나타낸 것으로, 제품을 만들기 위하여 소비된 재화와 용역의 소비액을 말한다. 원가계산은 경제의 실제를 계수적으로 파악하여 적정한 가격의 결정과 경영능률의 증진을 위한 기초자료로 삼기 위해 가격 결정, 원가관리, 예산편성, 재무제표 작성의 목적으로 실시한다.

(1) 원가관리 : 원가관리는 원가의 통제를 위하여 합리적으로 절감하려는 경영기법이라고 할 수 있다. 특히 표준원가는 원가관리를 목적으로 한다.

(2) 원가의 3요소

① 재료비 : 제품의 제조를 위하여 소비된 물품의 가치로, 커피매장에서는 재료비를 말한다.

② 노무비 : 제품의 제조를 위하여 소비된 노동의 가치를 말하며 임금, 급료, 잡급, 상여금 등으로 구분한다.

③ 경비 : 원가요소에서 재료비와 노무비를 제외한 것으로 가공비, 수도비, 광열비, 전력비, 보험료, 통신비, 감가상각비 등이 있다.

(3) 원가의 구분 : 원가는 크게 직접비와 간접비로 나눈다.

① 직접비 : 특정 제품의 제조를 위하여 소비된 비용으로, 특정 제품 원가로 직접 배분할 수 있어 직접원가라고도 하며 직접재료비, 직접노무비, 직접경비로 구분한다.

　가. 직접재료비 : 특정 제품의 제조를 위해 소비되는 특정의 주요 재료비

　나. 직접노무비 : 특정 제품의 생산에 직접 종사하는 작업자에게 지급되는 노무비로 임금 등

　다. 직접경비 : 직접원가에서 직접재료비와 직접노무비를 제외한 비용으로 설비관리 비용, 외주 가공비 등

② 간접비 : 여러 제품의 제조를 위하여 소비된 비용으로 간접원가라 하며 간접재료비, 간접노무비, 간접경비로 구분한다.

　가. 간접재료비 : 여러 종류의 제품을 제조하기 위해 소비되는 재료비(보조재료비)

　나. 간접노무비 : 특정 제품의 생산에 직접 종사하지는 않지만 제품의 생산을 위하여 필요한 작업자에게 지급되는 노무비로 급여, 급여수당 등

　다. 간접경비 : 경비 가운데 직접경비를 제외한 제조원가를 구성하는 대부분의 경비가 해당되며 감가상각비, 보험료, 여비, 교통비, 전력비, 통신비, 접대비 등

(4) 원가의 종류

① 직접원가 = 직접재료비 + 직접노무비 + 직접경비

② 제조원가 = 직접원가 + 제조간접비

③ 총 원가 = 제조원가 + 판매관리비

④ 판매원가 = 총원가 + 이익

⑤ 실제원가 : 제품을 제조한 후에 실제로 소비된 재화 및 용역의 소비량에 대하여 계산 된 원가로, 보통 원가라고 하면 이를 의미하며 확정원가 또는 현실원가라고도 한다.

⑥ 예정원가 : 제품의 제조 이전에 제조에 소비될 것으로 예상되는 원가를 산출한 사전원가로 추정원가라고도 한다.

⑦ 표준원가 : 제품을 제조하기 전에 재화 및 용역의 소비량을 과학적으로 예측하여 계산한 미래원가로 실제원가를 통제하는 기능을 가지며, 표준원가계산은 과학적인 원가관리를 목적으로 생긴 것이다.

2) 원가분석 및 계산

(1) 원가계산기간 : 원가계산 실시의 시간적 단위를 원가계산기간이라 하며, 1개월을 원칙으로 하지만 경우에 따라 3개월 또는 1년 단위로 실시하기도 한다.

(2) 고정비와 변동비

① 고정비 : 제품의 제조 및 판매 수량의 증감에 관계없이 고정적으로 발생하는 비용으로 감가상각비, 종업원에게 지급되는 고정급 등이 있다.

② 변동비 : 제품의 제조 및 판매 수량의 증감에 따라 비례적으로 증감하는 비용으로 주요 재료비, 임금 등이 있다.

(3) 손익분기점 : 수익과 총 비용이 일치하는 점으로 이 점에서는 이익도 손실도 발생하지 않는다.

(4) 재료비 계산 : 재료비는 제품의 제조과정에서 실제로 소비되는 재료의 가치를 화폐액수로 표시한 것이다.(재료비 = 재료소비량 × 재료소비가격)

(5) 감가상각 : 고정자산의 감가를 일정한 내용연수에 일정한 비율로 할당하여 비용으로 계산하는 것으로 이때 감가된 비용을 말한다.

① 감가상각의 계산요소 : 감가상각을 계산할 때에는 기초가격, 내용연수, 잔존가격의 3대 요소를 결정해야 한다.

② 감가상각의 계산방법에는 정액법, 정률법 등이 있다.

3) 판매원가 분석

원가수치를 분석하여 경영활동의 실태를 파악하고 이에 대한 해석을 내리는 것을 원가분석이라고 하는데, 시장가격의 적정성을 판단하고 판매가격을 결정하기 위해서 필요하다. 합리적인 원가분석은 원가를 파악하고 산정하여 판매가격 결정과 판매이익 계산, 재무제표 작성 등에 중요하다.

> **(1) 표준레시피**: 표준레시피를 만들어 원가를 산출하고 원가관리를 위한 자료로 활용할 수 있다.
>
> **(2) 총원가 및 판매원가** : 제조직접비에 제조간접비를 더하면 제조원가가 되고 여기에 판매를 위한 관리비를 더하면 총원가가 된다. 총원가에 이익을 더하면 판매원가, 즉 판매가격이 된다.
>
> ① 직접재료비 : 표준레시피에 따라 직접재료비를 산출한다.
>
> ② 직접노무비 : 커피매장에서 판매수량을 집계하여 바리스타의 임금을 나누면 음료 한 잔을 제조하는 데 소요되는 직접노무비를 산출할 수 있다.
>
> ③ 직접경비 : 커피매장에서는 커피기계 수리비용 등을 직접경비로 할 수 있으나 정확한 산출이 어려우므로 임의로 배분하여 계산한다.
>
> ④ 제조간접비 : 간접재료비 및 급여, 급여수당, 복리후생비, 감가상각비, 임대료, 공과금, 광고홍보비, 보험료, 통신비, 접대비 등이 제조간접비에 해당되지만 정확한 산출이 어려우므로 임의로 배분하여 산출한다.

4) 판매가격 결정

프랜차이즈 매장의 경우에는 매장의 제조원가에 관계없이 이미 판매가격이 정해져 있으나, 판매가격 결정은 매장의 수익과 직결되며 메뉴가격은 해당 메뉴의 판매뿐만 아니라 매장 전체 메뉴의 판매에도 영향을 미치게 된다. 또한 가격에 맞는 품질과 서비스 만족도가 함께 따라야 고객은 가격이 적당하다고 느끼게 된다.

> **(1) 원가 지향적 가격** : 노무비와 경비를 고려하지 않고 제품의 생산에 사용된 식재료비의 원가만을 기준으로 가격을 정한다.
>
> **(2) 수요자 지향적 가격** : 가격에 따른 소비자의 수요를 예측하여 최대의 이익을 얻을 수 있도록 가격을 정하는 방법으로 고객이 느끼는 제품의 가치, 장소와 시간, 대상고객층, 메뉴 형태(유인메뉴 또는 주력메뉴) 등을 고려하여 가격을 책정한다.
>
> **(3) 경쟁자 지향적 가격** : 가장 일반적 가격 결정법으로 제품의 원가나 고객의 수요 등은 고려하지 않고 상권과 경쟁업소의 가격을 기준으로 가격을 책정한다.

① 선도가격 설정 : 가격변동을 선도하는 매장의 가격변동에 따라 가격을 결정

② 적정가격 : 경쟁업체와의 가격을 비교하여 경험과 추측에 의해 적당하다고 생각하는 수준의 가격을 책정

③ 최고가 설정 : 고객이 지불할 수 있다고 생각하는 최고가격으로 고객은 비싼 가격은 품질이 우수할 것이라는 생각을 하고 있으므로 제품의 품질뿐만 아니라 서비스의 품질도 따라야 한다.

④ 최저가 설정 : 고객이 지불의향이 있는 최저가격으로, 고객은 가격이 낮으면 품질도 낮을 것이라는 선입견을 가질 수 있으므로 제품의 품질에 의심을 가지지 않도록 해야 한다.

⑤ 유인가격 설정 : 가장 선호하는 메뉴의 가격을 인하하여 고객을 유인한 후 다른 메뉴의 가격을 높게 받아 이익을 남긴다.

⑥ 심리적 가격 설정 : 고객이 싸다고 느끼는 심리적 가격을 설정한다. 예를 들어 아메리카노 한 잔 가격이 3,000원이면 3,000원대 가격으로 비싸다고 느낄 수 있으나 2,900원이면 2,000원대 가격이므로 심리적으로 싸다고 느낄 수 있다.

5) 판매수익 및 가격조정

커피매장에서 제조원가는 항상 변할 수 있으며, 가격은 영업에 큰 영향을 미친다. 그러나 가격을 조정하는 것은 주변상권, 소비자의 구매력, 브랜드 파워 등 여러 요소들이 작용하므로 쉽지가 않다.

(1) 가격의 적정성은 매장영업의 지속성 여부를 결정하는 중요한 요소가 되므로 고객이 인정할 수 있는 범위에서 조정되어야 한다.

(2) 가격이 비싸면 고객은 다른 메뉴를 선택하거나 경쟁 매장으로 이동하게 되고, 가격이 지나치게 낮으면 수익성이 악화되어 매장운영이 어렵게 된다.

(3) 가격은 제품의 원가뿐 아니라 매장의 상권, 매장규모, 인테리어, 매장의 서비스 수준 등 여러 요소에 의해 결정된다.

(4) 제품의 품질을 향상시키기 위하여 값비싼 재료를 사용하면 재료비가 상승하게 되고, 가격을 낮추기 위해 저급의 재료를 사용하면 품질이 떨어지게 된다.

(5) 가격 인상을 억제하기 위한 가장 손쉬운 방법으로 인건비의 감축을 실행하는 경우가 있다. 인건비를 줄이기 위해 인원을 감축하면 서비스 품질이 떨어져 매출감소로 이어질 수 있고, 근무자들의 근무의욕을 떨어뜨릴 수 있다.

(6) 판매정책과 판매목적에 따라 가격을 조정해야 하는 경우도 있으므로 고객의 반응, 재료의 시장상황 등 여러 요소를 파악하여 관리해야 한다.

(7) 실제원가를 기준으로 재료비 및 인건비, 경비 등의 가격조정 요인을 파악한 후 개선을 위한 노력을 하여야 한다.

6) 판매현황 분석

판매현황 분석은 상품에 대한 판매결과와 판매계획을 수립하는 자료로 활용할 수 있으며, 매출향상을 위한 메뉴별 이벤트 등 효율적인 판매활동을 계획하고 추진할 수 있다. POS시스템을 이용하여 월별, 분기별, 연도별 매출자료를 출력하여 현황표를 만들고 그에 따른 판매계획, 메뉴설정, 재료구입, 원가산출, 표준레시피 작성, 홍보계획 등을 수립하는 자료로 활용한다.

(1) 기간별, 계절별 : 생활패턴이 다양해지면서 여름에는 아이스음료, 겨울에는 뜨거운 음료 등의 등식이 성립하지 않지만 계절변화에 따른 이벤트성 음료를 출시하면 메뉴 간 상호 보완 및 메뉴강화의 효과를 기대할 수 있다. 통상적 계절메뉴로는 4~5월의 봄철에 딸기를 주재료로 하는 메뉴, 6~9월의 여름에 빙수와 아이스음료, 10~2월에 핫초코 등의 따뜻한 음료 등이 있다.

(2) 메뉴별, 요일별, 날짜별 : 메뉴별, 요일별, 날짜별 판매수량과 매출을 집계하여 메뉴별 매출비중을 구하고 중점관리메뉴를 설정하여 재고물품보유, 발주, 자금투입 등을 계획하여 매출 및 이익증대를 기대할 수 있다.

7) 영업이익 분석

영업이익이란 총매출액에서 매출원가와 판매관리비를 제외한 것으로 순수하게 영업으로 벌어들인 이익으로 각 항목별 구분에 있어 다소 모호한 부분이 있으나 커피점의 경우 다음과 같이 구분해 볼 수 있다.

영업이익 = 총매출액 − 매출원가(재료비 + 노무비 + 경비) − 판매관리비

(1) 항목별 구분

① **총매출액 :** 고객에게 판매한 커피 및 음료 등 메뉴의 상품, 커피용품, 커피원두 등 커피점 내에서 고객에서 판매하여 얻은 전체의 매출액

② **매출원가 :** 소비자에게 판매하는 최종 제품의 제조와 판매에 소비된 비용을 말한다. 예를 든다면 커피점에서 아메리카노 한 잔을 만들어 소비자에게 판매하기까지 소비된 모든 비용이 아메리카노의 원가이지만, 일반적 관점에서는 재료비만으로 원가를 생각하는 경향이 있다. 이것을 다시 구분하면 재료비, 노무비, 경비로 나눈다.

　가. 재료비 : 커피원두, 우유, 설탕, 시럽, 소스, 커피컵, 스트로, 냅킨, 포장용기, 얼음 등의 재료와 커피용품 등 고객에게 판매하기 위해 구입한 재료의 원가 등을 말한다.

　나. 노무비 : 제품의 생산과 판매를 위해 소비된 근로자의 인건비로 커피점에서는 바리스타의 인건비와 주방인력의 인건비 등으로 상여금, 퇴직금 등도 포함된다.

다. 경비 : 경비와 판매관리비를 명확하게 구분하기에는 다소 모호한 부분이 있으나 어떤 목적으로 지출되었느냐에 따라 구분할 수 있다. 임대료, 전기료, 상하수도료, 직원들의 4대 사회보험료, 각종 공과금, 고정자산의 감가상각비 등을 말한다.

③ **판매관리비** : 상품의 판매와 업체의 유지관리를 위해 소비된 비용으로 매장매니저의 인건비, 대출이자, 광고비 등을 들 수 있다. 판매관리비 항목의 내역은 별도로 구분하지 않고 경비 항목에 포함할 수도 있다.

(2) 영업이익 : 주된 영업활동을 통해 얻어진 수익으로 커피점에서의 총매출금액에서 매출원가와 판매관리비를 차감하고 남은 금액이 영업이익이 된다. 여기서 영업이익에 대한 세금을 공제하면 순수영업이익이 된다.

(3) 영업이익률 : 영업이익을 매출액으로 나누면 영업이익률이 되며, 이 수치가 높을수록 수익성이 좋다는 의미이고 낮으면 수익성이 좋지 않음을 뜻한다. 이러한 영업이익 분석을 통해 향후 경영활동에 필요한 지표로 활용할 수 있고 메뉴보완, 원가 및 경비절감 등의 대책을 수립할 수 있다.

(4) 당기 순이익 : 예금이자, 투자수익 등의 영업 외의 수익과 커피점 영업을 통해 얻은 수익을 더한 금액에서 커피점 영업 외의 손실(투자 손실 등)을 차감한 금액을 당기 순이익이라 한다. 실제 얻을 수 있는 것은 당기 순이익이지만 당기 순이익으로는 커피점의 실제적 영업현황을 파악하기 어려우므로, 커피점만의 영업이익을 보고 영업이익률을 계산해보면 커피점의 영업성과를 파악할 수 있다.

(5) 손익분기점 : 수익과 비용이 일치하는 점으로 이 시점에서는 이익과 손실이 발생하지 않는다. 예를 들어 아메리카노의 판매가격이 1,000원이고, 아메리카노 한 잔을 만드는 데 소요된 원가(재료비, 노무비, 경비)가 1,000원이면 아메리카노 한 잔의 손익은 0원, 즉 손익은 발생하지 않는다.

커피점의 경우 영업이익률이 높다고 하더라도 객단가(1인의 손님이 매장에서 소비하는 평균금액)가 낮은 편이므로 매장 내 테이블의 회전수를 높이는 것이 영업이익을 높일 수 있는 방법이 된다. 보통 매장에서는 테이블 1개가 4인석으로 되어 있으나 4인석 테이블이라고 해서 4인이 테이블에 앉는 경우는 그리 많지 않다.

06 · 고객 관리

고정적 매출확보와 매출증대를 위해 고객의 재방문율을 높이는 것이 필요하다. 즉, 많은 단골고객을 확보하는 것이 안정적 영업을 위한 필수요건이 되는 것이다. 자주 방문하는 고객 중에는 조용히 커피를 마시고 가는 고객이 있는 반면 요구사항이 많은 고객도 있다. 같은 횟수를 방문하더라도 기억에는 차이가 있게 마련이므로 이를 데이터베이스화해야 한다. 커피점 중에서 대형 프랜차이즈 매장 중에는 주문시간대, 매장정보, 날씨, 선호메뉴 등의 고객정보를 데이터베이스로 구축하여 고객맞춤형 서비스와 새로운 메뉴개발에 활용하고 있다. 소규모의 매장에서 독자적 데이터베이스 구축을 위한 시스템을 만들기는 현실적으로 어려우므로 시중에 유통되고 있는 프로그램을 활용하는 것도 고려해 볼 수 있다.

1) 커피매장의 고객 데이터베이스(DB / Date Base) 구축을 위한 필요 항목

커피매장의 DB 자료로는 고객관리를 위한 DB, 매장에서 사용하는 재료 및 장비 운영관리에 필요한 DB, 직원관리를 위한 DB 등을 들 수 있다.

고객관리를 위한 DB는 마케팅을 목적으로 저장되고 관리되는 고객의 정보로 이러한 정보를 수집하고 관리하기 위해서는 반드시 고객의 동의를 받아야 하고 법에 규정된 바에 따라 관리되어야 한다.

DB마케팅은 고객과의 장기적인 유대관계를 형성하고 업체의 판매전략을 수립하는 기초자료가 된다.

> **(1) 수집항목 :** 데이터베이스 마케팅은 우리 생활에서 흔히 접할 수 있다. 신용카드나 슈퍼마켓 · 백화점 등의 회원카드 발급 시 일정한 내용의 개인정보 제공과 개인정보의 마케팅 활용에 동의를 요구한다. 이처럼 고객관리를 위한 DB 자료는 고객이름, 생년월일, 휴대폰 번호, 선호메뉴, 자택주소, 직업, 직장주소, 취미 등 업체에 따라 수집내용에 차이가 있다.
>
> **(2) 수집방법 :** 회원가입을 유도하고 이에 대한 보너스 포인트 지급 등의 방식으로 보상한다. 개인정보를 수집할 때에는 법의 규정에 따라 최소한의 정보를 수집하고 수집목적 · 이용항목, 개인정보의 보유 및 이용기간 등을 고객에게 알리고 반드시 동의를 받아야 한다. 고객의 DB에는 매장방문 시 종사원들이 파악한 고객의 특성도 함께 입력해두는 것이 좋다.

2) DB로 고객의 특성 분석

구축된 DB의 세분화를 통한 고객의 특성을 파악하여 고객의 특성에 맞는 마케팅 서비스를 통해 지속적인 고객이 될 수 있도록 관리하는 경영전략이라 할 수 있다. 수집항목을 토대로 연령대별 · 시간대별 · 성별 · 계절별 등에 따른 선호메뉴, 고객의 매장 접근성에 따른 방문

횟수, 고객별 구매리스트에 따른 개인별 선호메뉴 등을 파악하고 이에 적합한 판촉활동과 전략을 수립할 수 있다.

3) 고객의 유형에 따른 응대

똑같은 서비스에도 만족하는 고객과 불만을 느끼는 고객이 있다. 서비스는 사람과 사람사이에 이루어지는 행위인 관계로 정해진 매뉴얼에 따라서만 되지는 않으므로 고객별, 상황별 등에 따른 서비스가 이루어져야 한다. 따라서 서비스를 제공하는 직원은 고객의 특성을 재빨리 파악할 수 있어야 한다.

4) 영업활동을 토대로 고객 유지 방안 수정 · 보완

고객유지는 경영활동에서 매우 중요하다. 어느 업종보다도 경쟁이 치열한 커피점에 있어 고객유지는 가장 기본적이며 우선적으로 해야 하는 영업활동이라고 할 수 있다. 기존의 고객은 신규고객에 비해 충성도가 높아 단골고객이 될 가능성이 높으며 마케팅 비용 또한 신규고객에 비해 적게 든다. 따라서 SNS(밴드, 카카오톡, 문자 등) 등을 통하여 고객과의 지속적인 커뮤니케이션을 함으로써 고객 이탈을 방지하고 단골고객을 확보할 수 있다. DB를 통해 단골고객이 어느 정도인지, 어떤 종류의 메뉴를 선호하는지, 방문횟수는 주간 또는 월간 어느 정도인지 파악하여 이를 근거로 고객유지 방안을 세우면 고객에게 맞는 서비스를 제공할 수 있다.

(1) 할인쿠폰 등을 제공하여 방문율과 구매율을 높인다.

(2) 고객의 생일이나 결혼기념일 등에는 축하문자와 함께 고객에게 알맞은 서비스 쿠폰을 제공함으로써 고객에게 관심을 가지고 있다는 사실을 상기시켜 충성도를 높일 수 있다.

(3) 새로운 메뉴개발, 이벤트 행사 등에는 초대권을 보낸다.

(4) 업체의 상품정보를 수시로 제공하고, 멤버십 카드 발급 등을 통해 고객이 특별히 선호하는 메뉴 등을 파악하여 서비스할 수 있도록 한다.

MEMO

02

카페 일반

BARISTA & ESTABLISHED CAFE

카페의 효율적 관리와 새로운 메뉴 개발을 위해서는 무엇보다 사용하는 기구와 재료들의 특징을 정확히 이해하는 것이
필수적 요소라 할 수 있다. 따라서 본 장에서는 카페에서 사용하는 기구와 글라스 및 청량음료와 시럽 등 부재료들의 종
류와 특징을 알아보도록 한다.

CHAPTER 015

카페 일반

01ㆍ기구 및 글라스

1) 기구

---

(1) 글라스 홀더(Glass Holder)

텀블러 글라스에 뜨거운 음료를 담을 때 글라스 홀더에 끼워 사용한다.

(2) 더스터(Duster)

세척한 글라스를 닦을 때 사용하는 마포수건을 말한다.

(3) 디캔터(Decanter)

와인을 옮겨 담는 유리병으로 주로 적포도주를 서빙할 때 사용한다.

(4) 라테아트 펜(Latte Art Pen)

소스를 이용하여 라테에 그림이나 문양을 그릴 때 사용하는 끝이 뾰족한 송곳으로 '애칭 송곳'이라고도 한다.

(5) 믹싱글라스(Mixing Glass)

혼합이 용이한 재료를 바스푼으로 저어 혼합을 할 때 사용하는 기구로, 커피에서는 믹싱 글라스 전용의 유리컵을 결합하여 쉐이커 대신 사용하기도 한다.

(6) 바스푼(Bar Spoon)

길이가 길어 롱스푼(Long Spoon)이라고도 하며, 칵테일을 만들거나 커피에 우유나 시럽, 소스 등의 부재료를 혼합할 때 사용한다.

(7) 블렌더(Blender)

혼합용 기구로 커피점에서는 주스, 스무디 등의 음료를 만들 때 사용한다.

---

(8) 샷 글라스(Shot Glass)

에스프레소를 정량 추출하기 위하여 사용하는 눈금이 새겨져 있는 1온스용의 유리잔으로 편리성을 위해 스테인리스 제품을 사용하기도 한다.

(9) 소스통(Sauce Tube)

데커레이션을 위한 초콜릿이나 캐러멜 등의 소스를 담아 보관하는 용기이다. 처음 구입 시 구멍이 뚫려 있지 않으므로 필요한 크기로 잘라 구멍을 낸다.

(10) 쉐이커(Shaker)

얼음과 함께 재료를 넣고 흔들어 차게 만들기 위한 칵테일의 혼합용 기구로 주로 사용하지만 커피에서는 샤키라토 등의 아이스메뉴를 만들 때 사용한다.

(11) 스퀴저(Squeezer)

레몬이나 오렌지 등의 생과일즙을 짤 때 사용하는 기구

(12) 스토퍼(Stopper)

남은 탄산음료의 보관을 위해 사용하는 보조 병마개

(13) 스트레이너(Strainer)

얼음이 튀어나오는 것을 방지하기 위해 믹싱글라스에 끼워 사용한다.

(14) 스팀피처(Steam Pitcher)

카푸치노 등을 만들 때 우유 거품을 내거나 우유를 데울 때 사용한다.

(15) 아이스 그라인더(Ice Grinder) : 고운 가루얼음을 만들 때 사용한다.

(16) 아이스 스쿱(Ice Scoop) : 작은 부삽 모양으로 많은 양의 얼음을 담을 때 사용한다.

(17) 아이스 크러셔(Ice Crusher) : 얼음 분쇄기이며 작은 콩알얼음을 만들 때 사용한다.

(18) 아이스 텅스(Ice Tongs) : 얼음집게

(19) 와인쿨러(Wine Cooler) : 와인의 냉각용 기구

(20) 지거(Jigger) : 액체의 계량용 기구로 메저컵(Measure Cup)이라고도 한다.

(21) 코스터(Coaster)

글라스 받침대. 글라스 밑에 깔아 글라스가 미끄러지는 것을 방지하고 글라스를 내려놓을 때 잡음을 줄일 수 있다.

(22) 트레이(Tray) : 음식물을 담아 나르는 쟁반

(23) 패니어(Pannier) : 포도주병 하나를 눕혀 놓을 수 있는 바구니

(24) 펀치볼(Punch Bowl) : 화채그릇

(25) 포어러(Pourer) : 액체를 따를 때 편리하도록 병에 끼워 사용한다.

(26) 피처(Pitcher) : 물주전자

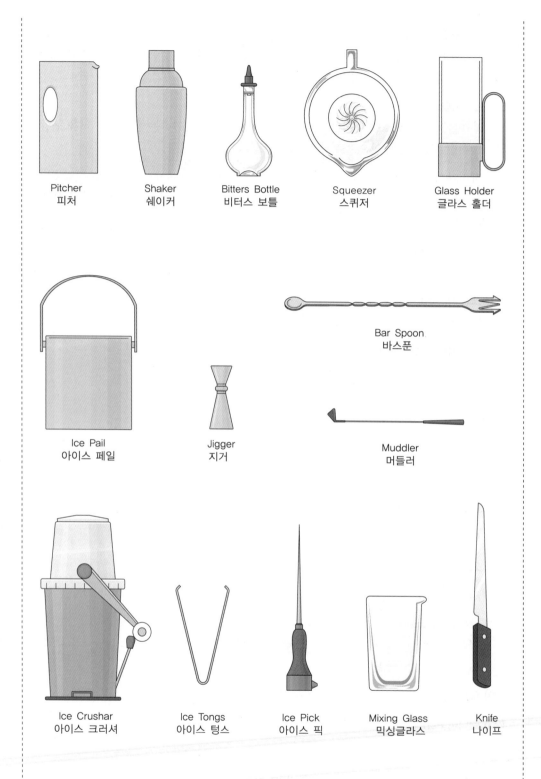

Pitcher
피처

Shaker
쉐이커

Bitters Bottle
비터스 보틀

Squeezer
스퀴저

Glass Holder
글라스 홀더

Ice Pail
아이스 페일

Jigger
지거

Bar Spoon
바스푼

Muddler
머들러

Ice Crushar
아이스 크러셔

Ice Tongs
아이스 텅스

Ice Pick
아이스 픽

Mixing Glass
믹싱글라스

Knife
나이프

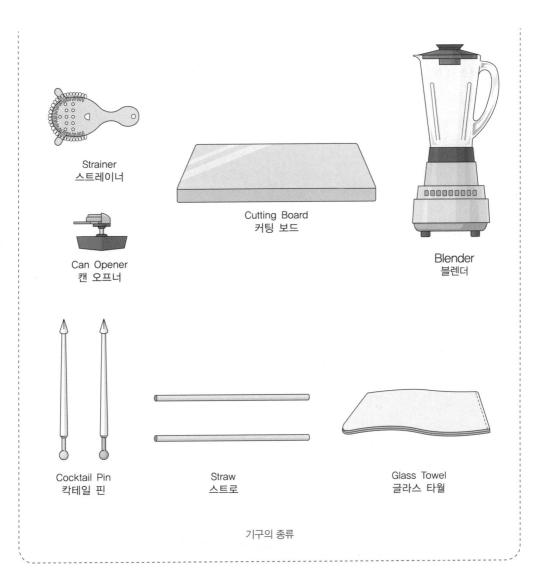

Strainer
스트레이너

Can Opener
캔 오프너

Cutting Board
커팅 보드

Blender
블렌더

Cocktail Pin
칵테일 핀

Straw
스트로

Glass Towel
글라스 타월

기구의 종류

2) 글라스(Glass Ware)

(1) 글라스의 부분별 명칭

스템(Stem)이 있는 글라스에는 얼음이 들어가지 않으므로 별도로 글라스를 냉각하여 사용하며 반드시 글라스의 스템을 잡는다. 스템이 없는 글라스에는 얼음이 들어가며 몸통의 1/2 아랫부분을 잡는다.

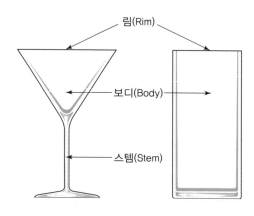

글라스의 부분별 명칭

(2) 글라스의 취급법

① 글라스는 세척한 후 깨끗이 건조하여 손님에게 제공하도록 한다.
② 특히 여성이 사용한 경우는 립스틱이 묻어 있을 수 있으므로 손으로 깨끗이 씻은 후 글라스 워셔(Glass Washer)에 넣도록 한다.
③ 글라스는 유리로 만들어져 투명하므로 깨끗이 세척하여 손자국 등의 불순물이 남지 않도록 보관한다.
④ 글라스를 손님에게 낼 때는 손님의 오른쪽에서 코스터를 깔고 그 위에 글라스를 놓는다.
⑤ 스템이 있는 글라스는 스템을 잡으며, 스템이 없는 글라스는 아랫부분을 잡고 제공한다. 글라스의 림 부분에는 손이 닿지 않도록 위생적으로 취급하여야 한다.
⑥ 수시로 글라스의 보관상태를 파악하여 불결하거나 금이 간 것 등이 손님에게 제공되지 않도록 하여야 한다.

(3) 글라스의 종류

❶ 고블릿(Goblet, Cobbler) 글라스

① 용량 : 10oz

② 독일의 맥주용 글라스이지만 물이나 주스 등의 청량음료용으로도 사용한다.

❷ 브랜디(Brandy, Snifter, Cognac) 글라스

① 용량 : 6oz, 8oz, 10oz, 12oz

② 브랜디 또는 코냑을 스트레이트로 마실 때 사용한다.

③ 글라스를 예열하여 따뜻하게 사용한다.

④ 글라스를 수평으로 눕혀 글라스의 크기에 관계없이 1oz만 따른다.

⑤ 글라스를 두 손으로 감싸 쥐고 상온에서 마신다.(식후에 마신다.)

❸ 리큐르(Liqueur, Cordial, Pousse-Cafe) 글라스

① 용량 : 1oz

② 증류주 또는 혼성주를 스트레이트로 마실 때 사용한다.

③ Float Style의 칵테일을 만들 때 사용한다.

❹ 사우어(Sour) 글라스

① 용량 : 5oz, 6oz

② 신맛이 있는 사우어용 글라스로 샴페인이나 와인 등을 마실 때도 사용한다.

❺ 샴페인(Champagne) 글라스

① 용량 : 4oz, 5oz, 6oz

② 건배용으로 쓰는 윗부분이 넓고 둥근 모양의 소서(Saucer)형과 식사용으로 쓰는 윗부분이 좁고 긴 모양의 플루트(Flute)형이 있는데, 칵테일에서는 소스형을 많이 사용한다.

③ 크림, 우유, 달걀 등을 사용하여 거품이 많이 있는 칵테일용 글라스이다.

❻ 샷(Shot, Whisky, Straight) 글라스

① 용량 : 1oz

② 증류주의 스트레이트용, 특히 위스키를 마실 때 사용한다.

❼ 쉐리와인(Sherry Wine, Double Straight) 글라스

① 용량 : 2oz, 3oz, 4oz

② 스페인산 백포도주인 Sherry Wine을 마실 때 사용한다.

③ 스트레이트를 더블로 마실 때 사용한다.

❽ 에그노그(Egg Nog, Zombie, Chimney) 글라스

① 용량 : 10oz, 12oz

② 달걀을 넣어 만드는 대표적 크리스마스 음료인 에그노그 칵테일 또는 좀비 칵테일을 만들 때 사용한다.

❾ 온더락(On The Rocks, Old Fashioned) 글라스

① 용량 : 5oz, 6oz

② 온더락 또는 올드 패션드 칵테일에 사용한다.

❿ 저그(Jug) : 용량은 10oz 이상으로 손잡이가 있는 글라스이다.

⓫ 칵테일(Cocktail) 글라스

① 용량 : 2.5oz, 3oz, 4oz

② 일반적인 칵테일에 주로 사용한다.

⓬ 콜린스(Collins) 글라스

① 용량 : 10oz, 12oz

② 대표적인 롱드링크용 글라스이며 스트로를 꽂아 서브한다.

⓭ 텀블러(Tumbler) 글라스

스템이 없는 묵직한 형태의 글라스를 총칭하는 것으로 뜨거운 음료용으로 많이 사용한다.

⓮ 파르페(Parfait) 글라스

① 용량 : 5oz, 6oz

② 아이스크림, 과일 등이 들어가는 파르페용 글라스이다.

⓯ 포트와인(Port Wine) 글라스

① 용량 : 4oz, 5oz, 6oz

② 포르투갈의 적포도주인 Port Wine을 마실 때 사용한다.

⓰ 필즈너(Pilsner) 글라스

① 용량 : 10oz

② 체코의 맥주용 글라스이나 청량음료용으로도 사용한다.

⓱ 하이볼(Highball) 글라스

① 용량 : 6oz, 8oz

② 청량음료를 혼합한 하이볼을 만들 때 사용한다.

Whisky Glass
위스키 글라스

Liqueur Glass
리큐르 글라스

Old Fashioned Glass
올드 패션드 글라스

Tumbler
텀블러

Cocktail Glass
칵테일 글라스

Champagne Glass
샴페인 글라스

Collins Glass
콜린스 글라스

Sour Glass
사우어 글라스

Jug
저그

Wine Glass
와인 글라스

Brandy Glass
브랜디 글라스

Goblet
고블릿

글라스의 종류

02. 소프트 드링크

1) 탄산음료(Carbonated Beverage)

식품공전에서 "탄산음료란 먹는 물에 식품 또는 식품첨가물과 탄산가스를 혼합한 것이거나 탄산수에 식품 또는 식품첨가물을 가한 것을 말한다."라고 정의하고 있다.

탄산음료는 탄산가스로 인한 청량감과 위를 자극하여 식욕을 돋우는 효과도 있으며, 손쉽게 탄산수를 만들어주는 기계도 판매되고 있다.

(1) 소다수(Soda Water, Sparkling Water, Plain Soda, Club Soda)

물에 무기 염류와 탄산가스를 넣어 만든 것으로, 모든 탄산음료의 기본이 되며 단맛이 없다. 탄산가스를 함유한 천연 광천수도 있으나 인공적으로 탄산가스를 주입한 것이 대부분으로 1780년 무렵 영국에서 조셉 프리슬리(Joseph Priestley)에 의해 인공적인 탄산음료가 처음 발명되었다고 한다. 인공적으로 탄산음료의 이산화탄소를 만들 때 소다를 사용하기 때문에 소다수라고 한다. 그대로 마시기도 하지만 과즙이나 설탕, 시럽, 향신료 등을 첨가하여 만든 많은 종류의 2차 가공품이 있으며 칵테일에도 많이 쓰인다.

(2) 토닉워터(Tonic Water)

열대식민지에 파견된 영국인들의 말라리아를 예방하고 원기회복과 식욕증진을 위해 키니네, 레몬, 라임 등 여러 가지 향료식물을 원료로 만들어졌다. 칵테일의 부재료로 많이 쓰이는데 드라이진에 토닉워터를 넣어 만드는 진토닉의 부재료로 널리 알려져 있다.

(3) 콜린스믹서(Collins Mixer)

소다수에 레몬주스와 설탕을 혼합한 청량음료이다.

(4) 진저에일(Ginger Ale)

원래는 생강으로 만든 알코올 음료였으나 현재는 알코올 성분이 포함되어 있지 않고 생강향, 설탕, 탄산가스를 혼합한 순수 청량음료이다.

(5) 사이다(Cider)

유럽에서는 사과를 발효시켜 만든 과일주로 1~6% 정도의 알코올 성분이 들어 있으나 우리나라에서는 탄산수에 구연산, 감미료 등을 넣어 만든 순수한 청량음료를 칭한다.

(6) 콜라(Coke, Cola)

오늘날 미국문화를 대표하는 음료로 열대지방에서 자라는 콜라나무의 열매(Cola Nut) 속에 있는 콜라콩을 가공 처리하여 레몬, 오렌지, 시나몬, 바닐라 등의 향료를 첨가하여 만든다.

(7) 에이드(Ade)

과즙에 설탕을 넣고 물 또는 탄산수로 희석한 음료를 말한다. 미국에서는 과즙에 물을 넣어 희석한 것을 에이드(Ade), 탄산수로 희석한 것은 스쿼시(Squash)라 하여 구별한다.

소다수, 토닉워터, 콜린스믹서, 진저에일

2) 과즙음료(Fruit Juice Drink)

식품공전에서 "과즙음료란 과실의 착즙(과실퓨레를 가한 것을 포함한다.)을 희석한 것 또는 과실의 착즙(그 농축한 것을 포함) 또는 이것에 과실퓨레를 가하여 일반소비자가 희석하여 음용하는 것으로 하여 판매되는 것과 과즙(과실퓨레를 포함)이 음용 시 50% 이상 함유되는 것(과육음료를 제외)을 말한다."라고 정의하고 있다.

과일은 과육(果肉)과 과즙(果汁)이 풍부하고 단맛과 향기가 좋아 대부분의 사람들이 일상적으로 마시고 있다. 건강식이 강조되는 요즘 암을 예방하는 식품, 장수식품 등에 빠지지 않는 것이 과일이다. 과일에는 비타민, 무기질, 섬유질 등의 영양소가 풍부하고 신선한 맛과 향이 뛰어난 것이 많다. 다양한 종류의 과일이 있고, 그만큼 자주 먹기도 하지만 과일에 대해 정확한 지식을 갖고 있는 경우는 많지 않다.

모든 음식과 마찬가지로 온도에 따라 과일의 맛에 많은 차이가 있다. 냉장고에 두었던 차가운 사과는 상쾌한 신맛을 느낄 수 있는데 비해 따뜻한 곳에 보관했던 과일은 단맛은 강하지만 상쾌한 맛은 없다. 따라서 과일은 차게 해서 먹는 것이 상쾌한 맛을 얻을 수 있는데, 과일의 종류에 따라 차이가 있으나 상쾌한 맛을 즐기는 적당한 온도는 10℃ 전후이다.

신선한 과일을 고르는 법, 보관하는 법 등 주재료가 되는 과일들의 특성을 잘 이해함으로써 다양한 과일음료를 맛있게 만들 수 있다.

(1) 과일의 분류

과육이 발달된 형태에 따라 다음과 같이 분류한다.

① **인과류(仁果類)**

꽃턱이 발달하여 과육부(果肉部)를 형성한 것으로, 꼭지와 배꼽이 서로 반대편에 있는 사과, 배, 비파 등이 이에 속한다.

② **준인과류(準仁果類)**

씨방이 발달하여 과육이 된 것으로 감, 감귤류가 이에 속한다.

③ **핵과류(核果類)**

내과피(內果皮)가 단단한 핵을 이루고 그 속에 씨가 들어 있으며 중과피가 과육을 이루고 있는 것으로 복숭아, 매실, 살구 등이 이에 속한다.

④ **장과류(漿果類)**

꽃턱이 두꺼운 주머니 모양이고 육질이 부드러우며 즙이 많은 과일로 포도, 무화과, 딸기, 바나나, 파인애플 등이 이에 속한다.

⑤ **견과류(堅果類)**

외피가 단단하고 식용부위는 곡류나 두류처럼 떡잎으로 된 것으로 밤, 호두, 잣 등이 이에 속한다.

(2) 과일의 종류와 고르는 방법, 보관법

많은 종류의 과일이 있으나 과일주스나 스무디 등에 많이 쓰이는 과일류와 과채류의 특징을 살펴보면 다음과 같다.

① **바나나(Banana)**

바나나는 섬유질과 비타민 C를 비교적 많이 함유하고 지방과 콜레스테롤이 전혀 없으며, 포만감이 있어 다이어트식으로도 많이 이용한다. 색이 강하지 않고 좋은 풍미와 식감이 있어 스무디를 만들 때 기본 베이스 과일로도 많이 이용한다.

바나나의 종류는 카벤디쉬(cavendish), 그로 미쉘(gros michel) 등 400여 종이 넘으며, 시중에 유통되는 바나나의 대부분은 카벤디쉬 품종이다.

- **고르는 방법** : 바나나는 수확 후에도 호흡작용을 계속하므로 시간이 지나면 연부된다. 껍질에 갈색의 반점이 있는 상태가 가장 달고 맛있는 상태이므로 구입 즉시 먹을 것이면 갈색의 반점이 있는 바나나를 고르는 것이 좋으며, 실온에 보관하여 갈색 반점이 생길 때 먹는 것도 하나의 방법이다. 그러나 당뇨병 환자는 반점이 전혀 없고 끝부분이 약간 녹색을 띠는 노란색 바나나가 좋다.
- **보관방법** : 바나나는 녹색 상태에서 수확하여 후숙을 거쳐야 먹을 수 있는 상태가 되므로 온도, 통풍, 습도조절이 매우 중요하며 일단 노란색으로 변한 뒤에는 4~5일 정도 실온에서 보관이 가능하다. 덜 익은 상태이면 상온에 1~2일 정도 두면 된다. 바나나는 열대과일이므로 저온에서는 냉해를 입어 검게 변하며 최저 안전온도는 13℃이다.

② 파인애플(Pineapple)

파인애플은 단백질 소화효소인 브로멜린(bromeline)과 신진대사 기능을 촉진하는 비타민 B₁을 함유하는 건강과일이라 할 수 있다. 브로멜린은 육류의 연화제로도 이용되며 소화를 돕는다. 또한 파인애플은 지방과 콜레스테롤이 전혀 없으며 단맛과 신맛이 조화된 맛과 상큼한 향기를 지닌 열대과일로 시원한 과즙과 비타민 C가 풍부하다. 파인애플의 종류는 100여 종 이상으로 크게 카이엔(cayenne)과 퀸(queen)으로 나눌 수 있는데 카이엔 품종이 일반적이다.

- **고르는 방법** : 파인애플은 후숙이 일어나지 않으므로 다 익었을 때 수확한다. 껍질 색깔이 파인 애플의 당도를 나타내는 것은 아니므로 신선해 보이는 것을 구입하는 것이 좋다. 파인애플은 익으면 과육이 투명해지며 잎 주위와 아랫부분에 따라 단맛의 차이가 많다. 가장 맛있을 때는 껍질이 1/3 정도 녹색에서 노란색으로 바뀌고 단 냄새가 강하게 날 때이다. 완전히 숙성된 것은 냉장고에 저장한다. 잎이 작고 손가락으로 눌렀을 때 물렁한 곳이 없는 것을 고른다.
- **보관방법** : 잎 부분을 아래로 향하게 하여 서늘한 곳에 보관하는 것이 좋으며, 오래 두고 먹을 것이면 적당한 크기로 잘라 밀폐용기에 넣어 냉동 보관한다.

③ 파파야(Papaya)

파파야는 비타민 C 함량이 높다. 부드럽고 얇은 껍질을 가진 타원형의 열매로 잘 익으면 껍질은 노랗게 되며 속은 황색을 띠고, 작고 검은 많은 양의 씨가 열매의 중심에 모여 있다. 잘 익은 파파야는 세로로 반을 잘라 씨를 빼고 스푼으로 떠먹거나 요구르트, 아이스크림 등을 곁들이면 상큼하고 시원한 맛을 느낄 수 있다. 파파야에는 파파인(papain)이라는 단백질 소화효소가 있어 육류연화제로 고기요리에 많이 이용되며 종자는 독특한 맛이 있어 향신료로 쓴다.

- **고르는 방법** : 모양이 예쁘고 표피가 깨끗한 것이 좋으며 모양은 타원형과 표주박형이 있는데 맛의 차이는 없다. 과피의 절반이 황색인 것을 고르는 것이 좋고 과피의 전체가 바나나와 같이 노란색이 되면 바로 먹을 수 있다. 푸른 색깔을 띠는 파파야는 상온에 2~3일 보관하여 절반 이상이 노란색이 될 때까지 기다리는 것이 좋다.
- **보관방법** : 파파야는 실온상태에서 3~5일간 보관하면 익게 된다. 익은 파파야는 냉장고에서 1주일 정도 보관이 가능하다. 찬 공기는 후숙을 억제하므로 익지 않은 파파야는 냉장고에 보관하지 않는다.

④ 망고(Mango)

독특한 향과 달콤한 맛이 나는 아열대 과일로 비타민 A와 비타민 C를 많이 함유하고 있다. 과피는 단단하고 얇으며 완숙하면 담황색이 되고, 과육은 담적색으로 과즙이 많고 단단하며 넓적한 종자가 있다. 덜 익은 것은 신맛이 강한데 완숙되면 단맛과 신맛이 조화를 이루어 특유의 향과 함께 좋은 맛을 낸다.

- **고르는 방법** : 망고는 매끈하고 깨끗한 것으로 표면에 검은 반점과 멍이 없고 단단한 것이 좋다. 잘 익은 망고는 꼭지부분에서 특유의 향기를 발산하며 노란색을 띤다.
- **보관방법** : 실온에서 보관하면 자연 숙성이 된다. 냉장고에 보관하면 최대 5일 정도 보관이 가능하다. 그러나 7~8℃ 이하로 저장하면 냉해를 입기 쉽다.

⑤ 키위(Kiwi)

뉴질랜드 새인 키위와 닮았다고 해서 붙여진 이름으로 우리나라에서는 참다래라 불린다. 비타민 C가 다량 함유되어 있고 나트륨은 적고 칼륨은 많이 함유되어 고혈압 예방에 좋다. 작은 초록색 과일로 국내에는 칠레와 뉴질랜드산이 많이 수입되고 있다. 칠레산은 4~7월, 뉴질랜드산은 5~12월에 주로 유통되며 국내산 키위는 10월에 수확하여 다음 해 5월까지 유통된다.

- 고르는 방법 : 키위는 딱딱하고 녹색일 때 수확하여 후숙을 통해 익힌다. 살짝 눌러 탄력이 있고 약간 부드러운 것이 좋다.
- 보관방법 :가장 적당한 보관 온도는 0℃로 서늘하고 통풍이 잘 되는 곳에 보관한다. 아직 단단하고 덜 익은 상태라면 실온에서 며칠간 보관하면 자연스럽게 숙성이 진행되며, 잘 익은 것은 냉장고에 넣어 두면 1~2주 정도 보관할 수 있다.

⑥ 오렌지(Orange)

섬유질과 비타민 C가 풍부한 달콤한 과일로 네이블(Navel)과 발렌시아(Valencia)로 나눌 수 있는데 네이블은 생과용, 발렌시아는 주스용으로 많이 쓰이고 있다. 네이블은 가장 인기 있는 품종으로 씨가 없고 껍질을 벗기기 쉬울 뿐 아니라 오렌지 밑부분의 꼭지가 배꼽 모양처럼 생겼다. 네이블은 11월부터 5월까지 단맛이나 과즙이 가장 풍부하고 먹기에도 좋다. 발렌시아는 밑바닥의 꼭지에 특징이 없으며 잘라보면 과육에 몇 개의 씨가 들어 있다. 발렌시아 오렌지는 과즙이 많기 때문에 주스를 만들면 더욱 신선한 맛을 느낄 수 있으며 6월부터 10월까지가 단맛과 과즙이 많으며 씨가 적다.

- 고르는 방법 : 형태는 둥글고 견고하며 무거운 것으로 껍질이 부드럽고 붉은 빛이 강한 오렌지가 더 맛있다.
- 보관방법 : 오렌지의 적당한 보관 온도는 7~9℃로 서늘하고 통풍이 잘 되는 곳에 보관하며 실온에서는 1~2일 정도 보관할 수 있으나 그 다음에는 반드시 냉장고에 보관해야 한다.

⑦ 그레이프프루트(Grapefruit)

열매가 포도송이처럼 여러 개 맺힌다 하여 붙여진 이름으로 우리나라에서는 보통 자몽이라 부른다. 크기는 어른 주먹보다 약간 큰 정도이고 껍질은 매끄럽고 담황색이다. 과육은 매우 연하고 즙이 많으며 백색인데 쓴맛을 내는 물질인 나린진(naringin)을 함유하여 약간 쓰지만 오히려 상쾌한 맛이 난다. 당도가 낮고 식이 섬유소가 많으며, 특히 비타민 C가 풍부하여 한 개당 하루 필요량을 훨씬 초과하는 100mg의 비타민 C를 함유하고 있어 감기예방과 피로회복, 숙취해소에 좋다.

⑧ 레몬(Lemon)

오래전부터 비타민 C의 공급원으로 이용된 레몬은 요리와 청량음료 및 홍차, 허브티 등 일상용의 음료에도 많이 이용하고 있다. 미국의 캘리포니아를 비롯하여 이탈리아, 오스트레일리아 등에서 많이 재배하는데 지중해 연안에서 재배하는 것이 품질이 가장 좋다. 껍질의 색상이 선명한 노란색이며 만졌을 때 단단하고 무게감이 있는 것이 신선하고 즙이 많다. 레몬의 표면은 약간 울퉁불퉁하기 때문에 소금물에 약간 담갔다가 차가운 물에 씻으면 레몬의 향을 유지할 수 있다.

⑨ 포도(Grape)

종류가 2,000여 종 이상으로 그중에 100여 종이 대규모로 경작된다. 국내에서는 캠벨(campbell)이 대부분을 차지하고 있으며, 색깔이 검고 진하며 단맛이 강하다.

포도의 단맛은 포도당과 과당으로 위(胃)에서 쉽게 소화 흡수되어 빠른 피로회복에 매우 효과적이다.

껍질이 아주 얇아 껍질째 먹는 포도로 유명한 레드 글로브(Red Globe)를 비롯하여 탐슨 시들리스(Thomson Seedless), 플레임 시들리스(Flame Seedless) 등이 있다. 시들리스(Seedless)라고 하는 포도들은 '씨가 없다'는 뜻으로 탐슨은 녹색, 플레임은 붉은색을 띠고 있다. 기타 레드 시들리스(Red Seedless), 루비 시들리스(Ruby Seedless), 엠페러(Emperor), 리비에르(Ribier) 등의 품종이 있다. 포도 단맛의 주성분은 포도당과 과당이며, 신맛은 주석산과 사과산이다. 비타민과 미네랄의 함량은 비교적 적다.

- **고르는 방법** : 껍질의 색깔이 전체적으로 고르게 퍼져 있고 포도송이가 탄력 있는 것으로 과육이 꽉 찬 것이 좋다. 주로 7~9월 사이에는 국내산 포도가 출하되고 3~6월 사이에는 수입 포도가 유통된다.
- **보관방법** : 실온에서 4일 정도 보관이 가능하며 더 오래 보관하려면 냉장고에 보관한다.

⑩ 사과(Apple)

전 세계적으로 25,000여 종 이상으로 알칼리성 식품으로서 주성분은 탄수화물이며 단백질과 지방이 비교적 적고 비타민 C와 칼륨, 나트륨, 칼슘 등의 무기질이 풍부하다. "하루에 사과 한 개를 먹으면 의사가 필요 없다."라는 말이 있을 정도로 비타민과 무기질이 풍부하여 건강을 유지하는 데 꼭 필요한 과일이다.

섬유질과 펙틴에 의한 정장작용과 혈당치의 정상화, 칼륨에 의한 혈압 강하, 사과산의 소염효과 등이 있다. 또한 사과의 유기산은 위액의 분비를 촉진하여 소화를 돕고 철분의 흡수도 높여 주며, 스트레스로 인한 긴장을 완화시켜 주는 진정작용도 뛰어나다.

껍질에 탄력이 있고 과육이 꽉 찬 느낌이 있으며, 손가락으로 튕겨 봤을 때 맑은 소리가 나는 것이 좋다. 이른 봄에서 여름에 저장된 것은 맛이 그다지 좋지 않을 수 있기 때문에 주의해서 골라야 한다. 이른 봄에서 여름 사이에는 냉장고에 보관하는 것이 좋다.

⑪ 배(Pear)

20여 종이 있으며 한국배, 중국배, 서양배가 잘 알려져 있다. 84~88% 정도가 수분으로 주성분은 탄수화물이고 당분과 유기산, 비타민 B와 C, 섬유소, 지방 등이 들어 있다. 특히 칼륨의 함량이 높아 체내의 대사에 좋다. 배는 효소가 많아 소화작용을 돕고, 육류에 연화작용을 하므로 조리에도 이용한다.

배는 껍질이 팽팽하며 무게가 무거운 것으로 껍질에 상처가 없는 것이 좋다. 품종에 따라 당도와 맛, 향기에 다소 차이가 있으나 우리나라에서 가장 많이 출하되는 품종은 신고배이다. 색상은 선명한 황갈색을 띠는 것이 적당히 익어 육질이나 당도 면에서 맛있다. 껍질은 너무 두껍지 않고 부드러운 것이 좋다.

⑫ 멜론(Melon)

비타민 C와 칼륨, 당질이 많이 함유되어 있으며, 수분이 많아 이뇨효과가 있고 멜론에 함유된 포도당과 과당은 피로회복에 좋다. 멜론은 영양보다는 식후의 디저트용으로 적합하다. 껍질에 상처가 없고 예쁜 원형으로 가지런하게 줄이 그어진 것을 고른다. 익으면서 향기가 강해지기 때문에 좋은 향기가 풍기는 것이 좋으며, 꼭지의 반대 부위를 엄지손가락으로 눌러 봐서 부드러울 때 먹는다.

멜론은 가능한 한 랩으로 싸거나 밀폐용기에 넣어 보관한다. 열대과일은 저온에서 상하기 쉬우므로 냉장고에 넣지 않는 것이 좋으며, 냉장고에 넣을 때는 반드시 익은 것을 넣는다.

⑬ 복숭아(Peach)

과육이 흰 백도와 황색인 황도로 크게 나눌 수 있으며 백도는 수분이 많고 부드러워 생과일로 이용하고 통조림 등의 가공용으로는 단단한 황도를 쓴다. 과육은 부드럽고 과즙이 많으며 프로비타민 A인 카로틴(carotene)과 칼륨 함유량이 비교적 많다. 주성분은 수분과 당분으로 여러 가지 에스테르(ester)와 아스파라긴산(aspartic acid)이 풍부하여 면역력을 길러 주고 식욕을 돋운다.

전체적으로 유백색을 띠고 잔털이 고루 퍼져 있는 것으로 크고 크기와 모양이 균일하며, 고유의 색택이 고르게 착색되고 육질은 단단하면서 연하고 당도가 높아 과즙이 많은 것을 고른다. 복숭아는 과육이 물러 변질하기 쉬우나 0~10℃로 냉장하면 2~3주 정도 신선도를 유지할 수 있다.

⑭ 딸기(Strawberry)

딸기는 풀딸기와 나무딸기가 있는데 우리가 흔히 먹는 양딸기는 풀딸기에 속하는 장미과의 다년생풀에서 열리는 것이며, 우리나라에 야생으로 서식하는 복분자(覆盆子)는 나무딸기로 허약한 병자가 먹고 원기를 회복하여 오줌을 누었더니 요강이 깨졌다는 이야기에서 붙여진 이름이다. 양딸기는 비닐하우스 재배를 하기 때문에 이른 봄부터 선을 보이고 있으나 제맛을 내는 것은 초여름에 제대로 익은 딸기이다.

딸기는 꼭지가 파릇파릇하고 과육이 광택이 있으며 붉은색이 꼭지 주위까지 퍼져 있는 것이 잘 익고 신선한 것으로, 보관할 때에는 꼭지를 떼지 않고 보관한다. 먼저 잘 씻고 난 후 꼭지를 떼는 것이 영양 손실을 줄일 수 있다. 딸기는 설탕을 쳐서 먹는 것보다는 꿀이나 우유, 요구르트, 유산균 음료 등을 뿌려 먹는 것이 좋다.

딸기의 붉은 색소인 안토시안(anthocyan)계 색소는 산성에서 선명한 적색을 내므로 딸기잼이나 딸기주스 등을 만들 때 레몬즙을 조금 첨가하면 아름다운 색을 얻을 수 있다.

⑮ 감(Persimmon)

감은 포도당과 과당이 많고, 특히 비타민 C가 사과의 8~10배 정도 들어 있다. 그러나 다른 과일과는 달리 유기산이 함유되지 않아 신맛이 없으며 탄닌(tannin)을 함유하여 떫은맛이 있다. 감은 여러 가지 약리작용이 있어 설사를 멎게 하고 배탈에 효과가 있는 것으로 알려져 있다. 한방에서는 만성 기관지염에 좋은 식품으로 알려져 있고 고혈압 환자에게 좋은 간식이며 비타민 C를 많이 함유하여, 특히 숙취예방에 좋다.

⑯ 수박(Water Melon)

여름철 대표 과실인 수박은 수분이 91%이고 당질이 많이 함유되어 있다. 당질은 과당과 포도당이 대부분이어서 무더운 계절에 갈증을 풀어주고 피로회복에 도움을 준다. 수박은 잘 익었는지 아닌지 외관상 변화가 없어 판별하기 어려워 경험적으로 감별하는데, 두드려 보았을 때 맑은 음이 나고 수박 특유의 줄무늬가 진하고 뚜렷하며 크기에 비해 가볍게 느껴지는 것이 좋다.

⑰ 토마토(Tomato)

"토마토가 빨갛게 익으면 의사 얼굴이 파랗게 변한다."라는 유럽 속담이 있다. 즉 의사가 필요없게 될 만큼 건강식품이라는 의미이다. 과채류에 속하는 토마토는 90% 정도가 수분이며 카로틴(carotene)과 비타민 C가 많이 들어 있다. 최근의 연구에 의하면 토마토에 들어 있는 리코펜(lycopene) 성분이 항암작용을 하는 것으로 밝혀졌다. 영국에서 "러브 애플"이라 부를 정도로 정력식품으로도 알려진 토마토는 만병통치약이라 할 수 있을 만큼 그 쓰임새가 많다. 빨간색 토마토는 줄기에 달린 채 완숙된 것이 아니라 꽃이 떨어진 자리, 즉 배꼽부분이 엷은 분홍색을 띨 무렵에 수확하여 출하하므로 신선도를 오래 유지시키려면 꼭지가 덜 마른 것을 골라야 한다. 그 밖에도 과육이 단단한 것이 좋으며 지나치게 익어 과피에 탄력이 없거나 진한 붉은색은 피한다.

(3) 과일주스

과일주스의 원료 과실은 수확 직후의 것이 가장 좋다. 과즙원료로는 껍질이 얇아 과즙이 많이 나오며 성분농도가 높은 품종을 택하고, 적당히 익고 신선하며 풍미가 좋아야 한다.

① 천연과일주스

과일을 짠 생즙 그대로 제품화하거나 소량의 설탕을 섞어 가공한 것으로 일반적으로 산이 강하고 향기가 좋다.

② 스쿼시(Squash)

과즙을 소다수로 희석한 것 또는 과즙 속에 과육의 알맹이가 함유되어 있는 형태의 과실 음료를 말한다.

③ 시럽

과즙 또는 과즙 농축액에 다량의 설탕과 향료 등을 넣어 만든다.

④ 분말과즙

과즙을 분말상태로 건조하여 물에 녹였을 때 마실 수 있도록 감미료, 산미료, 합성향료, 착색료 등을 첨가한 것이다.

⑤ 넥타(Nectar)

원래는 식물이 분비하는 꿀이나 감미로운 음료를 뜻한다. 착즙하기 어려운 과실을 원료로 하여 과피·종자 등을 제외한 과육을 미세화·균질화한 점조성의 과육음료로 주로 복숭아, 배, 살구, 파인애플 등이 이용된다.

⑥ **퓌레(Purée)**

과일을 마쇄하여 껍질, 씨 등을 걸러낸 것을 말한다.

⑦ **페이스트(Paste)**

과육을 잘게 다져 체에 거르거나 믹서에서 부드러운 상태로 만들어 설탕을 넣고 조려 만든다. 가열로 인한 살균효과로 보존성이 크다.

(4) 과일 가공품

① **젤리(Jelly)**

과실 또는 과즙에 설탕을 넣고 가열하여 농축 응고한 것이다.

② **잼(Jam)**

잼은 과실의 과육을 설탕과 함께 끓여 농축하여 만든 것으로 과실 본래의 형태를 남기지 않고 점성을 띠게 한 것이다.

③ **마멀레이드(Marmalade)**

젤리 속에 과실 또는 과피, 과육의 조각을 섞어 만든다.

④ **프리저브(Preserve)**

과육을 으깨지 않고 과일 전체 또는 크게 잘라 시럽에 넣고 조리하여 연하고 투명하게 된 상태를 말한다. 천천히 끓이는 것보다 빨리 끓이는 것이 맛과 향이 좋다.

(5) 생과일주스 만들 때 고려할 점

① 과일의 색은 크게 녹색·황색·적색으로 나눌 수 있으며, 두 종류 이상을 혼합하는 경우 가급적 같은 계통의 색깔을 혼합하는 것이 색이 아름답고 궁합도 잘 맞는다. 모양이나 향기 등이 비슷한 것을 사용하면 된다.

② 과일과 채소를 혼합하는 경우 과일의 비율이 높은 것이 먹기에 좋다.

③ 씨가 있는 과일은 미리 씨를 빼 두는 것이 좋다. 껍질과 씨에는 정유(精油) 성분이 있어 떫은맛과 쓴맛이 있으므로 이를 없애고 만드는 것이 색이 혼탁하지 않고 마실 때 식감도 좋다.

④ 과일을 미리 잘게 썰어 갈변을 방지하기 위하여 레몬즙을 약간 뿌려 보관해 두면 사용이 편리하다.

03 감미료

1) 시럽(Syrup)

당밀이나 설탕액에 천연과즙이나 인공향료, 색소 등을 넣고 농축하여 풍미를 나게 한 것으로 대부분의 시중제품은 식품첨가물인 착향료를 첨가하여 만들어진다. 커피 및 칵테일의 맛을 내기 위한 첨가물로 쓰이기도 하고, 물이나 소다수로 희석하여 청량음료로 만들기도 한다. 커피점에서 원두의 종류에 따라 커피맛이 달라지는 것처럼 어떤 종류의 시럽을 첨가하느냐에 따라 다양한 종류의 메뉴를 만들 수 있다. 현재 시중에는 다양한 브랜드의 50여 종 이상의 시럽이 유통되고 있으며 설탕시럽, 캐러멜시럽, 바닐라시럽, 초콜릿시럽, 화이트초콜릿시럽이 주로 사용되고 있다. 시럽을 사용할 때는 펌프를 이용하는데 브랜드마다 전용 펌프를 함께 판매하고 있다.

(1) 설탕 시럽(Sugar Syrup)
심플 시럽(Simple Syrup) 또는 플레인 시럽(Plain Syrup)이라고도 한다. 백설탕과 물을 1:1의 비율로 중탕하여 만드는데 설탕을 완전히 녹이지 않으면 결정이 생기므로 주의한다.

(2) 커피 시럽(Coffee Syrup)
커피의 향기를 분리·농축한 것을 시럽에 첨가한 것으로, 커피를 마실 때 시럽을 넣어 풍미를 더하거나 우유 및 아이스크림 등에 넣어 커피맛 우유나 아이스크림 등을 만들기도 한다.

(3) 초콜릿 시럽(Chocolate Syrup)
카카오 분말 또는 초콜릿 향을 첨가하여 만든 시럽으로, 주로 디저트 메뉴에 사용된다.

(4) 캐러멜 시럽(Caramel Syrup)
설탕을 캐러멜화하여 시럽으로 만든 것으로, 커피메뉴에 다양하게 활용할 수 있다.

(5) 바닐라 시럽(Vanilla Syrup)
열대지방에서 자라는 덩굴성 난(蘭)으로 이루어진 바닐라라는 식물의 꼬투리에서 추출한 향료인 바닐라 향료를 넣어 만든 시럽으로, 합성향료인 바닐린으로 대용 바닐라를 만들어 널리 사용하고 있다.

(6) 블루큐라소 시럽(Blue Curacao Syrup)
서인도제도에 있는 섬 이름으로 원료인 라라하(Laraha) 오렌지가 이 섬에서 재배되어 큐라소라는 이름이 붙었다.

(7) 그레나딘 시럽(Grenadine Syrup)
선홍색의 석류시럽으로, 주로 합성향료와 합성색소 등을 넣어 만든다. 칵테일의 부재료 및 소다수로 희석하여 청량음료로 만들기도 하는데, 칵테일의 부재료로 쓰이는 제품과 희석하여 청량음료로 쓰이는 제품은 차이가 있다.

(8) 메이플 시럽(Maple Syrup)

사탕단풍나무의 수액으로 만들기 때문에 단풍나무시럽이라고도 하며 와플이나 팬케이크 등의 토핑으로 이용하기도 한다.

(9) 아이리시 시럽(Irish Syrup)

아일랜드산의 아이리시 위스키 향이 나게 한 시럽으로 커피나 칵테일, 청량음료 등을 만들거나 와플 등 다양한 용도로 쓰인다.

(10) 시나몬 시럽(Cinnamon Syrup)

톡 쏘는 계피향이 매력인 시럽으로 커피 외에도 케이크, 빵, 과일, 사과잼 등에 널리 쓰이고 있다.

(11) 검 시럽(Gum Syrup)

설탕이 결정화되는 것을 방지하기 위해 설탕시럽에 아라비아 고무를 첨가하여 만든 무색, 무향의 설탕시럽이다.

(12) 아가베 시럽(Agave Syrup)

용설란의 일종인 아가베 선인장에서 착즙한 당액을 농축하여 만든 시럽이다.

2) 소스(Sauce)

소스란 맛이나 색을 내기 위해 음식에 넣거나 위에 끼얹는 걸쭉한 액체로, 커피에서는 시럽보다 강한 맛을 내거나 데커레이션(Decoration)을 위해 사용한다. 커피점에서는 초콜릿소스, 캐러멜소스, 화이트초콜릿소스 등을 주로 사용한다.

3) 설탕(Sugar, Sucrose)

넓은 의미로는 슈크로스(Sucrose) 외에 포도당, 과당, 맥아당, 유당, 갈락토오스 등과 같은 당류를 포함하지만 좁은 의미의 설탕은 슈크로스만을 뜻하며 여러 가지 당류 중 가장 많이 사용된다. 식품위생법에서 "설탕이란 사탕수수 또는 사탕무 등에서 추출한 당액 또는 원당을 정제한 백설탕, 갈색 설탕 등을 말한다."라고 정의하고 있다. 설탕은 사탕수수와 사탕무에서 얻으며 자당 또는 서당이라고도 한다.

(1) 백설탕(White Sugar, Castor Sugar)

순도 99.7% 이상으로 당액 또는 원당을 정제 가공한 백색 설탕을 말한다. 일상에서 가장 많이 사용하고 있는 설탕으로 입자가 작고 순도가 높으며 찬물에는 잘 녹지 않으므로 주로 뜨거운 음료에 사용한다.

(2) 그래뉼 슈거(Granulated Sugar)

입자의 크기는 백설탕과 비슷하나 순도 99.9%로 백설탕에 비해 순도가 높다. 맑은 광택이 있고 녹기 쉬운 성질을 갖고 있어 주로 콜라를 비롯한 음료용으로 사용되어 콜라당이라고도 부르며 제과, 제빵 전반에 가장 많이 사용한다.

(3) 브라운 슈거(Brown Sugar)

정제 과정에서 2차로 생산되는 설탕으로 백설탕과 흑설탕의 중간 결정으로 갈색 빛이 난다. 최근에는 당밀 비율을 조절하고 생산비용을 절감하기 위해 백설탕에 당밀을 첨가하여 만들기도 한다.

(4) 흑설탕(Dark Brown Sugar)

정제 과정 가운데 가장 마지막에 생산되는 설탕으로 캐러멜을 첨가한다. 당도는 백설탕, 갈색 설탕에 비해 낮지만 독특한 맛과 향이 있으며 색을 진하게 하는 호두파이 등 제과에 사용한다.

(5) 각설탕(Cube Sugar)

순도 99.7~99.8% 정도로 브라운과 화이트가 있으며 찬물에는 잘 녹지 않으므로 주로 뜨거운 음료에 사용한다.

(6) 파우더 슈거(Powdered Sugar)

백설탕을 밀가루처럼 곱게 분쇄한 설탕으로 분당이라고도 한다. 원당의 정제 및 결정화 과정에서 직접 체로 쳐 분말화시킨 100% 성분의 분당, 백설탕을 갈아서 3~5%의 전분을 첨가한 고화 방지용 분당, 시간이 지나도 녹거나 뿌옇게 변하지 않도록 밀입자에 유지를 코팅한 데코 스노우 등의 종류가 있다. 수분 함량이 낮아 바삭한 쿠키 종류나 폰당, 데커레이션 등에 사용한다.

(7) 커피 슈거(Coffee Sugar)

커피 전용의 연한 갈색 설탕으로 캐러멜 향을 첨가하여 만든다.

(8) 락 슈거(Rock Sugar)

순도가 높은 설탕액을 조려서 만든 결정이 큰 설탕으로 부서진 얼음덩어리처럼 생겨서 빙당(氷糖)이라고도 한다. 과실주나 리큐르 등을 만들 때 주로 사용한다.

(9) 프로스트 슈거(Frost Sugar)

주로 찬 음료 및 과일 드레싱용으로 사용하는 다공질 과립 형태의 설탕이다.

4) 기타 감미료

(1) 벌꿀(Honey)

꿀벌이 꽃의 밀선에서 빨아내어 축적한 감미료로 '꿀'로 줄여 부르며, 빛깔 · 향기 · 맛 · 성분은 벌이나 꽃의 종류에 따라 다르다.

(2) 올리고당(Oligosaccharides)

올리고당은 콩, 양파, 마늘, 바나나, 감자 등의 식물에 소량 함유되어 있으나 올리고당의 함량이 적기 때문에 공업적 효소를 이용하여 대량 생산한다. 설탕과 물리적인 특성이 매우 비슷하고 감미도는 설탕의 20~40% 정도이다. 당류로서 현재 이용되는 올리고당에는 프락토올리고당, 대두올리고당, 말토올리고당, 갈락토올리고당, 이소말토올리고당, 자일로올리고당, 아가로올리고당 등이 있다.

(3) 물엿(Starch Syrup)

전분을 산 또는 효소로 가수분해(당화)하여 만드는 점조성의 감미물질로 산당화 물엿, 효소당화 물엿(맥아물엿)의 두 가지가 있다.

카페 메뉴

오늘날 커피 전문점에서 판매하는 커피 음료는 대부분 에스프레소 머신에서 추출한 에스프레소에 우유, 초콜릿, 시럽 등의 부재료를 첨가하는 방식으로 만들어진다. 즉, 커피전문점에서 파는 대부분의 커피 음료가 에스프레소를 기본 베이스로 하여 만들어지며, 그 외의 메뉴로는 녹차 및 홍차, 과일주스, 스무디 등을 들 수 있다.

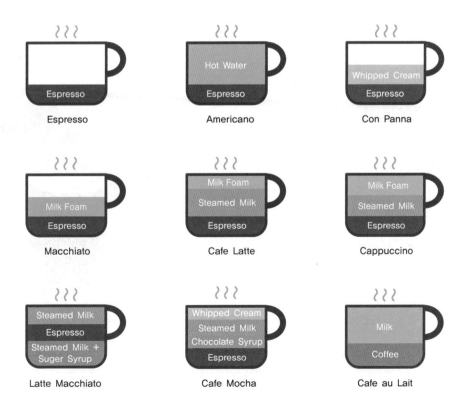

Espresso	Americano	Con Panna
Macchiato	Cafe Latte	Cappuccino
Latte Macchiato	Cafe Mocha	Cafe au Lait

01 · 에스프레소 커피 음료 및 아이스커피 음료

1) 에스프레소(Espresso)

에스프레소는 커피의 강한 맛을 음미하기 위해 부재료를 섞지 않고 그대로 마시는 음료로, 추출량에 따라 다음과 같이 나눈다.

(1) 솔로(Solo/싱글 Single)
가장 기본적인 스타일로, 7~9g의 원두로 예열된 데미타세 잔(Demitasse Glass)에 25~30mL 분량을 추출한다.

(2) 도피오(Doppio/더블 Double)
15~18g의 원두로 50~60mL 분량을 추출한다. 즉 에스프레소 두 잔 분량을 한 잔에 추출하는 것이다.

(3) 리스트레토(Ristretto)
7~9g의 원두로 20~25mL 분량을 추출한다. 추출시간이 길어지면 잡미도 추출되므로 좋은 향미만을 얻기 위해 추출시간을 짧게 한 것이다.

(4) 룽고(Lungo)
7~9g의 원두로 50mL 분량을 추출한다.

2) 아메리카노(Americano)

에스프레소를 물로 희석하여 묽게 만든 블랙커피로 미국에서 시작된 것이라 하여 '아메리카노'라 부르는데, 우리나라에서도 가장 인기 있는 메뉴 중 하나이다.
에스프레소의 양과 물의 양에 따라 커피 맛에 많은 차이가 있다.

재료
에스프레소, 뜨거운 물, 아메리카노 잔

만드는 법
1 에스프레소를 추출한다.
2 아메리카노 잔에 뜨거운 물을 적당량 담고 에스프레소를 붓는다.

① 기호에 따라 에스프레소를 싱글 또는 더블을 넣어 만들며, 달게 마시고 싶다면 시럽을 추가한다.
② 에스프레소를 추출한 다음 에스프레소에 물을 붓기도 한다.

> **아이스 아메리카노**
>
> 아메리카노에 얼음(7~8개)을 추가하면 된다. 얼음이 녹으면 묽어지므로 에스프레소를 더블(2샷)로 넣어 만드는 것이 일반적이다.

3) 에스프레소 콘파냐(Espresso Con Panna)

이탈리아어로 콘은 "~를 넣은", 파냐는 "생크림"을 뜻한다. 즉 에스프레소에 생크림을 얹은 것이다. 에스프레소의 진한 커피맛을 부드러운 생크림이 감싸 부드럽고 달콤한 맛을 즐길 수 있다. 생크림과 에스프레소를 같이 마시는 것이 좋으며 기호에 따라 설탕, 시럽, 너츠(Nuts) 등을 토핑하기도 한다.

재료

에스프레소, 휘핑크림, 데미타세 잔

만드는 법

1 데미타세 잔에 에스프레소를 추출한다.
2 에스프레소 위에 생크림을 보기 좋게 얹는다.
3 기호에 따라 설탕, 시럽, 너츠 등으로 토핑한다.

4) 마키아토(Macchiato)

이탈리아어로 "얼룩진"이라는 뜻으로 데미타스 잔에 에스프레소를 추출하여 우유거품을 점을 찍듯 얹는다.

재료

에스프레소, 밀크폼(Milk Foam), 데미타세 잔

만드는 법

1 데미타세 잔에 에스프레소를 추출한다.
2 스팀밀크를 만든다.
3 에스프레소 위에 우유거품을 점을 찍듯 살짝 얹는다.
  (잔에 가득 채우기도 한다.)

5) 카페라테 마키아토(Cafe Latte Macchiato)

① 라테 마키아토 잔(8온스 유리잔)에 설탕시럽 20mL를 따른다.

② 스팀밀크를 만들어 ①의 잔에 2/3 정도를 붓고 잘 섞어준다.

③ 잠깐 기다렸다가 스팀밀크를 9부 정도 채운다.

④ 에스프레소를 추출하여 ③에 에스프레소의 흔적이 최소한 적게 남도록 하며 붓는다.

---

 ① 무지방우유 및 저지방우유 등으로는 스팀밀크가 잘 만들어지지 않으므로 일반 백색시유를 사용하는 것이 좋다.
② 스팀밀크, 에스프레소, 밀크폼의 3층으로 연출되는 시각적인 효과가 있다.
③ 설탕시럽 대신에 캐러멜, 헤이즐넛, 딸기, 바닐라, 아이리시 등 다양한 시럽을 사용하여 여러 가지 메뉴를 만들 수 있다. 얼음을 넣고 차게 만들면 아이스 메뉴가 된다.

---

6) 캐러멜 마키아토

① 커피 잔에 캐러멜 시럽을 20mL 정도 채운다.(시럽펌프를 1회 누르면 약 7mL 정도가 나온다.)

② 스팀밀크를 만들어 ①에 9부 정도 채운다.

③ 에스프레소를 추출하여 ②에 에스프레소의 흔적이 최소한 적게 남도록 하며 붓는다.

④ 캐러멜 소스를 자유로운 모양으로 예쁘게 드리즐(Drizzle)한다.

 드리즐이란 소스(캐러멜, 초콜릿 등)를 음료 위에 뿌려주는 것을 말한다.

---

7) 카페 프레도(Cafe Freddo)

프레도(Freddo)란 이탈리아어로 "거품이 있는 차가운 음료"를 말하는데, 단순하게 말하면 아이스커피를 쉐이킹한 것이다.

재료
에스프레소, 얼음, 물, 쉐이커

만드는 법
1 쉐이커에 얼음과 에스프레소 1온스, 물 5온스를 넣고 쉐이킹한다.
2 잔에 거품을 살리면서 붓는다.

8) 샤키라토(Cafe Shakerato)

단순하게 말하면 아이스 에스프레소라 할 수 있다. 에스프레소를 쉐이커에 넣고 얼음과 함께 흔들어 차갑게 만든다.

재료
에스프레소, 얼음, 쉐이커, 샤키라토 잔

만드는 법
1 에스프레소를 추출한다.
2 쉐이커에 얼음 몇 조각을 담고 1의 에스프레소를 붓는다.
3 쉐이커를 결합하여 차갑게 흔들어 준다.
4 샤키라토 잔에 담는다.

 ① 에스프레소를 얼음과 함께 흔들면 고운 거품이 많이 생기는데 잔에 따를 때 거품과 함께 따르면 부드러운 거품의 촉감과 시각적 효과를 함께 즐길 수 있다.
② 얼음이 녹으면 묽어지므로 에스프레소 더블(2샷)을 넣어 만들기도 한다.

9) 아포가토(Affogato)

아포가토(Affogato)는 이탈리아어로 "익사하다"라는 뜻으로, 아이스크림 위에 진한 에스프레소(Espresso)를 끼얹어 내는 디저트 음료이다. 에스프레소의 진한 커피향과 아이스크림의 부드럽고 달콤함을 동시에 즐길 수 있다.

재료
에스프레소, 아이스크림, 데미타세 잔, 아이스크림 잔

만드는 법
1 데미타세 잔에 에스프레소를 추출한다.
2 아이스크림 잔에 아이스크림 1스쿱(Scoop)을 담고 그 위에 에스프레소를 끼얹는다. 기호에 따라 견과류, 초콜릿 등을 토핑한다.

 ① 아이스크림에 에스프레소를 끼얹어 제공하면 아이스크림이 녹으므로, 따로 내어 먹기 직전에 끼얹는 것이 좋다.
② 캐러멜, 모카, 바닐라 등 다양한 시럽으로 아이스크림에 드리즐하기도 한다.

10) 카페라테(Cafe Latte)

라테는 우유를 뜻하는데, 카페라테는 에스프레소에 따뜻한 우유를 섞은 커피이다. 우유가 들어 있어 맛이 부드러워서 프랑스에서는 주로 아침에 마신다. 풍부한 거품이 특징인 카푸치노에 비해 거품이 거의 없거나 아주 적다.

재료
에스프레소, 우유, 스팀피처, 카페라테 잔

만드는 법
1 에스프레소 1온스를 카페라테 잔에 추출한다.
2 스팀밀크를 만든다. 이때 공기를 조금만 주입하여 거품이 조금만 형성되도록 한다.
3 스팀밀크를 붓고 라테아트로 마무리한다. 우유거품은 살짝만 얹는다.

 카페라테에 초콜릿시럽을 첨가하면 모카라테, 캐러멜시럽을 첨가하면 캐러멜라테가 된다. 기호에 따라 휘핑크림을 올리고 초콜릿소스, 캐러멜소스를 드리즐한다. 첨가하는 시럽의 종류에 따라 바닐라라테, 민트라테, 헤이즐넛라테 등 다양한 종류를 만들 수 있다.

---

(1) 아이스 카페라테

카페라테에 얼음(7~8개)을 추가하면 된다. 얼음이 녹으면 묽어지므로 에스프레소를 더블(2샷)로 넣어 만드는 것이 일반적이다.

(2) 고구마라테/녹차라테/곡물라테 등

카페라테에서 응용된 메뉴로 에스프레소 대신에 다른 종류의 재료를 사용하여 다양한 맛과 형태의 라테를 만들 수 있다.

① 스팀피처에 적량의 재료와 우유를 담는다.
② 롱스푼 등으로 가볍게 섞어준다.
③ 재료가 잘 섞이고 따뜻하도록 스팀을 잘 친 후 잔에 붓는다.

---

 ① 얼음 몇 개와 재료를 함께 블렌더(믹서)에 넣고 잘 혼합하여 아이스메뉴를 만들 수 있다.
② 다양한 종류의 라테를 만들 수 있는 페이스트 및 재료들이 시중에 판매되고 있다.

11) 카푸치노(Cappuccino)

진한 갈색의 커피 위에 우유거품을 얹은 모습이 이탈리아 카푸친 수도회 수도사들이 머리를 감추기 위해 쓴 모자와 닮았다고 하여 카푸치노라고 이름이 붙여졌다는 설과 카푸친 수도회 수도사들이 입던 옷의 색깔과 비슷하다고 하여 붙여졌다는 설 등 여러 가지 이야기가 전해진다.

재료
에스프레소, 우유, 카푸치노 잔, 스팀피처

만드는 법
1 에스프레소 1온스를 카푸치노 잔에 추출한다.
2 스팀밀크를 만들어 **1**에 붓고 우유거품을 올려 마무리한다.
3 우유거품 위에 계핏가루, 코코아가루 등을 살짝 뿌리기도 한다.

 우유를 너무 많이 붓지 않도록 하고, 우유거품은 1.5cm 이상이 되도록 만든다.

아이스 카푸치노

아이스 카푸치노를 만들 때 중요한 점은 우유거품의 온도로, 거품이 뜨거우면 전체적으로 미지근하고 애매한 맛이 되므로 주의한다. 거품기 또는 프렌치프레스에 차가운 우유를 넣고 상하로 펌프질하면 차가운 거품을 만들 수 있다. 얼음이 녹으면 묽어지므로 에스프레소를 더블(2샷)로 넣어 만드는 것이 일반적이다.

① 차가운 우유 120mL 정도를 거품기로 거품을 낸다.
② 컵에 얼음 몇 개를 담고 ①의 우유거품을 붓는다.
③ 에스프레소를 넣는다.

 기호에 따라 시나몬 파우더를 뿌려 준다.

12) 카페모카(Cafe Mocha)

초콜릿 향이 나는 예멘 모카커피에서 유래한 것으로, 에스프레소에 초콜릿시럽 또는 초콜릿가루를 넣어 인위적으로 초콜릿 맛을 강조한 커피이다.

재료
에스프레소, 초콜릿시럽, 초콜릿소스, 우유, 스팀피처, 카페모카 잔

만드는 법
1 카페모카 잔에 초콜릿시럽을 적량 펌핑한다.
2 에스프레소를 추출하여 1에 붓고 잘 섞는다.
3 스팀밀크를 붓고 휘핑크림을 올린 다음 시럽을 드리즐하여 장식한다.

 ① 잔의 크기에 따라 에스프레소를 30~60mL 정도 사용하여 커피의 풍미를 함께 살린다.
② 기호에 따라 휘핑크림을 생략하기도 하며, 땅콩가루나 슬라이스 아몬드를 살짝 얹어 주어도 좋다.
③ 시럽을 많이 사용하면 에스프레소의 풍미가 약해지므로 시럽양을 잘 조절하도록 한다.
④ 초콜릿시럽 외에도 캐러멜시럽, 바닐라시럽, 화이트초콜릿시럽 등 다양한 시럽으로 변화된 카페모카를 만들 수 있다.

> **아이스 카페모카**
> 카페모카에 얼음과 차가운 우유를 넣는다. 얼음이 녹아 맛이 묽어지지 않도록 에스프레소의 양을 알맞게 한다.

02 과일음료 및 기타 메뉴

1) 레몬에이드(Lemon Ade)

에이드란 천연과즙을 물로 희석한 음료를 말하며, 물 대신 탄산수로 희석한 것은 스쿼시(Squash)라고 한다. 레몬과 에이드를 합쳐 레모네이드(Lemonade)라 부르기도 한다. 기호에 따라 설탕이나 시럽으로 단맛을 가미한다.

재료
레몬 1개, 물(Hot 또는 Cold), 설탕시럽

만드는 법
1 레몬은 반으로 갈라 스쿼저(Squeezer)로 즙을 짠다.
2 잔에 레몬즙을 붓고 물을 적당히 채워 희석한다.
3 기호에 따라 설탕이나 시럽으로 단맛을 낸다.

① 생레몬 대신에 레몬청 또는 시중에 판매되는 레몬가루를 사용하기도 하며, 레몬 외에 라임이나 그레이프프루트 (Grapefruit) 등 다양한 과일로 만들 수 있다.

② 뜨거운 물로 희석하면 핫(Hot), 냉수로 희석하면 콜드(Cold)가 되는데 탄산수로 희석하여 레모네이드라 부르기도 한다.

③ 레모네이드를 만들 때 다양한 시럽을 넣어 화려한 컬러를 내기도 한다.

2) 프라푸치노(Frappuccino)

커피와 우유, 아이스크림 등을 얼음과 함께 갈아 차갑게 만든 음료이다. '프라푸치노'라는 상품명은 '프라페'와 '카 푸치노'의 합성어로 스타벅스의 등록 상표이므로 다른 업 소에서는 내용은 같지만 프리잔테(Frizzante), 프라페노 (Franppeno) 등 다른 상품명을 사용하고 있다. 프라푸치 노 파우더, 프라페노 파우더, 프리잔테 파우더 등 분유 냄 새가 나는 믹서제품을 기본으로 하여 만드는데, 어떤 제품 을 사용하여도 무방하며 커피 외에도 여러 재료를 사용하여 만든 다양한 이름의 프라푸치노가 있다.

블루베리 프라푸치노

재료

- **바닐라 프라푸치노** : 프라푸치노 파우더 40g, 우유, 얼음
- **카페 프라푸치노** : 에스프레소 60mL, 프라푸치노 파우더 40g, 우유, 얼음
- **모카 프라푸치노** : 에스프레소 30mL, 프라푸치노 파우더 20g, 초콜릿파우더(초콜릿소스) 20g, 우유, 얼음
- **캐러멜 프라푸치노** : 에스프레소 30mL, 프라푸치노 파우더 40g, 캐러멜시럽 10mL, 우유, 얼음
- **초콜릿칩 프라푸치노** : 에스프레소 30mL, 프라푸치노 파우더 40g, 초콜릿소스 10mL, 초콜릿칩 약간, 우유, 얼음
- **그린티 민트 초콜릿칩 프라푸치노** : 그린티 민트 초콜릿칩 파우더 15g, 프라푸치노 파우더 20g, 우유, 얼음
- **블루베리 프라푸치노** : 블루베리 파우더 15g, 프라푸치노 파우더 20g, 우유, 얼음

만드는 법

1 블렌더(믹서)에 모든 재료를 함께 넣고 간다.
2 컵에 담고 스트로를 꽂는다.

① 기호에 따라 휘핑크림, 시럽, 너츠(Nuts) 등을 올려도 좋다.

② 얼음을 어느 정도로 분쇄하느냐에 따라 식감이 달라지며, 아주 곱게 갈아 빨대로 먹기도 한다.

③ 얼음과 우유를 너무 많이 넣으면 농도가 묽어질 수 있으므로 사용하는 컵의 사이즈에 따라 분량을 조절하는 것 이 좋다.

3) 과일주스

과일주스는 커피매장에서 인기 있는 메뉴이다. 100% 생과일 또는 농축액을 희석시켜 만들거나 농축액에 생과일을 일부 섞어 만들기도 한다. 냉동과일이 시중에 판매되고 있으나 100% 생과일주스는 계절에 따라 원재료를 구하기 어려운 경우도 있고 품질과 가격이 일정하지도 않다. 한 가지 과일로 만들기도 하지만 기본 베이스 과일에 다른 과일을 혼합하여 특별한 맛을 내어 만들기도 한다. 과일주스를 만들 때 배를 조금 섞으면 단맛과 청량감이 상승된다.

4) 스무디(Smoothie)

스무디는 신선한 과일, 얼음, 우유, 요구르트 등을 함께 갈아 만든 음료로 밀크쉐이크와 비슷하지만 밀크쉐이크와는 달리 아이스크림이 들어가지 않는다. 천연과일의 신선함과 꿀이나 시럽 등의 달콤함이 조화되어 입안 가득 퍼지는 신선한 과일 향 그리고 부드럽게 넘어가는 먹는 즐거움까지 스무디는 음료로뿐만 아니라 천연과일들의 저마다 독특한 영양학적 특성 때문에 식사대용이나 간식으로도 아주 좋다. 딸기, 포도, 토마토, 바나나 등을 재료로 가장 많이 사용하고 있으며 이러한 과일 외에도 두부나 녹황색 채소 등 여러 가지 재료를 응용하여 만들 수 있다.

홍시 스무디

재료
- **바나나 스무디** : 바나나 1개, 파인애플 1개, 플레인 요구르트 1개, 우유 1/2컵, 얼음
- **딸기 스무디** : 딸기 100g, 아이스크림 1스쿱, 플레인 요구르트 1개, 레몬즙 2큰술, 얼음
- **파인애플 스무디** : 파인애플 슬라이스 4조각, 바닐라 아이스크림 1컵, 코코넛밀크(우유) 1컵, 얼음
- **베리베리 스무디** : 라즈베리 1/3컵, 블루베리 1/3컵, 딸기 4개, 플레인 요구르트 1개, 얼음
- **키위 스무디** : 키위 2개, 사과(중간 크기) 1/3개, 바나나 1/2개, 플레인 요구르트 1개, 얼음
- **두부 스무디** : 두부 1/4모, 바나나 1개, 플레인 요구르트 1개, 우유 1/4컵, 얼음
- **홍시 스무디** : 홍시 1개, 바나나 1/2개, 플레인 요구르트 1개, 우유 1/4컵, 얼음
- **블루베리 스무디** : 냉동 블루베리 100g, 플레인 요구르트 1개, 우유 1/4컵, 얼음

만드는 법
1 블렌더(믹서)에 재료를 함께 넣고 간다.
2 글라스에 담고 허브잎 등으로 장식한다.

5) 카페 칼루아(Cafe Kahlua)

칼루아는 멕시코술인 데킬라에 멕시코산 커피를 넣어 만든 술로서, 카페 칼루아는 여기에 에스프레소를 넣어 커피 맛이 어우러진 메뉴이다.

재료
에스프레소 1온스, 뜨거운 물 5온스, 설탕시럽 2/3온스, 칼루아 2/3온스, 휘핑크림, 설탕, 레몬조각

만드는 법
1 글라스의 가장자리에 레몬조각을 문지른 다음 설탕을 묻힌다.
2 에스프레소 1온스를 글라스에 붓고 설탕시럽을 넣고 잘 섞어준다.
3 조심스럽게 뜨거운 물을 붓고 칼루아를 붓는다.
4 휘핑크림으로 모양을 내며 마무리한다.

6) 아이리시 커피(Irish Coffee)

아일랜드산 아이리시 위스키를 커피에 넣어 조화롭게 만든 것으로, 추운 겨울 아일랜드의 더블린 공항에서 일하는 노동자들이 블랙커피의 힘으로 졸음을 이기고, 위스키의 따뜻함으로 추위를 녹이며 작업을 하였다고 한다.

재료
아이리시 위스키 1온스, 뜨거운 블랙커피, 레몬조각, 설탕, 아이리시 커피 기구세트

만드는 법
1 아이리시 커피 잔의 가장자리를 레몬조각으로 문지르고 설탕을 입힌다.
2 아이리시 위스키를 잔에 따른 다음 아이리시 커피 기구세트에 장착한다.
3 알코올램프에 불을 붙여 가열한다.
4 어느 정도 따뜻해지면 위스키에 불을 붙여 알코올 분을 살짝 휘발시킨다.
5 뜨거운 블랙커피를 적당량 붓는다.

7) 카페 로열(Cafe Royal)

'황제의 커피'라 불리는 카페 로열은 푸른 불꽃을 피우는 환상적인 분위기의 커피로 나폴레옹 황제가 즐겨 마신 데서 유래하였다고 전해진다. 각설탕에 브랜디를 붓고 불을 붙여 분위기를 연출하는 커피이다.

재료
뜨거운 블랙커피 120mL, 각설탕 1개, 코냑 1티스푼, 카페 로열 스푼

만드는 법
1 커피 잔에 블랙커피를 담는다.
2 카페 로열 스푼을 1의 잔 위에 걸치고 각설탕을 담는다.
3 코냑을 스푼에 붓고 불을 붙인다.
4 푸른 불꽃과 함께 각설탕이 녹으면 스푼으로 저어 마신다.

8) 글뤼바인(Gluhwein)

와인에 다양한 종류의 과일을 넣고 끓여 마시는 음료로, 유럽인에게 인기 있는 겨울철 음료이다. 독일어로는 '글뤼바인', 프랑스어로는 '뱅쇼(Vin Chaud)'라고 부르며 우리말로 해석하면 "데운 포도주"라는 뜻이다.

재료
레드와인 1병, 오렌지 1개, 배 1개, 레몬 1개, 통계피 1조각, 생강 슬라이스 3쪽, 정향 2알, 흑설탕 또는 벌꿀

만드는 법
1 과일은 깨끗이 씻어 껍질째 4등분한다.
2 통계피는 솔로 먼지를 털어내고 물로 깨끗이 닦아 준비한다.
3 와인을 주전자에 붓고 배에 정향을 꽂아 넣고 오렌지, 레몬, 통계피, 생강을 넣어 약한 불에서 20분 정도 끓인다. 기호에 따라 설탕이나 꿀을 넣는다.

9) 상그리아(Sangria)

상그리아는 스페인에서 와인에 여러 가지 과일을 넣어 차게 만드는 칵테일의 일종으로 우리나라의 과일화채를 연상하면 된다. 상그리아는 원래 적포도주 40~60%, 오렌지주스 20~30%, 소다수 20~30%를 섞은 다음 오렌지와 레몬을 잘게 썰어 넣고 만든다.

재료
적포도주(포도주스) 1병, 진저에일(토닉워터, 사이다) 1병, 계절과일
(사과, 오렌지, 레몬, 딸기, 키위, 방울토마토 등)

만드는 법
1 계절과일은 깨끗이 씻어 적당한 크기로 썬다.
2 큰 볼에 얼음과 포도주, 청량음료를 붓고 잘 섞어 준다.
3 손질한 과일을 2에 넣고 개인 잔에 덜어내어 마신다.

 ① 밀폐용기에 담아 냉장고에서 하루 정도 숙성시킨 다음 마시기 직전에 얼음을 띄우는 것이 좋다.
② 기호에 따라 다양한 레시피가 있으며 반드시 냉장고에 보관하여 차게 만들어야 한다.
③ 술을 좋아하지 않거나 어린이용으로 만들고 싶으면 적포도주 대신에 포도주스를 넣고 만들면 된다.

10) 아이스 티(Ice Tea)

홍차에 얼음을 띄워 차갑게 마시는 차로 1904년 미국 세인트루이스에서 열린 차 박람회에서 인도차를 홍보하던 중 날씨가 더워 얼음을 넣고 홍보를 한 것이 시초가 되었다.

재료
찻잎 2g, 온수 100mL, 시럽, 얼음

만드는 법
1 티포트에 찻잎을 넣고 80℃ 정도의 물을 부은 후 5분 정도 우린다.
2 거름망에 대고 우린 홍차를 따른다.
3 글라스에 얼음 몇 조각을 넣고 걸러낸 홍차를 붓는다.
4 기호에 따라 적당량의 시럽을 가미한다.

 ① 시중에 유통되는 아이스티용 믹서제품 및 티백제품 등을 주로 사용한다.
② 과일향이 첨가된 복숭아 아이스티 등 다양한 제품이 있다.

03 · 녹차와 홍차

1) 발효 정도에 따른 분류

(1) 불발효차(不醱酵茶)

솥에 찌거나 덖어 효소를 불활성화시켜 발효를 전혀 시키지 않은 차를 말하는데 녹차가 대표적이다.

(2) 반발효차(半醱酵茶)

10~60% 정도 적당히 발효시킨 것을 반발효차라 하며 중국차의 대명사라 할 수 있는 오룡차(烏龍茶), 포종차(包種茶), 백차(白茶), 화차(花茶) 등이 있다.

(3) 발효차(醱酵茶)

85% 이상 충분히 발효시킨 차로서 발효과정에서 독특한 향을 만든다. 홍차가 대표적으로 건조과정에서 수분을 65~70% 정도로 줄이고 열처리 건조한다. 다질링, 기문, 아삼, 우바 등이 있다.

(4) 후발효차(後醱酵茶)

100% 발효시킨 차로서 발효시킨 찻잎을 장시간 방치해 한층 더 발효를 진행시켜 만드는 황차(黃茶)와 흑차(黑茶)가 대표적이다. 황차는 전처리 후 찻잎을 높이 쌓아올려 건조시켜 만들며, 흑차는 전처리 후 찻잎을 높이 쌓아올려 곰팡이를 만들어 곰팡이 냄새가 강하고 검붉은색을 띤다. 보이차(普泥茶) 등이 있다.

2) 녹차(Green Tea)

녹차는 전혀 발효시키지 않는 점이 홍차와 다르다. 분말 형태의 말차(抹茶)가 있으나 녹차는 파쇄하지 않은 찻잎으로 만든 잎차이다.

(1) 녹차의 분류

① 수확시기에 따른 분류

녹차는 여러 가지 방법으로 분류할 수 있으나 보통 수확시기에 따라 다음과 같이 나눈다. 찻잎을 따는 시기가 빠를수록 차의 맛이 부드럽고 향이 좋은데, 일반적으로 우전차가 가장 품질이 좋고, 찻잎을 따는 시기가 늦어질수록 품질은 떨어진다.

- **우전차(雨前茶)**

  곡우(穀雨, 4월 20일~4월 21일) 전에 아주 어린 찻잎을 따서 만든 차로 가장 먼저 따는 것이기 때문에 차 맛이 여린 듯 은은하고 향이 진하고, 특상품으로 꼽으며 세작이나 중작, 대작보다 가격도 비싸다.

- 세작(細雀)

  우전 다음의 어린잎으로 만드는데 곡우에서 입하(立夏) 무렵의 고운 찻잎과 펴진 잎을 따서 만든 차로 가장 대중적인 차에 가까우며 색, 향, 맛을 골고루 즐길 수 있다.

- 중작(中雀)

  입하(立夏) 이후 6월 하순에서 7월 사이에 잎이 좀 더 자란 후 펴진 잎을 따서 만들며, 가장 대중화된 차라고 할 수 있다. 맛도 그렇게 떨어지지 않아 잘 마시면 녹차의 풍미를 충분히 즐길 수 있다.

- 대작(大雀)

  8월 하순에서 9월 상순까지의 한여름에 생산되는 차로, 조금 억세고 커서 녹차의 풍부한 맛을 내기 어려워 시중에 거의 유통되지 않는다.

② 찻잎의 모양에 따른 분류

찻잎 모양에 따라 참새의 혀를 닮은 작설차(雀舌茶), 매의 손톱과 닮은 응조차(鷹爪茶), 보리의 낱알을 닮은 맥과차(麥顆茶) 등이 있다.

③ 가공방법에 따른 분류

녹차는 증기로 쪄서 만드는 증제차(蒸製茶)와 가마솥에서 볶아서 만드는 덖음차(釜茶)로 나눈다. 증제차는 찻잎을 증기로 쪄서 비타민 C의 함량이 높고 찻잎은 진한 녹색을 띤다. 덖음차는 찻잎을 솥에서 바로 살짝 볶아 구수한 맛이 강한 것이 특징으로 우리나라와 중국의 녹차는 덖음차, 일본의 녹차는 증제차가 대부분이다.

(2) 녹차 우리기

차의 종류나 다기의 종류에 따라서 우리는 방법에 차이가 있지만 1인분 기준으로 녹차 2~3g을 80℃ 물 50cc에서 2분 정도 우리는 것이 일반적이다. 티백 녹차의 경우 잔을 데우고 80℃ 정도의 물을 부어 티백을 넣고 살짝 우려 첫 물은 버리고 다시 물을 부어 티백을 넣고 2분 정도 우려낸 후 티백은 건져낸다. 티백을 오래 담가두면 찻물의 색이 탁해지고 떫은맛이 강해진다.

차의 종류	차의 양(g)	물의 온도(℃)	물의 양(mL)	침출시간
고급	2	70	50	2분
중급	2.5	80	75	1분
대중품	3	열탕	100	30초

* 1인분 기준

3) 홍차(Black Tea)

대표적 발효차인 홍차는 동양에서는 차의 빛깔이 붉다고 하여 홍차(紅茶)라 하고, 영어로는 찻잎의 색깔이 검다고 하여 블랙 티(Black Tea)라고 한다.

네덜란드의 동인도회사가 중국 녹차를 배에 싣고 유럽으로 가져갈 때 적도를 통과하면서 뜨거운 태양열을 받아 유럽에 도착했을 때는 녹찻잎이 발효되어 검게 변해 있었다. 이것을 계기로 홍차가 만들어졌다고 하나 정확하지는 않으며 녹차를 만드는 과정에서 잘못되어 반발효차인 오룡차(烏龍茶) 및 홍차 등이 만들어졌다고도 한다.

최초의 홍차는 16세기 초 중국 남동부 푸젠성(福建省) 충안(崇安)에서 만들어진 것으로 전해지며, 오랫동안 중국 정부가 비밀에 부쳤으나 당시 최대의 차 소비국이었던 영국이 아편전쟁 이후 홍차제조법을 입수하는 데 성공하여 식민지인 인도, 스리랑카 등지에서 본격적인 재배를 시작하였다고 한다.

(1) 홍차의 분류

홍차의 원산지 및 가공방법, 품질, 수확시기, 우려내는 방식 등에 따라 여러 가지 방법으로 분류할 수 있다.

① 찻잎의 혼합에 따른 분류

- **스트레이트 차(Straight Tea)**
  차나무의 품종, 산지의 기후와 풍토 등에 따라 각기 개성이 다르므로 각 지역마다 독특한 풍미의 차가 만들어진다. 인도의 다질링(Darjeeling) 및 아삼(Assam), 스리랑카의 우바(Uva), 중국의 기문(Keemun) 등이 유명하다.

- **블렌디드 차(Blended Tea)**
  서로 다른 산지의 찻잎을 혼합하여 만든 차로 현재 판매되는 대부분의 홍차가 해당된다. 잉글리시 블랙퍼스트(English Breakfast), 오렌지 페코(Orange Pekoe) 등이 많이 알려져 있다.

- **플레버리 차(Flavory Tea)**
  제조과정에서 천연향료나 꽃 등 다른 향을 가미하여 만든 가향차를 말한다. 얼그레이(Earl Grey), 로열 블렌드(Royal Blend), 재스민(Jasmin), 애플(Apple) 등 많은 종류의 가향차들이 있다.

② 등급에 따른 분류

서양인들의 기호에 맞춰 분류한 것으로 찻잎이 달린 차나무의 부위나 형태에 따라 다르게 부른다.

(1) 플라워리 오렌지 페코(FOP ; Flowery Orange Pekoe)

줄기의 가장 끝에 있는 개화하지 않은 어린 새싹으로, 파쇄되지 않은 찻잎으로 된 홍차 중에서 가장 품질이 뛰어나다. 세로로 얇게 말린 FOP의 찻잎은 누런색을 띠는 어린 싹으로 팁(Tip)이라 불리는데 팁이 많을수록 품질이 뛰어나며 가격도 비싸다.

① 골든 플라워리 오렌지 페코(GFOP ; Golden Flowery Orange Pekoe)

② 티피 골든 플라워리 오렌지 페코(TGFOP ; Tippy Golden Flowery Orange Pekoe)

③ 파이니스트 티피 골든 플라워리 오렌지 페코(FTGFOP ; Finest Tippy Golden Flowery Orange Pekoe)

④ 스페셜 파이니스트 티피 골든 플라워리 오렌지 페코(SFTGFOP ; Special Finest Tippy Golden Flowery Orange Pekoe)

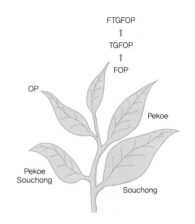

(2) 오렌지 페코(OP ; Orange Pekoe)

수확시기가 조금 늦은 줄기 끝에서 두 번째 잎으로 찻잎의 길이는 2~3mm 정도로 어린 싹을 포함하고 있으며 스리랑카 홍차에서 많이 볼 수 있다.

① 브로큰 오렌지 페코(Broken Orange Pekoe)

② 플라워리 브로큰 오렌지 페코(Flowery Broken Orange Pekoe)

③ 골든 브로큰 오렌지 페코(Golden Broken Orange Pekoe)

④ 티피 골든 브로큰 오렌지 페코(Tippy Golden Broken Orange Pekoe)

(3) 페코(P ; Pekoe) : 줄기 끝에서 세 번째 잎

(4) 페코 수숑(PS ; Pekoe Souchong) : 줄기 끝에서 네 번째 잎

(5) 수숑(S ; Souchong)

소종(小種)이란 뜻으로, 홍차를 만들 수 있는 찻잎 가운데 가장 크고 단단한 잎을 나타낸다.

③ 수확시기에 따른 분류

수확시기에 따라 품질과 풍미에 차이가 있으며, 산지에 따라 최적의 수확기가 다르므로 어느 시기의 것이 좋다고 단정할 수는 없으나 일반적으로 수확기가 빠를수록 품질이 좋다. 3~4월에 처음 수확하는 퍼스트 플러시(First Flush), 5~6월에 수확하는 세컨드 플러시(Second Flush), 가을철에 수확하는 어텀널(Autumnal)로 분류된다.

④ 차를 우려내는 방법에 따른 분류

차를 우려낼 때 찻잎 외의 다른 물질의 첨가 여부에 따라 스트레이트 티(Straight Tea)와 베리에이션 티(Variation Tea)로 나눌 수 있다. 스트레이트 티는 찻잎 외에 아무것도 첨가하지 않고 홍차 특유의 풍미를 즐기는 차이다. 베리에이션 티는 마시는 사람의 기호에 따라 우유, 허브, 과일, 스파이스(Spices) 등을 첨가하여 홍차에 변화를 주어 마시는 차이다.

(2) 세계 3대 홍차

① 기문(Keemun)

중국 안후이성(安徽省) 서남부의 치먼(祁門)에서 생산되는 중국을 대표하는 10대 명차 중 하나이다. 화사하고 달콤한 꽃향이 특징으로 카페인 함량이 매우 낮아 저녁에 마셔도 좋고 우유를 섞어 밀크티로 마시면 특유의 단맛을 느낄 수 있어 숙면에 도움을 준다.

② 다질링(Darjeeling)

인도 뱅골주 북단 히말라야 산맥의 고지대 다질링에서 재배된다. 홍차의 샴페인이라 불리는 밝고 옅은 오렌지색의 홍차로 가볍고 섬세한 맛과 머스캣향이 특징이다. 보통 3~11월이 수확기이며 3월 중순에서 4월에 첫물차가 생산되지만 6~7월의 두물차가 향기가 가장 강하다.

③ 우바(Uva)

스리랑카 남동부의 우바 고산지대에서 생산되는 홍차로 그 품질을 인정받고 있다. 계절풍인 몬순의 영향으로 떫은맛과 감칠맛, 상쾌한 과일향과 장미향의 진한 맛은 스트레이트는 물론 레몬을 넣거나 아이스티나 밀크티로 즐겨도 좋다.

④ 기타

- **아삼(Assam)**

  히말라야 남부에서 아삼고원에 이르는 세계 최대의 차 산지에서 재배되는데 영국인과 인도인이 가장 즐기는 홍차로 상쾌한 맛과 몰트(Malt) 향, 짙고 붉은 찻물의 색, 간결한 맛이 일품이다. 맛과 향이 강하기 때문에 주로 우유를 넣어 밀크티로 마시며, 잉글리시 블랙퍼스트(English Breakfast) 등의 블렌딩 홍차에 기본 재료로 쓰인다.

- **얼그레이(Earl Grey)**

  영국의 정치가인 얼 그레이(Earl Grey) 백작의 이름에서 유래된 것으로 감귤류의 일종인 베르가모트(Bergamotte) 향을 첨가하여 감귤류의 향기와 비슷한 강한 꽃향기가 느껴진다. 대부분의 홍차 제조업체에서 만들고 있으며, 제조업체에 따라 풍미의 차이가 있다.

B A R I S T A **CHAPTER 017** E S T A B L I S H E D C A F E

알코올 음료

01· 개념

1) 술의 정의

알코올 성분이 1% 이상 함유되어 있고 사람이 마실 수 있도록 만들어진 것을 말하며, 다음과 같이 정의하고 있다.

(1) 식품공전의 정의

주류라 함은 곡류, 서류, 과일류 및 전분질원료 등을 주원료로 하여 발효, 증류 등 제조·가공한 발효주, 증류주, 주정 등 주세법에서 규정한 주류를 말한다.

(2) 주세법의 정의

① 주정(酒精) : 희석하여 음료로 할 수 있는 에틸알코올을 말하며, 불순물이 포함되어 있어서 직접 음료로 할 수는 없으나 정제하면 음료로 할 수 있는 조주정(粗酒精)을 포함한다.

② 알코올분 1도 이상의 음료 : 용해(鎔解)하여 음료로 할 수 있는 가루 상태인 것을 포함하되, 약사법에 따른 의약품으로서 알코올분이 6도 미만인 것은 제외한다.

2) 술의 알코올 농도 표시법

술의 알코올 도수는 일정한 양의 물에 함유된 알코올의 비율을 말한다.

(1) 용량 퍼센트(Percent by Volume)

15℃에서 용량 100 중에 함유하는 순수 에틸알코올의 비율을 말하는 것으로, 우리나라에서는 주세법의 %의 숫자에 도(°)를 붙여 사용한다.

(2) 프루프(Proof)

미국의 알코올 농도 표시법으로 60℉(15.6℃)에서 물은 알코올 0Proof, 순수 에틸알코올은 200Proof로 하여 나타낸다. 우리나라 알코올 도수의 2배에 해당한다.

3) 제조방법에 따른 술의 분류

원료에 의한 분류, 주세법에 의한 분류, 제조방법에 의한 분류 등 다양한 형태로 분류할 수 있으나 일반적으로 제조방법에 의해 다음과 같이 분류한다.

(1) 발효주(양조주 Fermented Liquor)

빚어 만든 술을 말한다. 곡물 등의 당질 원료를 당화하여 효모(Yeast)를 넣고 발효하여 만든 가장 자연스러운 방법의 술로서 탁주, 정종, 맥주, 와인 등이 있다.

(2) 증류주(Distilled Liquor)

효모의 당분 분해작용으로 만들어진 발효액을 물과 알코올의 비등점의 차이를 이용하여 증류하여 만든 술로 소주, 고량주, 브랜디, 위스키, 럼, 진, 보드카, 테킬라 등이 있다.

(3) 혼성주(Liqueur)

발효주 또는 증류주에 약초, 향초, 열매, 뿌리, 껍질, 꽃 등을 담가 색, 맛, 향을 내고 설탕이나 벌꿀 등의 감미료를 넣어 만든 술로 색, 맛, 향이 다양하고 감미가 있다. 가양주(家釀酒), 슬로진, 카카오, 페퍼민트 등이 있다.

02. 발효주(Fermented Liquor)

효모의 당분 분해작용에 의해 만들어지는 술로서 양조주(釀造酒)라고도 한다. 효모의 성질상 알코올 농도가 낮으며 색상이 다양하고 여러 가지 영양물질을 많이 함유하고 있다. 원료가 당분을 함유하는 과실은 효모에 의하여 곧바로 발효를 할 수 있는 단발효주(單醱酵酒)와 전분질을 함유한 보리, 밀, 옥수수 등의 곡물은 일단 전분을 당분으로 당화하여 발효시키는 복발효주(復醱酵酒)로 나눈다.

1) 맥주(麥酒, Beer)

최초의 맥주는 곡식을 물에 불려 자연발효가 일어나면서 생긴 걸쭉한 음료로부터 얻었다. 알코올 함량이 비교적 낮아 기분 좋을 정도의 취기를 돌게 하는 맥주는 탄산가스와 쓴맛을 함유하고 있다.

BC 7000년경 보리가 재배되면서 빵이 만들어졌고, 그 과정에서 생겨난 빵부스러기를 모아 맥주를 만들었다고 한다. 그러다가 10세기를 전후하여 독일에서 맥주 제조에 처음으로 홉(Hop)을 사용하면서 맥주 특유의 풍미를 지니게 되었다.

(1) 맥주의 분류

① 원료에 의한 분류

- 몰트 맥주(Malt Beer) : 100% 맥아(麥芽)로만 만든 맥주

- 기타 : 쌀, 옥수수, 전분, 과일, 약초, 향료 등의 부원료를 첨가한 맥주

② 효모에 의한 분류

- 상면(표면)발효맥주 : 발효가 끝날 무렵 효모가 표면으로 떠오르는 표면발효 효모를 사용하여 만든 맥주로 보통 영국식 맥주라 부른다. 상온에서 발효시키고 숙성기간이 짧아 향이 풍부하고 쓴맛이 강하다. 대표적으로 영국의 에일 맥주(Ale Beer), 스타우트 맥주(Stout Beer), 포터 맥주(Porter Beer) 등이 있으며 알코올 도수도 4~11%로 다양하고 맛이 진하다.

- 하면(저면)발효맥주 : 발효온도 8℃가 적온으로 발효가 끝날 무렵 효모가 아래로 가라앉는 하면발효효모를 사용하여 만든 맥주로 독일식 맥주라 부른다. 낮은 온도에서 일정기간 숙성하는 맥주로, 우리나라를 비롯한 전 세계적으로 하면발효맥주가 대부분을 차지하며, 상면발효맥주에 비해 마시기 편하고 목 넘김이 부드러운 편이다.

③ 살균 유무에 의한 구분

- 라거 비어(Lager Beer) : 하면발효로 살균과정을 거쳐 만드는 맥주를 지칭하는 말로 현재 지구상에서 가장 많이 생산되고 소비되는 맥주이다. 병맥주, 캔맥주 등을 말하며, 열처리로 살균하므로 생맥주에 비해 청량감이 부족하다.

- 드래프트 비어(Draft Beer) : 살균과정을 거치지 않는 비살균맥주로 생맥주를 말한다.

④ 색에 의한 분류

맥아의 건조 조건에 따라 낮은 온도에서 건조하면 맥아의 색깔이 옅어지고, 높은 온도에서 건조하면 맥아의 색깔이 진해진다. 맥아의 색에 따라 맥주의 색이 결정되며, 보통 옅은 색 맥주를 담색맥주, 진한 색 맥주를 농색맥주라 부른다.

- 담색맥주 : 통상의 엷은 색 맥주를 말한다.
- 농색맥주 : 담색맥주에 비하여 깊고 풍부한 맛이 있다.
- 흑맥주 : 맥아를 까맣게 태우거나 색소를 사용하여 만든 암갈색 맥주로, 담색맥주에 비해 맛이 강하다.

(2) 맥주의 원료

① 보리

맥주용 보리는 식용보리와 구별되며 우리나라에서는 맥주보리라고 하면 일반적으로 2조 겉보리를 말하고, 가을보리에 속하는 2조종인 골든멜론(Goldenmelon)종이 많이 쓰인다. 우리나라에서는 남해안의 농촌에서 많이 재배하고 있으나 많은 양을 수입하고 있다.

② 홉(Hop)

작은 솔방울 모양으로 뽕나뭇과에 속하는 암수가 따로 된 다년생의 넝쿨식물로 원산지는 유럽이고 체코의 사츠(Saaz) 지방이 유명하다. 맥주 제조에는 수분되지 않은 순수한 암꽃을 사용하는데 암꽃의 안벽에 있는 황금색 꽃가루인 루풀린(Lupulin) 성분이 맥주 특유의 향기와 쓴맛을 나게 하고, 맥아즙 중의 단백질을 침전시켜 제품의 혼탁을 방지하여 맥주를 맑게 한다. 또한 잡균의 번식을 억제하여 맥주의 저장성을 높이고 맥주 거품을 보다 좋게 한다.

③ 효모(Yeast)

술의 제조에는 반드시 효모가 필요하며, 맥주효모는 순수 배양효모를 사용하고 상면발효효모와 하면발효효모가 있다. 자연효모를 이용한 맥주(벨기에 트라피스트 맥주)도 있다.

④ 물

맥주는 90% 이상이 물로 구성되어 있어 맥주의 양조 용수는 맥주 품질에 큰 영향을 미친다고 할 수 있다.

(3) 맥주를 맛있게 즐기는 법

① 직사광선을 피하여 보관하고, 충격을 주지 않는다.

② 맥주의 적당한 냉각온도는 여름 7~8℃, 겨울 10~12℃로 적온으로 차갑게 하여 적당히 거품이 일게 따른다.

③ 첨잔하지 않고, 맥주 글라스를 청결하게 한다.

(4) 간단한 맥주칵테일

손쉽게 만들 수 있는 맥주칵테일로 색다른 맥주의 맛을 즐길 수 있다. 맥주칵테일을 만들 때에는 얼음을 사용하지 않고 글라스와 사용하는 재료를 미리 차갑게 냉각하여 사용한다.

(1) 레드 아이(Red Eye)

숙취로 눈이 빨갛게 되었을 때 마신다고 하여 붙여진 이름으로 숙취해소에 좋다.

재료 맥주 1/2, 토마토주스 1/2

① 맥주와 토마토주스를 냉장고에 미리 넣어 잘 냉각한다.

② 맥주잔도 미리 냉각해 둔다.

③ 차가운 맥주잔에 토마토주스를 따르고 맥주를 채운 후 가볍게 저어준다.

(2) 블랙 비어(Black Beer)

맥주와 콜라를 섞은 것으로 '블랙 아이(Black Eye)' 또는 콜라의 달콤함에 많이 마셔 취한다고 해서 '트로이 목마(Trojan Horse)'라고도 부른다.

재료 맥주 1/2, 콜라 1/2

① 맥주와 콜라를 냉장고에 미리 넣어 잘 냉각한다.

② 맥주잔도 미리 냉각해 둔다.

③ 차가운 맥주잔에 맥주를 따르고 콜라를 채운 후 가볍게 저어준다.

(3) 블랙 벨벳(Black Velvet)

흑맥주와 발포성 포도주를 같은 양으로 희석하여 맥주의 진한 맛과 발포성 포도주의 상쾌한 맛이 조화를 이룬다. 혀에 닿는 촉감이 벨벳처럼 부드러워 붙여진 이름이다.

재료 흑맥주 1/2, 발포성 포도주 1/2

잔에 차가운 맥주를 따르고 차가운 발포성 포도주를 채워 가볍게 젓는다.

(4) 샌디 개프(Shandy Gaff)

탄산음료인 진저에일(Gingerale)을 혼합하여 감미와 맥주의 쌉싸름한 맛이 잘 조화되어 청량감을 느낄 수 있다.

재료 맥주 1/2, 진저에일 1/2

잔에 차가운 맥주를 따르고 차가운 진저에일을 채운 후 가볍게 저어준다.

(5) 더치 비어(Dutch Beer)

더치커피의 깊은 맛과 맥주의 쌉싸름한 맛을 동시에 즐길 수 있어 술을 많이 마시지 못하는 여성들에게 인기가 있다.

재료 맥주 500cc, 더치커피 20mL

① 잔에 차가운 맥주를 채우고 더치커피를 넣어 가볍게 저어준다.

② 기호에 따라 비율을 조절한다.

2) 포도주(Wine)

와인의 기원을 보면 다른 술과 마찬가지로 잘 익은 포도가 자연스럽게 발효되어 술이 만들어졌을 것이라는 추측을 할 수 있다. 구약성서 창세기에 노아의 홍수가 끝나고 하나님으로부터 포도의 재배법과 포도주 담그는 법을 배웠다는 기록이 있으며, 신약성서 마태복음과 요한복음에서는 "와인은 그리스도의 계약의 피이다."라고 말하고 있다.

와인(Wine)이란 과실이나 열매 등을 발효한 술로서 포도주가 가장 많이 생산되며 일반적으로 포도주를 의미하고 그 외의 과실주는 과실의 이름을 붙인다.

와인은 포도를 수확한 직후에 발효시켜 만들지 않으면 좋은 술이 되지 않으며 더구나 원료인 포도는 수확이 연 1회이고 기상조건에 따라 포도의 품질과 수확량이 달라지므로 항상 일정한 품질의 포도를 구하는 일이 어렵다. 또한 포도가 재배되는 토질, 품종, 제조법, 숙성기간 등에 따라서도 품질이 달라진다. 이런 점 때문에 와인은 생산지역, 생산자, 생산연도 등이 중요시되며 종류도 다양하고 가격에도 큰 차이가 있다.

(1) 와인의 분류

① **색에 의한 분류**

레드 와인과 화이트 와인으로 분류하는 것이 일반적이지만 중간색인 로제 와인(Rose Wine), 옐로 와인(Yellow Wine)으로 세분화하기도 한다.

- 레드 와인(Red Wine) : 적포도를 껍질째 발효시킨다.
- 화이트 와인(White Wine) : 청포도 또는 적포도의 껍질은 제거하고 알맹이만 발효한다.

② **맛에 의한 분류**

와인은 포도가 가지고 있는 포도당을 발효시켜서 만드는데, 포도당의 발효 정도에 따라 스위트 또는 드라이가 된다.

- 드라이 와인(Dry Wine) : 당분을 완전히 발효시켜 단맛을 느낄 수 없을 정도의 와인으로 그 정도에 따라 세미(Semi), 미디엄(Medium) 등으로 세분화한다.
- 스위트 와인(Sweet Wine) : 발효과정에서 당분을 완전히 발효시키지 않아 단맛이 있는 와인으로 그 정도에 따라 세미(Semi), 미디엄(Medium) 등으로 세분화한다.

③ **용도에 의한 분류**

- 아페리티프 와인(Aperitif Wine) : 식사 전 입맛을 돋우기 위해 전채요리와 함께 가볍게 마시는 와인으로 알코올 농도가 낮고 산뜻한 맛의 와인이 적당하다.
- 테이블 와인(Table Wine) : 식사와 함께 즐기는 와인으로 메인요리에 적당한 것을 선택한다.
- 디저트 와인(Dessert Wine) : 달콤한 디저트와 함께 마시는 와인으로 식사 후 소화를 돕고 입 안을 개운하게 하는 역할을 하며, 스위트 와인이 적당하다.

④ 가스(Gas) 유무에 의한 분류
- 스파클링 와인(Sparkling Wine) : 발효 도중에 탄산가스가 와인에 녹아들게 하거나 인위적으로 탄산가스를 첨가하여 만드는 가스가 함유된 와인으로 프랑스의 샴페인이 대표적이다.
- 스틸 와인(Still Wine) : 가스가 포함되지 않은 보통의 와인을 말한다.

⑤ 알코올 농도에 의한 분류
- 포티파이드 와인(Fortified Wine) : 와인의 저장성을 높이기 위해 발효 중 또는 발효가 끝난 후에 주정을 첨가하여 알코올 농도를 높여 만드는 주정 강화 와인을 말한다.
- 언포티파이드 와인(Unfortified Wine) : 주정을 첨가하지 않고 순수한 포도만을 발효시켜 만든 보통의 와인을 말한다.

(2) 라벨의 기재 내용

와인 라벨의 표시는 국제적 기준이 아닌 나라와 생산지역에 따라 반드시 기재해야 하는 항목과 임의로 기재하는 항목이 있어 다소 혼란스러울 수 있다. 와인라벨 읽기는 나라와 지역에 따라 차이가 있으며, 기본적으로 제품명, 포도의 빈티지(Vintage: 수확연도), 품종, 등급, 생산회사, 용량, 알코올 농도 등을 표시한다.

보르도 와인 라벨 읽기

❶ 제조포도원명(샤토 탈보)

❷ 생산지역명(상테줄리앙)

❸ 등급(보르도 상테줄리앙 지역에서 만든 AOC 등급의 와인)

❹ 빈티지(포도 수확연도)

❺ 포도원 소재지

(3) 와인의 냉각온도

기본적으로 레드 와인은 상온, 화이트 와인은 차게, 샴페인은 가장 차게 마신다.

온도를 단정 지을 수 없으나 일반적으로, 적포도주(Red Wine)는 실온, 백포도주(White Wine)와 샴페인(Champagne), 로제와인(Rose Wine)은 7~10℃, 스위트 와인(Sweet Wine)은 13~15℃ 정도로 냉각한다.

와인은 온도에 따라 맛과 향이 달라지는데, 과도하게 냉각하면 향이 제대로 살지 않고, 적정하게 냉각하지 않으면 산성이 강해져 씁쓸한 맛이 나기도 한다. 이처럼 와인은 마실 때의 온도가 중요하므로 냉동실 등에서의 갑작스러운 냉각은 피하고 냉장실이나 와인쿨러(Wine Cooler)를 이용해서 천천히 냉각하도록 한다.

(4) 와인을 즐기는 법

와인의 서빙은 손님의 오른쪽에서 오른손으로 하여야 하며, 코르크 마개를 열고 마시기 전까지는 반드시 기울여 보관한다. 트위스트 캡은 기울여 보관하지 않아도 된다.

❶ 호스트(Host) 또는 호스티스(Hostess)에게 라벨(Label)을 확인시킨 후 코르크스크루(Corkscrew)를 사용하여 마개를 연다.

❷ 호스트(Host) 또는 호스티스(Hostess)에게 소량 따라 주어 맛을 보게 한다.

❸ 호스트(호스티스)가 좋다는 사인을 하면 상석의 여성에게 먼저 따른 후 시계방향으로 여성에게 먼저 따르고, 상석의 남성에게 그리고 같은 방향으로 남성에게 따른 후 마지막에 호스트(호스티스)에게 따른다.

❹ 글라스의 1/3 정도를 채운다. 와인은 따를 때 글라스를 잡거나 기울이지 않는다. 연장자가 와인을 따르는 경우 손가락 두 개를 잔 받침에 가볍게 대고 있으면 예를 표하는 것이 된다.

❺ 마실 때에는 잔의 스템(Stem) 부분을 잡고 한 잔을 3~4회 정도로 나누어 마신다. 먼저 눈으로 마신 다음 코로 마시고, 입으로 여러 번 맛과 향을 음미하며 마신다.

❻ 와인의 종류에 따라 글라스가 다르며, 보통 항아리 형태의 긴 손잡이가 있는 것을 사용한다.

(5) 프랑스 와인(Vin)

프랑스의 유명한 와인 산지로는 서부의 보르도(Bordeaux)와 부르고뉴(Bourgogne)가 있으며, 원산지호칭통제법에 의해 엄격한 기준을 적용하여 산지, 포도나무의 관리상태, 품종, 숙성법 등을 기준으로 산지등급을 매겨 와인의 품질을 통제하고 있다.

(1) 프랑스 와인 등급

프랑스는 와인의 등급을 다음과 같이 4단계로 나누고 있다.

① AOC(Appellation d'Origine Controlee, 아펠라시옹 도리진 콩트롤레) : 원산지호칭 통제법에 의한 최상급의 원산지관리 증명와인으로 AOC 와인은 프랑스에서 생산되는 전체 와인의 약 30% 정도를 차지하고 있다. AOC 와인은 프랑스 농무성(農務省)이 승인한 INAO(국립 원산지명칭 통제기구)의 기준에 합격해야 한다. 이 기준에 의하면 생산지역, 포도품종, 재배방법, 최대 수확량, 양조방법, 최저 알코올 농도 등의 분석 검사와 최종적으로 사람의 시음에 의한 관능검사에 합격해야만 한다. 라벨에서 AOC는 'Appellation 원산지명 Controlee'로 기재되어 있다.

② VDQS(Vin Delimites de Qualite Superieure, 뱅 델리미테 드 칼리테 쉬페리외) : AOC 등급보다 한 단계 아래에 해당하는 상급 와인으로, 프랑스 전체 생산량의 1% 정도를 차지하므로 우리나라에서 구하기는 어렵다.

③ 뱅 드 페이(Vin de Pays) : VDQS보다 한 단계 낮은 등급으로, 프랑스 전체 생산량의 14% 정도를 차지하고 라벨에 Vin de Pays라고 기재되어 있다. 가격은 저렴하지만 품질이 좋은 와인도 존재하기 때문에 기호에 맞으면 부담 없이 즐기기에 좋은 와인이다.

④ 뱅 드 타블(Vin de Table) : 일상적으로 마시는 와인이라고 할 수 있으며 프랑스 전체 생산량의 약 40%를 차지하는 와인이다. 프랑스산 포도로만 만들어졌을 경우에는 프랑스산이라고 산지 표시를 할 수 있으나, 이탈리아에서 수입한 벌크 와인과 블렌딩한 브랜드의 경우에는 프랑스산이라고 기재하지 못하고, 라벨에 'Vin de Table'이라 기재되어 있다.

(2) 유명 산지

① 보르도(Bordeaux) : 프랑스 남쪽에 위치한 옛 항구도시로서 전 지역에서 골고루 적포도주를 생산하고 있으며 남부 소테른(Sauternes)에서는 달콤하고 은은한 황금색을 띤 백포도주를 생산하고 있다. 보르도 와인은 여러 품종을 섞어 만드는 점이 공통점으로, 보르도는 특히 적포도주가 유명하며 선홍색을 띠고 약간 떫은맛과 신맛이 조화된 섬세한 맛과 향은 적포도주의 여왕으로 불리는 여성적인 타입이다. 보르도에서도 메독(Medoc), 그라브(Graves), 생테밀리옹(St-Emilion), 포므롤(Pomerol) 지구가 유명하며 화이트 와인으로는 소테른의 소비뇽 블랑(Sauvignon Blanc)이 유명하다.

② 부르고뉴(Bourgogne) : 프랑스 동부지역으로 영어로는 버건디(Burgundy)라고 한다. 부르고뉴의 와인 종류는 다양하지만 적포도주는 피노 누아(Pinot Noir), 백포도주는 샤르도네(Chardonnay)만의 단일품종을 사용하여 품질이 일정한 와인을 생산하고 있다. 보르도의 적포도주가 여성 취향인 데 비해 부르고뉴 와인은 남성적인 타입의 암적색으로 적포도주의 왕이라 부른다. 부르고뉴의 유명한 와인 산지로는 코트 도르(Cote d'Or), 샤블리(Chablis), 마코네(Maconnais), 보졸레(Beaujolais) 등이 있다. 코트 도르 지역은 코트 드 뉘(Cote de Nuits), 코트 드 본(Cote de Beaune)으로 다시 나누는데 코트 드 뉘에서는 세계에서 가장 비싼 와인의 하나로 알려진 로마네 콩티(Romanee Conti)를 생산하고 있다.

③ 보졸레 누보(Beaujolais Nouveau) : 프랑스 부르고뉴 지방의 남쪽인 보졸레 지방에서 '가메이'라는 품종으로 만들어지며 9월 초에 수확한 포도를 4~6주 숙성시켜 생산하는 와인이다. 6개월 이상 숙성시키는 일반 와인과는 달리 발효 즉시 출고하는 것으로 11월 셋째 주 목요일 0시에 전 세계에서 동시에 판매된다. 보졸레 누보는 11월 셋째 주 목요일 0시라는 출고시점을 미리 정해 놓은 마케팅 기법 덕분에 유명해졌다고 한다.

④ 기타 : 그 외 코트 뒤 론(Cotes du Rhone), 알자스(Alsace), 루아르(Loire), 프로방스(Provence) 지역이 널리 알려져 있다.

(6) 독일 와인(Wein)

독일은 로마시대 때부터 포도밭을 가꾸었으며 19세기에 들어와 독일의 포도주가 유명하게 되었는데 라인(Rhein)과 모젤(Mosel) 지역이 대표적이며 리슬링(Riesling) 품종의 백포도주가 유명하다.

독일은 와인의 등급을 원료 포도의 수확 시 당분 함량에 따라 결정하는데 정선품에 있어 수확연도 및 지구명, 포도 재배자명을 정확히 기재하도록 '원산지호칭통제법'을 시행하고 있다.

(1) 등급 분류

다음의 4개 등급으로 세분하고 있다.

① QmP(Qualitatswein mit Pradikat, 크발리테츠 미트 프레디카트) : 독일 최고급 와인으로 프레디카츠바인(Pradikatswein)이라 칭한다. 수확 시 포도의 당도 등에 따라 다시 6단계로 세분하고 라벨에 해당하는 표시가 기재되어 있다. 독일 전체 와인 생산량의 32% 정도를 차지한다.

- 카비네트(Kabinett) : 당도가 낮은 포도를 원료로 하여 짧은 기간의 숙성을 거친 알코올 농도가 가장 약한 와인으로 섬세한 맛을 지닌다.

- 슈패트레제(Spatlese) : 당도를 높이기 위해 보통 수확기보다 늦게 수확한 포도를 원료로 만들어지는 고품질 와인으로 드라이하면서 감미가 있으며 중후한 맛을 지닌다.

- 아우스레제(Auslese) : 잘 익은 포도송이를 수확하여 원료로 사용하는 고품질 와인으로 감미로운 단맛이 있고 풍미가 좋다.

- 베렌아우스레제(Beerenauslese) : 수확기가 조금 지난 잘 익은 포도 알을 골라 만드는 진한 단맛을 지닌 식후용 와인이다.

- 아이스바인(Eiswein) : 영하 7℃ 정도의 한파(寒波)에 의해 얼어버린 베렌아우스레제와 같은 등급의 포도를 녹지 않게 수확하여 과즙을 짜서 포도 속의 얼지 않은 약간의 당분을 발효시켜 만드므로 생산량은 극히 적지만 감미와 풍미가 매우 뛰어난 스위트한 와인이다.

- TBA(Trokenbeerenauslese, 트로켄베렌아우스레제) : 초완숙으로 보트리티스 시네레아균(Botrytis Cinerea, 포도가 익을 때 포도 껍질에 생기는 곰팡이)의 작용에 의해 귀부병(貴腐病, Noble Rot)에 걸린 건조상태의 포도 알을 골라 원료로 만드는 단맛이 매우 강한 와인으로 향과 당도가 높다. 반드시 귀부병에 걸린 포도 알만을 사용하여 만들기 때문에 매우 귀한 고가 와인이다.

② QbA(Qualitatswein bestimmter Anbaugebiete, 크발리테츠바인 베슈팀터 안바우게비테) : QmP보다 한 단계 아래 등급의 와인으로 독일와인 중에서 생산량이 가장 많은 등급의 와인이다. 재배지역은 법률로 정해진 13개 지역에 한정되고 동일 지역의 포도만으로 생산하며 라벨에는 통상 'Qualitatswein'만 표시하고 있다. 독일 전체 와인 생산량의 65% 정도를 차지한다.

③ 도이치 란트바인(Deutscher Landwein) : 법률로 정해진 20개 재배지역에서 만들어진 와인으로 지역명을 표시하게 되어 있다.

④ 도이치 타펠바인(Deutscher Tafelwein) : 테이블 와인에 해당하는 100% 독일산 포도를 사용한 와인으로 지방명(5개 지방)을 표시하는 경우와 지역명(8개 지역)을 표시하는 경우가 있다. 독일 전체 와인 생산량의 3% 정도를 차지한다.

(2) 유명 산지

① 라인가우(Rheingau) : 프랑스 보르도에 버금가는 독일 최고의 포도주를 생산하는 지역으로 백포도주가 압도적으로 많다. 대부분의 라인가우 지역에서는 80% 이상이 리스링을 재배한다. 전형적인 라인가우 포도주의 특징은 농밀하고 중후한 풍미 속에 숨어 있는 우아함 그리고 깊고 높게 풍기는 향기이다.

② 라인헤센(Rheinhessen) : 독일 포도 재배면적의 약 1/4 가까이를 차지하는 가장 큰 규모의 라인헤센은 비교적 작은 강이 있지만 완만한 구릉지대가 넓게 펼쳐져 목초지 등과 포도밭이 혼재하고 있는 지역이다. 라인헤센 와인은 온화한 산미와 달콤함으로 부드러워 와인을 처음으로 접하는 사람들이 마시기에 좋다.

③ 모젤-자르-루버(Mosel-Saar-Ruwer) : 모젤강으로 흘러 들어가는 지류의 수는 많지만 그중에서 트리어(Trier) 시의 상류에서 합류하는 자르(Saar)강, 트리어 하류의 루버 마을에서 흘러 들어오는 루버(Ruwer)강을 따라 포도주의 고장이 펼쳐지는데 이 지역을 '모젤-자르-루버'라 부른다.
독일에서도 뛰어난 백포도주를 생산하는 지역으로 뛰어난 방향과 상쾌한 산미의 와인이 생산되고 있으며, 독일와인 중에서 녹색의 병에 담긴 것이 모젤와인으로 상표에 'Mosel-Saar-Ruwer'라고 기재되어 있다.

(7) 이탈리아 와인(Vino)

이탈리아는 세계 최대의 포도주 산출국으로 이탈리아 전역에서 포도를 재배하고 있으며 그 역사는 고대 로마시대까지 거슬러 올라간다. 1963년 제정된 '원산지호칭통제법'이 시행되어 왔으나 생산지역과 토착품종을 중요시한 나머지 최하 등급에 속하는 와인이 최고 등급의 와인보다 훨씬 양질이고 값비싼 경우도 있어 실제 고품질의 와인을 생산하면서 DOCG나 DOC의 호칭을 얻는 것을 바라지 않는 생산자도 있었다. 이러한 문제점을 해결하기 위하여 1992년 새로운 원산지호칭통제법이 제정되어 다음의 4개 등급으로 분류하고 있다.

(1) 등급 분류

① DOCG(Denominazione di Origine Controllata e Garantita, 데노미나지오네 디 오리지네 콘트롤라타 가란티타) : 통제 보증 원산지 호칭이라고 하는데 산지, 포도품종, 숙성기간, 풍미, 최저 알코올 농도 등을 엄격히 규제하는 이탈리아 최고급 와인군으로 전체 생산량의 1~2% 정도를 차지한다. DOCG 라벨에서 가장 큰 글자로 되어 있는 것이 브랜드명이며 그 아래에 와인 이름이 기재되고 등급이 그 아래에 기재되어 있다. 원료 포도의 수확연도를 의미하는 빈티지(Vintage)가 기재되고 그 아래에 생산자명, 용량, 알코올 농도, 이탈리아산의 표시가 있다.
DOCG를 인정받기 위한 엄격한 조건을 법률로 정하고 있어 포도의 재배방법에서 품질 평가까지 이 기준을 충족시키지 않으면 안 되므로, DOCG 등급의 와인은 일정 이상의 품질이 보증되고 있다고 생각해도 좋다.

② DOC(Denominazione di Origine Controllata, 데노미나지오네 디 오리지네 콘트롤라타) : DOCG보다 한 단계 낮은 등급의 와인으로, 전체 생산량의 12% 정도를 차지하고 있다.

③ VdT IGT(Vino da Tavola Indicazione Geografica Tipico, 비노 다 타볼라 인디카지오네 제오그라피카 티피코) : 지역 표시 와인으로 VdT라고 하여 프랑스의 Vin de Pay(뱅 드 페이)에 해당하는 것으로 현재 100여 지구가 지정되어 있다.

④ VdT(Vino da Tabla 비노 다 타볼라) : 프랑스의 Vin de Table(테이블 와인)에 해당하는 것으로, 일반적인 와인이 많지만 이 등급에 속하면서 고품질 와인을 생산하는 생산자도 있어 고가인 것도 있다. 이러한 와인은 등급설정 표시로 판단하기 어렵다.

(2) 유명 산지

① 피에몬테(Piemonte) : 북이탈리아의 피에몬테 주에서는 이탈리아를 대표하는 몇 종류의 레드 와인을 생산하고 있다. 바롤로(Barolo), 바르바레스코(Barbaresco) 등이 유명하며, 그 외에 베르베스코(Verbesco)라는 공동 명칭으로 가벼운 촉감의 백포도주를 생산하고 있다. 그리고 발포성 포도주인 중간 단맛의 아스티 스푸만테(Asti Spumante)가 유명하다.

② 토스카나(Toscana) : 이탈리아의 중앙에 위치한 토스카나에서는 키안티(Chianti)를 비롯한 적포도주와 백포도주를 생산하고 있다. 키안티는 적포도와 백포도를 섞어 양조한 적포도주로, 보통의 키안티와 상급의 키안티 클라시코(Chanti Classico)가 있다.

③ 베네토(Veneto) : 베네치아(Venezia)를 주도로 하는 베네토(Veneto) 주에서는 로미오와 줄리엣으로 유명한 베로나(Verona) 주변에서 대량의 와인을 산출하고 있다. 적포도주로 알코올 농도와 감칠맛이 중간 정도인 발폴리첼라(Valpolicella), 감촉이 산뜻하고 일찍 숙성되는 바르돌리노(Bardolino)가 잘 알려져 있고, 백포도주로는 뒷맛이 개운하고 쓴맛이 나는 소아베(Soave)가 유명하다.

(8) 발포성 와인(Sparkling Wine)

① 샴페인(Champagne)

샴페인은 17세기 중반 프랑스 상파뉴(Champagne) 지방 베네딕(Benedic) 수도원의 동 페리뇽(Dom Perignon) 수도사에 의해 탄생되었다고 한다. 샴페인이란 프랑스 상파뉴 지방에서 생산되는 발포성 포도주로, 프랑스의 원산지호칭통제법에 따라 상파뉴산이 아니면 샴페인이란 이름을 사용할 수 없다.

샴페인은 화이트 와인을 만드는 방법과 유사하지만 1차 발효가 끝난 다음 당분을 보충하여 2차 발효를 할 때 주기적으로 병의 위치를 돌려 병을 거꾸로 놓이게 하여 효모 등의 침전물을 병 입구로 모이게 한 다음 병 입구를 순간적으로 얼려 침전물을 제거하고 그 양만큼 다른 샴페인이나 당분을 보충한 후 밀봉한다. 이때 첨가하는 양에 따라 단맛의 차이가 나며, 단맛의 정도에 따라 다음과 같이 표시한다.

- 브뤼(Brut) : 1%, 매우 드라이한 맛
- 엑스트라 섹(Extra Sec) : 1~3%, 중간 정도의 드라이한 맛
- 섹(Sec) : 4~6%, 드라이한 맛
- 드미 섹(Demi Sec) : 6~8%, 달콤한 맛
- 두(Doux) : 8% 이상, 매우 달콤한 맛

② 종류

- 뱅 무스(Vin Mousseux) : 무스(Mousseux)란 거품이라는 뜻으로 프랑스에서는 상파뉴 이외의 지역에서 만들어지는 발포성 와인은 샴페인이란 이름을 붙일 수 없으므로 뱅 무스(Vin Mousseux)라 한다.
- 샤움바인(Schaumwein) : 독일에서는 발포성 포도주를 전반적으로 샤움바인(Schaumwein)이라 부르고 있다. 젝트(Sekt)는 그 일종으로 천연 발포성 와인이며, 인공적으로 탄산가스를 주입한 샤움바인 미트 쭈게제트 콜렌조일레(Qualitaets mit Zugesetzter Kohlensauele) 등도 있다.

- 스푸만테(Spumante) : 이탈리아 발포성 포도주의 대부분은 피에몬테 주의 아스티, 알렉산드리아, 쿠오네의 세 곳에서 만들어지고 있다. 그중에서도 머스캣종의 포도로만 만드는 아스티 스푸만테(Asti Spumante)는 달콤한 타입으로 알코올분이 낮으며 매우 부드럽다.
- 에스푸모소(Espumoso) : 스페인은 에스푸모소(Espumoso)라 부르는데 지중해의 카탈루냐 지방에서 만들어진다. 천연의 것 외에 인공적으로 탄산가스를 주입한 것도 있다. 달콤한 타입에서 드라이 타입까지 여러 가지가 있다.
- 스파클링 와인(Sparkling Wine) : 대부분의 나라에서는 가스를 함유한 발포성 포도주를 스파클링 와인이라 한다.

(9) 아이스 와인(Ice Wine)

포도원에서 수확기에 수확하지 않고 이슬이 내릴 때까지 방치하면 수분 함량은 줄어들고 당도는 높아진다. 이렇게 당분이 농축된 포도를 언 상태로 압착한 즙을 이용해 만드는 와인으로 매우 달콤한 디저트 와인으로 유명하다.

독일어로 아이스바인(Eiswein)이라고 하는 아이스 와인은 독일의 한 포도원에서 갑자기 닥친 한파에 포도 알이 모두 얼어버려 쓸모없게 되었는데, 우연히 맛을 보니 매우 달았다고 한다. 아이스 와인은 이렇게 우연한 계기로 만들어졌다.

일반적인 와인의 당도는 높아야 10brix 정도인 데 비하여 아이스 와인은 나라마다 차이가 있으나 25brix(독일, 오스트리아)~35brix(캐나다) 이상 되어야 한다.

독일에서는 주로 리슬링(Riesling) 품종을, 캐나다에서는 비달(Vidal) 품종을 사용한다. 당도와 산도가 높고, 과일향이 풍부하기 때문에 7~10℃로 냉각하여 작은 화이트 와인 글라스를 사용하여 제공하는 것이 가장 좋다.

미국, 호주에서는 포도를 수확한 후 인공적으로 냉동하여 인공 아이스 와인을 만드는데 독일이나 캐나다산과 비교하여 향이 부족하지만 가격이 저렴하다.

03· 증류주(Distilled Liquor)

발효주의 알코올 농도는 맥주 4~6%, 포도주 8~20% 정도로서 이것은 효모의 성질상 발효에 의해서는 그 이상의 알코올 농도를 얻을 수 없으므로 발효한 술을 물과 알코올의 비등점의 차이를 이용하여 증류하여 농도 높은 알코올의 술을 얻는다. 이것을 증류주라고 한다. 발효액을 증류할 때 사용하는 증류기에는 단식 증류기(Pot Still)와 연속식 증류기(Patent Still)가 있으며, 저장기간을 가지는 것과 가지지 않는 것이 있는데 일반적으로 저장기간이 길수록 순방한 풍미를 지닌다.

증류기의 종류

단식 증류기(Pot Still)	연속식 증류기(Patent Still)
단식 증류	복식(연속식) 증류
비생산적 · 비능률적	생산적 · 능률적(대량생산)
반드시 2회 이상 증류	단 1회 증류
중후한 맛	경쾌한 맛
숙성과정을 거친다.	일반적으로 숙성과정을 거치지 않는다.

1) 위스키(Whisky, Whiskey)

일반적으로 위스키는 맥아를 이용하여 곡물을 당화 · 발효시켜 얻는 발효액을 증류한 후 숙성시켜 만든 술로서 나라에 따라 원료, 제법, 숙성기간 등의 차이가 있다. 미국과 아일랜드에서는 영문 표기를 'Whiskey'로 하고 그 외의 나라에서는 'Whisky'로 한다. 산지에 따라 스카치위스키(Scotch Whisky), 아이리시 위스키(Irish Whiskey), 아메리칸 위스키(American Whiskey), 캐나디안 위스키(Canadian Whisky)가 있다. 위스키의 일반적 알코올 도수는 80~100Proof(40~50%)이고, 오크통(Oak Cask)에서 3년 이상 숙성을 하는데 저장 전에는 무색투명하지만 오크통에 저장함으로써 호박색(Amber)을 띠게 된다.

(1) 스카치위스키(Scotch Whisky)

1171년 잉글랜드의 헨리(Henry) 2세가 아일랜드를 정복했을 때 원주민들이 보리로 만든 증류주를 마시고 있었다고 하며, 아일랜드의 위스키 제조법이 스코틀랜드에 전해지면서 탄생 · 발전하였다.

스카치위스키는 스코틀랜드의 특산물로서 영국의 주세법에서는 영국 정부가 인정하는 스코틀랜드 지역에서 대맥의 맥아를 디아스타아제(Diastase)로 당화하고 동일 지역 내에서 증류과정을 거쳐 동일 지역 내의 저장고에서 3년 이상 저장하여 정부의 출고허가와 매도 증서를 받은 술에 한해 스카치위스키라는 명칭을 허용한다고 규정하고 있다. 오늘날 스카치위스키는 제조법에 따라 다음의 3가지로 분류하고 있다.

① 몰트 스카치위스키(Malt Scotch Whisky)

피트(Peat)로 건조한 대맥의 맥아만을 원료로 단식 증류기로 2회 증류한 다음 오크통에서 비교적 장기간 숙성시킨다. 피트(Peat)향과 오크(Oak)향이 밴 독특한 풍미가 있는 위스키로 증류소에 따라 풍미에 차이가 있어 다른 증류소의 술을 한 방울도 섞지 않고 한 증류소만의 원주로 만든 것은 싱글 몰트 위스키(Single Malt Whisky)라 하여 별격 (別格)으로 취급한다.

② 그레인 위스키(Grain Whisky)

중성주정에 해당하는 위스키로 일반적으로 옥수수 약 80%에 피트향을 주지 않은 대맥의 맥아를 약 20% 정도 섞어 연속식 증류기로 증류한 위스키이다. 피트향이 없는 소프트하고 마일드한 풍미가 특징으로 단독으로 상품화하기보다는 몰트 위스키의 강한 맛을 부드럽게 하기 위한 블렌딩용으로 주로 사용한다.

③ 블렌디드 스카치위스키(Blended Scotch Whisky)

몰트 위스키와 그레인 위스키를 적당한 비율로 혼합한 위스키로 우리가 마시고 있는 대부분의 스카치위스키가 블렌디드 위스키이다. 고급품의 블렌디드 스카치위스키는 양질의 몰트 위스키를 정선하여 사용하고 그 배합 비율도 높으며, 스탠더드품은 그레인 위스키의 배합률이 높다.

유명상표

(1) 몰트 스카치위스키(Malt Scotch Whisky)

• 글렌피딕(Glenfiddich) : 상표명 '글렌피딕'은 게일어로 '사슴이 있는 계곡'이라는 뜻이며, 라벨에 사슴이 그려져 있다. 스코틀랜드에서 최대 규모를 자랑하는 '윌리엄 그란츠(William Grant's)'사 제품으로 하이랜드산의 싱글 몰트 위스키로서 산뜻한 풍미의 드라이 타입으로 남성적인 풍미인데 몰트 스카치위스키 중에서 세계적인 베스트셀러 상표이다.

• 더 글렌리벳(The Glenlivet) : 스카치위스키의 본 고장인 아일랜드 지방에는 스페이강 상류의 리벳강 주변에 유명한 위스키 증류소들이 많이 모여 있는데, 1700년대 초 지나친 주세를 피하여 밀조자들이 숨어들었던 오지 중의 오지인 이곳은 양질의 보리와 양질의 양조용수, 많은 양의 피트탄이 있어 위스키 제조에 좋은 환경을 갖추고 있다. 1824년 '조지 스미스(George Smith)'는 최초로 정부의 허가를 받아 위스키를 생산하기 시작하였는데, 이때 증류소와 제품 이름을 '리벳강의 계곡'이란 뜻인 '더 글렌리벳(The Glenlivet)'으로 정하였다. 하이랜드산의 싱글 몰트 위스키로서 그 풍미의 밸런스를 인정하는 12년 숙성의 싱글 몰트 위스키이다.

(2) 그레인 위스키(Grain Whisky)

• 올드 스코시아 15(Old Scotia 15) : 스카치의 블렌더용 원주를 병입한 그레인 위스키로 피트향이 없고 경쾌한 풍미를 지니고 있다.

(3) 블렌디드 스카치위스키(Blended Scotch Whisky)

• 밸런타인(Ballantine's) : 상표명 '밸런타인'은 회사의 설립자인 '조지 밸런타인(George Ballantine)'의 이름에서 유래하였다. 농부였던 조지 밸런타인이 1827년 에딘버러(Edinburgh)에서 식료품점을 창업한 것

이 밸런타인사의 출발점으로, 19세기 말 그의 아들이 위스키를 취급하기 시작했고 1919년 밸런타인사를 인수한 맥킨리가 독자적인 위스키 블렌딩 사업을 시작하였다. 그 후 1937년 이 회사는 캐나다의 거대주류 기업 하이램 워커사로 넘어가 자회사가 되었다.

'영원한 사랑의 속삭임'이라는 제품 이미지를 가지고 있는 밸런타인은 시리즈로 출고되는 제품이다. 스탠더드급인 '밸런타인 파이니스트(Ballantine's Finest)', 44종의 몰트와 그레인을 배합한 12년생인 '밸런타인 12(Ballantine's 12)', 45종의 원액으로 블렌딩한 '밸런타인 마스터스(Ballantine's Master's)', 밸런타인 17년생, 21년생, 30년생까지 있으며, 특히 30년생은 블렌디드 스카치위스키 중에서도 유래가 없는 고주(古酒)로 진중되고 있으며 그 풍미도 오래 저장된 것의 뛰어난 맛을 느끼게 한다.

- **벨(Bell's)** : 1825년 창업한 회사로 스카치의 본고장인 스코틀랜드에서 가장 많이 팔리는 것이 벨사의 스탠더드이다. 스탠더드는 '엑스트라 스페셜(Extra Special)'이라는 이름으로 판매되고 있으며 '벨스 디캔터(Bell's Decanter)'는 20년 이상의 위스키를 블렌딩한 벨사 최고의 제품이다.

- **블랙&화이트(Black&White)** : '제임스 부캐넌(James Buchanan)'에 의해 1879년 글래스고(Glasgow)에서 탄생한 위스키로, 당시에는 대부분의 위스키가 원주 공장으로부터 오크통 단위로 거래되어 위스키의 품질이 통마다 달라 소비자들은 일정하지 않은 품질의 위스키를 마셔야 하는 문제점이 있었다. 이러한 점에 착안한 부캐넌은 한꺼번에 많은 양의 위스키 원주를 사들여 자신이 직접 블렌딩하여 일정한 품질의 위스키를 제조하여 '더 부캐넌스 블렌드(The Buchanan's Blend)'라는 상표명으로 검은색의 병에 흰 라벨을 붙여 발매하였다. 그 후 차츰 사람들로부터 '블랙&화이트'라 불리게 되었고 1904년에 이 통칭을 정식 명칭으로 채택하였다. 부캐넌은 대단한 애견가였는데 '애버딘 테리어(Aberdeen Terrier)'인 검은 강아지와 '웨스트 하이랜드 화이트 테리어(West Highland Whtie Terrier)'인 흰 강아지 두 마리를 심벌마크로 사용하고 있다. 3년생의 스탠더드와 12년생의 프리미엄 등이 있다.

- **시바스 리갈(Chivas Regal)** : '시바스 집안의 왕자'란 뜻의 1801년 창립한 '시바스 브라더'사 제품으로 우리나라에 가장 많이 알려진 제품이다. '시바스 리갈'이라는 이름은 1843년 스코틀랜드에 많은 애정을 보인 빅토리아 여왕(Victoria Queen)을 위해 최고급 제품을 왕실에 진상하면서 '국왕의 시바스'라고 명명한 데서 비롯된 것이다. '시바스 리갈'의 상표에는 두 개의 칼과 방패가 그려져 있는데 이는 위스키의 왕자라는 위엄과 자부심을 나타내 주는 것으로 12년 숙성의 디럭스 위스키이다.

- **커티 삭(Cutty Sark)** : '커티 삭'은 게일어로 '짧은 속옷'이라는 뜻으로 '커티 삭을 달라.'를 스코틀랜드 고어(古語)로 직역하면 '짧은 여자 속옷(슈미즈)을 달라.'가 된다고 하는데 그만큼 부드러운 술이라는 의미이다. 1869년 마스터가 3개 달린 시속 31.4km의 범선이 스코틀랜드에서 진수되어 동양 항로에 취항하여 빠르기로 이름을 날렸는데 바로 그 범선이 '커티 삭'이었으며 지금은 런던 교외 그리니치(Greenwich)에 보존되어 있다. 상표명은 이 이름을 따서 1923년에 탄생하였으며, 병의 모양은 등대의 모양을 본뜬 것이라 한다. '커티 삭'은 스탠더드이며, '커티 삭 킹덤(Cutty Sark Kingdom)'은 1983년에 탄생한 상급품으로 라이트한 맛을 지니고 있다. '커티스(Cutty's)'는 12년 숙성된 몰트 위스키를 충분히 블렌딩한 것으로 블렌딩한 후 다시 오크통에서 숙성을 거듭한 디럭스 제품이다.

- **헤이그(Haig)** : 헤이그 집안은 1627년부터 위스키를 증류하였는데 오랫동안 영국인의 깊은 사랑을 받고 있다. 부드럽고 짙은 맛의 '헤이그(Haig)', '헤이그 5 스타(Haig 5 Star)', 12년 숙성의 몰트를 사용한 '딤플(Dimple)' 등이 있다. 술병 모양이 개성 있어 보조개를 뜻하는 애칭으로 불렸는데 그것이 상표명 '딤플'이 되었다고 한다.

- **제이&비(J&B)** : J&B는 미국에서 인기가 있으며, 'J&B'라는 상표명은 제조원인 '저스테리니&브룩스(Justerini&Brooks)'사의 이니셜이다. 1749년 '자코모 저스테리니'라는 이탈리아 청년이 사랑하는 오페라 가수인 애인 '마르그리타 베리노'를 따라 런던으로 가면서 이탈리아에서 익힌 증류기술을 바탕으로 사뮤엘 존슨이라는 무용단의 단장과 합작하여 '존슨 앤 저스테리니'라는 주류회사를 차렸고, 조지 3세(George Ⅲ) 때에는 왕실 납품으로 유명해졌다. 그 후 여러 번 주인이 바뀌면서 1831년에 '알프레드 브룩스'가 이 회사를 인수하여 회사명을 '저스테리니&브룩스'라 바꾸었고 미국을 비롯하여 전 세계에서 가장 사랑받는 위스키 중의 하나로 명성을 얻었다.

- 조니 워커(Johnnie Walker's) : 제조원인 'John Walker&Son's'사는 1820년부터 위스키를 발매하기 시작했는데 '존 워커'는 1820년 스코틀랜드 킬마녹(Kilmarnock)에서 작은 식료품 가게를 하면서 옛날부터 집에서 담가 마신 가양주(家釀酒) 몰트 위스키를 팔기 시작하였다. '조니 워커'라는 상표는 1908년 존의 손자인 알렉산더가 조부의 업적을 기리기 위하여 신발매 제품에 조부의 애칭을 붙인 데서 탄생하였다. 1908년 블렌디드 위스키로 발매할 때 화가 톰 브라운이 실크햇을 쓰고 외눈 안경을 낀 창업주 조니 워커의 그림을 그려 넣어 위스키를 발매하였고 이것은 한 세기 반이 넘도록 위스키 시장에서 명성을 얻고 있다. 전 세계 스카치위스키 중 가장 많이 팔리고 있는 '레드 라벨(Red Label)'을 비롯하여 12년 숙성의 '블랙(Black)'과 강한 몰트의 무거운 맛을 지닌 '스윙(Swing)', 18년 숙성의 '골드(Gold)', 21년 숙성의 '블루(Blue)' 등이 있다. '블랙'은 1994년 스카치위스키 탄생 500주년 기념 주류 품평회에서 영예의 금상을 수상하였고, '골드'는 조니 워커 탄생 100주년을 기념하여 '조니 워커' 가문을 위해 만들어진 것으로 18년 이상 숙성한 최상급의 싱글 몰트 위스키만을 선별하여 제조한다. '블루'는 조니 워커 가문의 최고의 위스키로 최상의 품질을 유지하기 위해 생산되는 모든 병마다 고유 번호를 부여하고 있다.

- 올드 파(Old Parr) : 부드럽고 감미로운 맛을 느끼게 하는 12년생 디럭스 제품으로 '올드 파'라는 이름은 1483년에 태어나 152세까지 장수한 쉴 로프셔의 농부인 '토마스 파(Thomas Parr)'의 이름을 딴 것으로 그는 80세 때 처음 결혼하여 1남 1녀를 두었으며, 102세 때 유부녀 희롱죄로 10년형 선고를 받고 옥살이를 한 후 재혼하여 아들을 얻었다. 그가 151세가 되던 해 국왕 '찰스 2세(Charles II, 재위 1660~1685)'는 런던으로 불러 그의 장수를 축하하며 남은 여생을 편히 보낼 수 있도록 하였는데 다음 해인 152세 9개월 되던 해 죽었다. 그가 죽은 후 국왕 '찰스 2세'는 웨스트민스터 사원(Westminster Abbey)의 시인 구역에 그의 유해를 안장하도록 하였으며 지금도 웨스트민스터 사원에 그의 묘비가 남아 있다고 한다. '올드 파'의 네모난 병은 그가 술을 마실 때 항상 네모난 그릇에 따라 마셨는데 그 그릇 모양에서 유래했다고 하며, 152년 9개월을 살았던 그의 피부 주름을 묘사하여 병 전체에 주름 무늬가 새겨졌으며, 백라벨에는 화가 루벤스가 그린 그의 초상화가 그려져 있다. 12년생 '올드 파(Old Parr)'와 몰트 위스키를 조금 더 블렌딩한 '올드 파 스톤 잭(Old Parr Stone Jack)'이 있으며 '토마스 파' 탄생 500주년을 기념하여 만든 15년 숙성의 몰트를 블렌딩하여 중후한 맛을 내는 '올드 파 500(Old Parr 500)'이 있다.

- 패스포트(Passport) : '여권'이라는 뜻의 이 브랜드는 시그램 산하의 '윌리엄 롱모어(William Longmore)'사가 1968년에 출시하였다. 위스키의 맛을 알기 위해 위스키 세계로 들어가는 여권이라는 자부심의 표현으로, 상표에 새겨진 문양은 고대 로마시대 당시 통행증에 새겨져 있던 문양이라고 한다.

- 로열 살루트(Royal Salute) : '왕의 예포'란 뜻으로 영국 해군에서는 귀빈을 맞을 때 공포를 쏘아 환영의 뜻을 표한다. 국왕의 경우는 21발의 예포를 쏘게 되는데 이것을 '로열 살루트'라 부른다. 이 위스키는 국왕이 주관하는 공식행사에 21발의 축포를 쏘는 데서 아이디어를 얻어 영국 여왕 '엘리자베스 2세(Elizabeth II, Elizabeth Alexandra Mary 재위 1952. 2. 6~)'가 5세 되던 해인 1931년도에 21년 후에 있을 엘리자베스 2세의 대관식을 위한 특별한 위스키 원액을 제조하기로 결정하고 시그램사는 당시 기술로 만들 수 있는 최고의 위스키를 만들어 오크통에서 21년간 숙성하여 1952년 엘리자베스 2세의 대관식이 되자 '로열 살루트'라는 이름을 붙여 21발의 예포와 함께 바쳤다. 이 회사의 제품 디자이너들은 이 이름에 어울리는 모양의 병을 만들기 위해 고심한 끝에 스코틀랜드인들이 스코틀랜드 수호의 상징으로 여기고 있는 16세기 에든버러 성을 지키는 데 크게 공헌한 '몽즈 메그라'는 거대한 대포의 포신을 닮은 모양의 도자기 병을 결정하였다. 이렇게 하여 1952년 엘리자베스 2세 여왕의 대관식에 맞추어 최고급 위스키 '로열 살루트'가 탄생되었다. 왕실에 진상된 '로열 살루트'는 왕실의 위스키 애호가들로부터 위스키의 명품이라는 극찬을 받았으며 세계 명품 수집가들의 주요 수집이 되고 있다. 40년 숙성의 '로열 살루트'는 병 모양이 마치 루비처럼 생겼다 해서 흔히 '로열 살루트 루비'라고도 불리고 있다.

- 섬싱 스페셜(Something Special) : 몰트 함유율이 높고 감칠맛이 있는 '힐 톰슨(Hill Thomson)'사의 디럭스 품으로 한 방울 한 방울 최고의 원액으로 만들었기 때문에 일반인들이 마실 수 있으리라고는 생각지 못했다고 한다. 이 회사의 '퀸 앤(Queen Anne)'은 부드러운 스탠더드 제품이다.

- 뱃 69(Vat 69) : '69번째의 통'이라는 뜻으로 위스키 품평가인 '윌리엄 샌더슨(William Sanderson)'이 1882년 처음으로 자신의 위스키를 발매하게 되었을 때 100여 종에 가까운 제품을 만들어 관계자들에게 평가를 부탁했는데 전원이 69번째의 통을 선택하였고 통 번호 그대로 발매하였다. 'VAT 69'는 라이트한 스탠더드품이고, '리저브(Vat 69 Reserve)'는 16년 숙성의 디럭스품으로 몰트의 풍미가 물씬하면서도 라이트한 맛이다.
- 화이트 호스(White Horse) : 세계적으로 지명도가 높은 위스키로 상표명은 에딘버러(Edinburgh)에 있는 오래된 여관의 이름을 딴 것이다. 엑스트라 파인(Extra Fine)은 몰트 함유율이 높은 수출용 고급주이며, '로건(Logan)'은 창업자의 이름을 붙인 디럭스품으로 약간 드라이한 맛이다.

(2) 아이리시 위스키(Irish Whiskey)

아이리시 위스키란 아일랜드에서 만들어지는 위스키의 총칭으로 스코틀랜드의 스카치위스키보다 더 오랜 역사를 가지고 있으나 스카치위스키에 비해 명성은 못하다. 아일랜드는 위스키의 원조라는 자부심으로 위스키의 영문 표기를 'Whiskey'로 하고 있다. 스카치위스키는 100% 맥아만으로 만드는 데 비해 아이리시 위스키는 맥아 이외에 보리, 호밀, 밀 등을 사용하고 대형 단식 증류기로 3회 증류한다. 또한 맥아를 건조할 때 피트를 사용하지 않으므로 스카치위스키와 같이 피트탄에서 나오는 스모키한 향은 없다.

① 몰트 위스키(Malt Whiskey)

대맥의 맥아에 발아하지 않은 대맥, 라이맥, 그 밖의 맥류, 옥수수 등을 원료로 발효하여 대형 단식 증류기로 3회 증류하여 고농도의 위스키를 만들어 숙성한 후 제품화한다. 피트 향은 없으나 대맥에서 오는 강한 향미가 있으며 아일랜드 현지인이 마시는 것은 주로 이 타입의 위스키이다. 특히, 싱글 몰트 위스키(Single Malt Whiskey)는 다른 증류소의 술을 한 방울도 섞지 않고 한 증류소만의 원주로 만든 것으로 별격으로 다룬다.

② 블렌디드 위스키(Blended Whiskey)

옥수수를 주원료로 연속식 증류기로 증류하여 경쾌한 맛의 위스키를 만들어 몰트 위스키와 블렌딩한 것으로, 몰트 위스키에 비하여 가벼운 맛을 지니고 있으나 라이트한 맛을 좋아하는 현대인에게 인기를 얻고 있다. 1970년대부터 대량 생산되기 시작하여 수출되는 것은 거의가 이 타입이다.

유명상표

- 올드 부시밀스(Old Bushmills) : 영국령 북아일랜드주에서 생산되는 유일한 브랜드로 현존하는 아이리시 위스키 중 가장 오랜 역사를 가지고 있다. 상표명 '부시밀'은 북아일랜드의 도시 이름으로 '숲속의 물레방앗간'이라는 뜻이다. '올드 부시밀스(Old Bushmills)'와 '블랙 부시(Black Bush)'가 있다.
- 존 제임슨(John Jameson) : 1780년 더블린(Dublin)에서 '존 제임슨'이 설립한 회사로 오랫동안 아이리시의 고전적인 증류법으로 전통적인 중후한 맛의 위스키를 만들었으나 1974년 개발한 소프트한 풍미의 위스키가 호평을 얻고 있다. '화이트 라벨(White Label)'과 '블랙 라벨(Black Label)'이 있다.

- **털러모어 듀(Tullamore Dew)** : '털러모어의 이슬'이란 뜻으로 아일랜드 중심부에 있는 아름다운 거리의 이름이다. 라벨에 '라이트 앤 스무스(Light and Smooth)'라고 표시되어 있는데 매우 가볍고 매끄러운 맛이 특징이다.

(3) 아메리칸 위스키(American Whiskey)

미국에서 생산되는 위스키의 총칭으로, 미국의 위스키는 미연방 알코올법에 의해 '곡물을 원료로 하여 알코올 95% 이하로 증류한 후 오크통(Oak Cask)에서 숙성하여 알코올 농도 40% 이상으로 병입한 것 또는 그와 같은 것에 다른 주정을 섞은 것'이라 정의하고 있다.

미국에서 생산되는 위스키로는 버번 위스키, 테네시 위스키, 라이 위스키, 콘 위스키 등이 있는데 아메리칸 위스키라고 하면 일반적으로 라이 위스키를 말한다. 라이 위스키는 라이맥을 주원료로 하는 위스키로서 보통 '라이 블렌디드 위스키(Rye Blended Whiskey)'라고 라벨에 표기한다. 미국 위스키 중에는 켄터키 주 버번(Burbon) 지역에서 옥수수를 주원료로 만든 버번 위스키가 가장 유명하며, 위스키 영문 표기를 'Whiskey'로 하고 있다.

① 분류

- 스트레이트 위스키(Straight Whiskey) : 스트레이트 위스키는 옥수수, 호밀, 밀, 대맥 등의 원료를 사용하여 만든 주정을 다른 곡물주정(Natural Grain Sprits)이나 위스키를 혼합하지 않고 그을린 오크통에 2년 이상 숙성시킨 것으로, 2년 이상 통에서 숙성하면 명칭에 스트레이트(Straight)라는 형용사를 붙여 부른다. 버번 위스키, 테네시 위스키, 콘 위스키, 라이 위스키 등이 있다.

- 블렌디드 위스키(Blended Whiskey) : 블렌디드 위스키는 한 가지 이상의 스트레이트 위스키에 중성 곡물주정을 혼합하여 병입한 것으로 배합비율은 스트레이트 위스키 20%와 중성 곡물주정 80% 미만으로 혼합한 것을 말한다.

② 종류

- 켄터키 스트레이트 버번 위스키(Kentucky Straight Bourbon Whiskey) : 버번 위스키는 옥수수를 51% 이상 사용하고 다른 곡물을 섞어 당화·발효·증류하여 내부를 태운 오크통(Oak Cask)에 넣어 2년 이상 숙성시키며, 보통 4년 숙성 후 제품화한다. 이때 오크통에서 나는 스모키 향이 독특한 풍미를 준다. 그리고 2년 이상 통에서 숙성하면 명칭에 스트레이트(Straight)라는 형용사를 붙여 부른다. 버번 위스키의 원산지인 켄터키주에서 증류 생산된 것을 켄터키 스트레이트 버번 위스키라고 하며 일리노이, 인디애나, 미주리 등의 여러 주에서도 생산하고 있다.

- 테네시 위스키(Tennessee Whiskey) : 법직으로는 버번 위스키의 일종이지만 상거래 습관상 버번 위스키와 구분되는 테네시주의 특산물로서, 원료 및 제조법은 버번 위스키와 같지만 증류 후 테네시주의 사탕단풍나무 숯으로 여과하여 매끈한 맛을 내는 것이 특징이다.

- 아메리칸 블렌디드 위스키(American Blended Whiskey) : 버번 위스키와 같은 방법으로 만들며 라이(Rye)맥 66% 이상을 주원료로 '라이 위스키(Rye Whiskey)'를 만들어 이것을 20% 이상 블렌딩하여 만든 위스키를 말한다. 나머지 80% 미만은 어떤 종류의 위스키라도 무방하며 또한 천연 곡물 주정이라도 관계없다. 이렇게 만들어진 위스키는 부드러운 것이 많으며 미국인들에게 인기가 높다.

Bourbon Whiskey 상표

- **에인션트 에이지(Ancient Age)** : '고대의 좋은 시절'이라는 의미이며 머리글자를 따서 'A&A'라고도 부른다. 이 회사는 제품에 대한 강한 자부심으로 '만약 이보다 나은 버번이 있다면 그것을 선택하십시오.'라는 캐치프레이즈를 쓰고 있다. 전통적인 버번의 풍미인 야성미를 갖추고 있으며 '스탠더드'는 6년, '디럭스'는 10년생으로 고급 버번 위스키이다.

- **벤치 마크(Bench Mark)** : 상표명 '벤치 마크'란 '원점'이라는 기술수준을 말하는 측량 용어로, '버번의 원점'이라는 의미가 있다.

- **얼리 타임스(Early Times)** : '개척시대'라는 의미를 지닌 이 브랜드는 버번 위스키의 탄생지인 켄터키주 버번군에서 링컨 대통령(Abraham Lincoln, 1809.2.12~1865.4.15 재임 1861~1865)이 취임한 1861년에 탄생한 버번의 정통파로 전통적인 풍미와 부드러운 감촉이 호평을 받고 있으며 미국에서 인기 있는 브랜드이다.

- **포 로즈(Four Roses)** : '장미 네 송이'라는 이름으로 시그램의 버번 가운데 가장 널리 알려진 상표로 6년간 저장하였으며 마일드한 맛이 특징이다.

- **하퍼(I. W. Happer)** : 1877년 탄생한 상표로 상표명은 공동 창업자인 증류 전문가 '아이작 울프 번하임(Isaac Wolf Bernheim)'과 뛰어난 세일즈맨 '버나드 하퍼(Bernard Happer)'의 이름을 합쳐 만들었다. 창업 이래 높은 품질로 정평이 나 있고 감칠맛과 품격 있는 풍미는 많은 애호가를 확보하고 있다.

- **짐빔(Jim Beam)** : '짐빔'은 가장 많이 팔리는 버번 위스키로 이 회사는 1795년 '제이콥 빔(Jacob Beam)'이 버번군에 위스키 증류소를 세웠을 때부터 시작된다. 또한 현존하는 미국의 증류회사 중 가장 오랜 역사를 가지고 있으며 창업 이래 6대에 걸쳐 200여 년이 지난 현재에도 빔 집안에 의해 경영되고 있다. 4년 숙성의 '화이트 라벨(White Label)'은 맛이 아주 부드러워 소프트 버번의 대표적 존재가 되었으며 '초이스 그린(Choice Green)'은 통 숙성 후 차콜필터로 여과한 디럭스품으로 감칠맛 있는 풍미로 알려져 있다. '블랙 라벨(Black Label)'은 라벨에 101개월 숙성이라 기재되어 있는데 장기 숙성에 의한 마일드함이 특징이다.

- **던트(J. W. Dant)** : 1863년 J. W. Dant에 의해 만들어진 브랜드로 현재 뛰어난 버번은 대개 던트가 발명한 사워 매시(Sour Mash) 방식으로 만들고 있다.

- **올드 크로(Old Crow)** : '늙은 까마귀'란 뜻으로 라벨에도 까마귀 그림이 그려져 있는데 창업주인 '제임스 크로(James Crow)'에서 유래한다. 이 술이 탄생한 것은 1835년으로 창업 이래 미국 내 매출액 상위에 속하는 브랜드이며 마일드하고 부드러운 풍미가 특징이다.

- **올드 그랜드 대드(Old Grand Dad)** : 상표명 '올드 그랜드 대드(할아버지)'란 이 회사의 창업자인 '하이든(R. B. Hiden)'의 애칭으로 창업은 1769년인데 버번은 1882년부터 생산하였다. 처음에는 알코올 농도 50%의 것을 생산하였으나 1958년 알코올 43% 버번을 생산하면서 급속히 시장을 확대하여 유명 브랜드가 되었다. '스탠더드'는 매우 마일드하고 '스페셜 셀렉션(Special Selection)'은 통에서 그대로 병에 담아 순수한 버번으로 마일드한 풍미와 향기가 아주 은근한 느낌이다. 알코올 도수 57%로 버번 가운데 가장 높다.

- **스틸브룩(Stillbrook)** : 1892년 일리노이(Illinois)주의 윌슨가에서 창업하였다. '스틸브룩'은 보급품 타입의 버번으로 4년 숙성의 라이트한 술이다. '버번 슈프림(Bourbon Supreme)'은 5년생으로 차콜필터로 여과하여 부드럽게 만든 버번 위스키이다.

- **텐 하이(Ten High)** : 미국의 거대 주류기업인 하이램 워커사 제품으로 상표명 '텐 하이'는 포커 게임의 최고인 '텐 하이 스트레이트 플래시'에서 딴 것으로 "더 이상의 버번은 없다."는 자부심에서 이 이름을 붙였다고 한다. 가벼운 향기를 지닌 5년생이며, '워커스 디럭스(Walker's Deluxe)'는 8년 숙성한 것으로 장기 숙성에 의한 마일드한 풍미가 느껴진다.

- **와일드 터키(Wild Turkey)** : 켄터키주에 있는 '오스틴 니콜스(Austin Nichols)'사 제품으로 회사명이 라벨 위쪽에 크게 적혀 있어 '오스틴 니콜스'라 부르기도 한다. 알코올 농도 101Proof인 '와일드 터키'는 매년 사우스 캐롤라이나주(South Carolina State)에서 열리는 야생 칠면조 사냥에 모이는 사람들을 위해 만든 데서 유래하였다.

Tennessee Whiskey 상표

- **조지 디켈(George Dickel)** : 1870년 테네시주 탈라호마에서 '조지 디켈'에 의해 창립되었으며 마일드한 풍미가 특징이다. 이 지역은 석회석의 층을 지닌 물과 사탕단풍나무를 쉽게 얻을 수 있어 위스키 제조에 적합한 지역이라고 한다.

- **잭 다니엘(Jack Daniel's)** : 미국을 대표하는 고급 위스키로 1846년 테네시주의 링컨 카운티(Lincoln County)에서 '잭 다니엘'이 창업하여 '벨 오브 링컨'이라는 상표로 발매하였으며 자신의 이름을 붙인 것은 1887년부터이다. 그는 우연한 기회에 사탕단풍나무 숯으로 여과한 위스키의 맛이 매우 뛰어나다는 사실을 발견하고 사탕단풍나무 숯으로 위스키를 여과하는 과정을 도입하게 되었으며 이것은 버번 위스키와 테네시 위스키를 구분하는 방법이 되었다.

  미국 남북전쟁 중 그는 동업자와 함께 심야에 위스키를 실은 마차를 건초 더미로 덮어서 위장한 다음 북군에게 판매했다. 전쟁 중이라 군 주둔지에는 통행이 금지되어 있었으나 그들은 잭 다니엘 위스키의 맛에 반한 병사들의 보호를 받으며 북군에게 위스키를 판매하였고 남북전쟁이 끝난 후 귀향한 병사들의 입을 통하여 잭 다니엘 위스키는 유명해지게 되었다.

  1904년 '잭 다니엘'은 'Old No.7 Tennessee sipping whiskey(올드 넘버 7 테네시 위스키)'라는 이름으로 미주리주 세인트루이스에서 열린 세계박람회의 위스키 품평회에서 최우수상을 받은 이래 미국의 대표적 위스키로 명성이 나 있다. 1992년 국내에서 개봉된 영화 '여인의 향기'에서 주인공이 마시면서 국내에서도 유명해졌으며 '블랙(Black)'과 '그린(Green)'의 두 종류가 있다.

American Blended Whiskey 상표

- **플라이슈만스 프리퍼드(Fleischmann's Preferred)** : 1870년 오하이오(Ohio)에서 창업하였고 현재는 미국과 캐나다에 8개의 증류소를 가지고 있는 대규모 업자이다. 라이트한 풍미를 지니고 있다.

- **시그램스 7 크라운(Seagram's 7 Crown)** : 금주법이 해제된 1934년에 발매된 이래 미국의 톱 위스키 사리를 계속 유지하고 있다. 발매하기 전 사내에서 10여 종의 블랜더를 시음한 결과 7번째가 선택되었기 때문에 7과 왕의 상징인 크라운을 붙여 상표명으로 정하였다.

- **센레이 리저브(Schenley Reserve)** : 버번 위스키의 명문인 센레이사가 내놓고 있는 블렌디드 위스키로 스트레이트 버번 위스키 35%와 스트레이트 라이 위스키 65%의 비율로 블렌딩되어 있다. 소프트한 감촉과 매끄러운 풍미가 일품이다.

(4) 캐나디안 위스키(Canadian Whisky)

라이(Rye)맥을 주로 사용하기 때문에 라이 위스키(Rye Whisky)로 부르기도 하는 블렌디드 위스키(Blended Whisky)로 근래에 순한 술을 선호하는 경향이 늘면서 세계시장에서 인기를 얻고 있다. 라이맥 51%에 대맥맥아와 옥수수 등을 혼용하며, 라이맥 90%에 대맥맥아 10%를 혼용하기도 한다.

라이맥을 주제로 비교적 향미가 있는 위스키를 만들고 다음에 옥수수를 주제로 한 풍미가 부드러운 위스키를 만들어 모두 3년 이상 숙성시켜 최종적으로 블렌딩한다. 이렇게 만들어진 위스키는 라이트한 것이 특징으로, 라이 위스키 원주를 51% 이상 혼합한 것은 상표에 '라이 위스키(Rye Whisky)'라 표시한다.

Canadian Whisky 상표

- **앨버타(Alberta)** : 라이 위스키 원주를 51% 이상 사용하여 만든 '라이 위스키'로 5년 숙성의 라이트한 타입의 '앨버타 프리미엄(Alberta Premium)'과 10년 숙성의 고급품인 '앨버타 스프링스(Alberta Springs)'가 있다.

- **블랙 벨벳(Black Velvet)** : '검은 비로드'란 뜻으로 옥수수와 호밀을 주원료로 만든 술로서 캐나디안 위스키의 전형적인 보드카 맛에 가까운 위스키이다. 1970년 미국에 첫 수출된 이후 큰 인기를 얻고 있다.

- **캐나디안 클럽(Canadian Club)** : 영문 머리글자인 'C.C'라는 애칭으로 불리기도 하는데 당시 그의 위스키를 애호했던 소비자들이 상류사회 클럽을 이용하는 신사들이었다는 데서 힌트를 얻은 하이램 워커는 자신의 위스키에 '클럽 위스키(Club Whisky)'라는 이름을 붙여 브랜드명을 가진 첫 번째 캐나디안 위스키로서 전 세계로 퍼져나가는 성공을 거두게 되었다.
  하이램 워커가 1882년에 '클럽 위스키'를 미국 시장에 선보이자 인기가 치솟아 미국 내의 증류소들이 위스키 사업에 큰 타격을 입을 정도가 되었다. 이에 미국의 증류업자들은 미국 정부를 압박하여 원산지를 표시하게 하는 법안을 만들게 되었고 이 때문에 '클럽 위스키'에 '캐나다'라는 원산지가 더해져서 '캐나디안 클럽'이라는 브랜드가 탄생하게 되었다. 1898년에는 영국 왕실에서 최고의 제품에만 수여하는 '로열 워런트(Royal Warrant)'를 북미에서 생산된 위스키로서는 처음으로 수상하게 되었다. '캐나디안 클럽' 6년, 12년, 20년생이 있으며, 특히 20년생은 한정판매품으로 병에는 고유번호가 새겨져 있다.

- **시그램 V.O(Seagram's V.O)** : 양주 메이커로 세계 최대 규모를 자랑하는 시그램의 주력 제품으로 최저 6년 숙성의 원주를 블렌딩한 라이트한 풍미의 위스키이다.

- **크라운 로열(Crown Royal)** : 왕관 모양을 본 뜬 병으로 1939년 영국 왕 '조지 6세(George Ⅵ, 재위 1936~1952)'가 캐나다를 방문했을 때 시그램사가 심혈을 기울여 만든 진상품으로 그 후 '크라운 로열'은 엘리자베스와 에든버러공의 결혼식과 엘리자베스 2세의 대관식에 진상되었다. '크라운 로열'은 캐나디안 위스키의 전형적 특징인 가벼움을 지니면서도 과일향이 은은하게 스며 나오는 비단결 같은 부드러운 맛을 낸다. 목에 넘어 갈 때의 부드러움은 어느 술에도 뒤지지 않는 최고급의 위스키이다.

- **맥기네스(Mc Guinness)** : 이 회사의 위스키는 대개가 라이트한 타입으로 독특한 디자인의 병에 발매되는 것으로 유명하다. '올드 캐나다(Old Canada)' 6년생과 8년생이 있고, 7년 숙성의 '실크 터셀(Silk Tassel)'과 '골드 터셀(Gold Tassel)'이 있다. '화이트 캐나디안(White Canadian)'은 무색투명한 위스키로 묵은 통에서 숙성시켜 착색을 억제하고 후에 활성탄 처리한 제품이다.

2) 브랜디(Brandy)

브랜디란 과실의 발효액을 증류한 알코올이 강한 술로서, 단순히 브랜디라고 하면 포도주를 증류한 것을 말하며, 그 외의 과실주를 증류한 것은 과실의 이름을 붙인다.

(1) 명산지

프랑스는 세계 최고의 브랜디를 생산하고 있는데, 특히 코냑(Cognac)과 알마냑(Armag-nac) 지방이 세계적으로 품질을 인정받고 있다. 1909년 프랑스 국내법으로 생산지역, 포도의 품종, 증류법 등을 엄격하게 규제하여 그 규격에 맞지 않으면 '코냑' 또는 '알마냑'이라는 이름으로 판매할 수 없도록 하고 있다.

---

① 코냑(Cognac)

최고의 브랜디로 평가되는 코냑의 프랑스 정식명칭은 '오 드 비 드 뱅 드 코냑(Eau-de-Vie de vin de Cognac)'이다. 코냑 지방에서는 고대 로마시대 때부터 와인을 제조하였는데 이 지방의 와인은 다른 지방의 와인에 비해 당도가 낮아 알코올 농도가 낮고 산도는 높아 좋지 않은 품질로 인해 판로가 줄고 과잉 생산되는 문제가 있었다. 17세기 무렵 네덜란드 무역상들이 프랑스 와인을 유럽의 여러 나라에 팔았는데 운송 도중의 품질변화를 막고 부피를 줄이기 위하여 증류한 결과 결점이 장점으로 변화되어 와인의 산은 브랜디의 방향성분으로 변화되었고, 알코올 농도가 낮은 와인으로 브랜디를 만들기 위해 많은 양의 와인을 증류하게 되었는데 그 때문에 산 이외의 포도에서 유래되는 향기도 훨씬 더 농축된 형태로 브랜디에 이행되어 뛰어난 코냑이 만들어지게 되었다. 이후 코냑에 매료된 영국인들과 교역이 활발하게 진행되고, 세계적으로 널리 알려져 브랜디의 대명사로 자리 잡게 되었다.

② 알마냑(Armagnac)

'코냑'과 쌍벽을 이루는 명주인 '알마냑'은 보르도의 남서쪽에 위치한 지방으로 북쪽은 지롱드(Gironde)강, 남쪽은 피레네산맥에 둘러싸여 있다. 이곳은 가스코뉴(Gascogne) 부족이 살던 곳으로 지금도 가스코뉴 지방이라고도 부른다. '알마냑' 브랜디의 역사는 코냑 지방보다 훨씬 오래되어 15세기 무렵부터 브랜디를 제조하였으나 큰 관심을 끌지는 못하였으며, 2차 대전 이후 미군들에 의해 알려지기 시작하였다.

---

(2) 브랜디의 품질표시 및 저장부호

브랜디는 저장연수를 부호로 표시하여 판매하는 경우가 많으며, 그 부호가 나타내는 저장기간은 제조회사에 따라 차이가 있다.

브랜디의 숙성연도 표시

부호	숙성기간	부호	숙성기간	비고
☆	2~3년	V.O	10~15년	• V : Very
☆☆	4~5년	V.S.O	15~20년	• S : Superior
☆☆☆	6~7년	V.S.O.P	25~30년	• O : Old • P : Pale
☆☆☆☆	10~12년	X.O	45~50년	• X : Extra
		EXTRA	70년	• N : Napoleon

(3) 브랜디의 스트레이트법

❶ 반드시 브랜디 글라스(Brandy Glass, Cognac Glass, Snifter Glass)를 사용한다.

❷ 글라스를 예열하여 사용한다.

❸ 글라스를 수평으로 눕혀 글라스의 크기에 관계없이 1온스만 따른다.

❹ 두 손으로 글라스를 감싸 쥐고 상온에서 조금씩 천천히 마신다.

❺ 식후에 마신다.

Cognac Brandy 상표

• **비스키(Bisquit)** : 5대 코냑 메이커의 하나로 꼽히고 있으며 라이트한 풍미를 지닌다. '☆☆☆'부터 만들고 있는데 V.S.O.P 이상은 모두 피뉴 샹파뉴(Fine Champagne) 규격품이다. 'V.S.O.P'는 통의 향기를 느낄 수 있고 '나폴레옹(Napoleon)'은 원료의 향기가 녹아들어 마일드한 풍미이다. 'X.O'는 크리스털 디캔터병으로 장기 숙성의 매력을 맛볼 수 있는 균형 잡힌 코냑이다. '엑스트라 비에이유(Extra Vieille)'는 고품한 품격을 지닌 고주이며 '리모주 배럴(Limoges Barrel)'은 명품으로 도자기병에 담은 특별품이다. '바카라(Baccarat)'는 고급품으로 고주(古酒)가 블렌딩되어 있다.

• **카뮈(Camus)** : 카뮈 제품의 85% 이상은 세계 각지의 면세점에서 팔리고 있다. 'V.S.O.P'는 '프티 샹파뉴(Petite Champagne)'와 '보르더리(Borderies)'의 원주를 중심으로 네 지역의 것을 블렌딩한 것으로 마일드한 풍미를 지닌다. '나폴레옹(Napoleon)'은 '그랑드 샹파뉴(Grand Champagne)'와 '보르더리(Borderies)'의 원주를 사용하는데 부드러우면서도 감칠맛이 있다. '나폴레옹 X.O'는 자가 포도원에서 만든 20~30년 숙성의 원주를 중심으로 블렌딩한 것으로 약간 드라이한 맛을 지니고 있다. '배럴(Barrel)' 2종류, '북(Book)' 3종류, '드럼(Drum)'의 시리즈는 고급 코냑으로 모두 나폴레옹급 이상의 것이다. '카뮈 바카라(Camus Baccarat)'는 중후한 용기에 X.O급의 정선된 고급 코냑이고, '카뮈 실버 바카라(Camus Silver Baccarat)'는 카뮈사의 최고 급품으로 자가 포도원에서 만든 고주(古酒)에서 정선된 극상품만을 블렌딩한 것이다.

• **쿠르보아제(Courvoisier)** : 1790년 파리의 와인 전문상인이었던 '에마뉘엘 쿠르봐지에(Emmanuel Courvoisier)'가 1835년 창업한 회사로 마아텔, 헤네시와 함께 코냑 업계 3대 메이커의 하나이다. '쿠르보아제'는 나폴레옹의 팬이었으므로 그의 입상을 '쿠르보아제'의 심벌마크로 했다. 마아텔 제품이 약간 쌉쌀한 맛의 산뜻한 감칠맛을 추구하고 헤네시사의 제품이 통 숙성을 충분히 한 약간 중후한 풍미로 마무리되어 있는 데 비해 '쿠르보아제' 제품은 그 중간 타입이라 할 수 있다.

'쿠르보아제'는 자가 포도원도 증류소도 없는 순전한 블렌딩 업자로 구입한 막대한 원주의 저장량과 그것을 자사 저장고에서 통 숙성한 다음 블렌딩하여 상품화하기까지의 높은 기술 수준은 정평이 나 있다. '☆☆☆'은 쿠르보아제의 주력 제품으로 생산량의 80%를 차지하며 약간 달콤한 맛이 감추어진 미디엄 타입이다. 'V.S.O.P'는 '피뉴 샹파뉴' 규격의 디럭스품으로 미디엄 타입이며, '나폴레옹(Napoleon)'과 '쿠르 임페리얼(Cour Imperial)'은 차분한 감칠맛이 있는 한정품이고 '엑스트라 비에이유(Extra Vieille)'는 20년 이상 저장한 고급품으로 엘레강스한 맛이 특징이다. '크리스털 디캔터(Crystal Decanter)'는 장기 숙성한 다음 정선한 원주를 블렌딩한 것이다.

- **크로와제(Croizet)** : '크로와제(Croizet)'사는 창업자가 나폴레옹 황제에 얽힌 에피소드를 가지고 있다는 데 강한 자부심이 있다. 1805년 나폴레옹은 '아우스테를리츠(Austerlitz)'의 싸움에서 오스트리아 군대를 격파하였다. 전승의 여운을 되씹으며 나폴레옹이 숙영지를 순시하고 있을 때 근위 보병연대의 저격수인 '크로와제'가 수통에 담은 술을 전우들에게 따라주고 있었다. 나폴레옹이 물어보니 그것은 '크로와제' 집안의 자가 브랜디로서 '크로와제' 집안에서는 그것에 나폴레옹이라는 이름을 붙여 놓고 있다고 하였다. 나폴레옹이 한 모금 마셔 보고는 나폴레옹이라는 이름에 부끄럽지 않은 술이라는 찬사를 하게 되었고 이때부터 '크로와제' 집안에서는 브랜디 사업에 나설 것을 결심하고 1805년을 창업의 해로 삼았다. 'V.S.O.P'는 최저 5년 이상 숙성한 것을 블렌딩한 것으로 풍성한 느낌의 감칠맛을 지닌다. '나폴레옹(Napoleon)'은 지난 날 나폴레옹과의 에피소드를 자랑으로 삼는 '크로와제'사가 블렌딩 기술의 정수를 다하여 만든 제품으로 최저 7년 이상 숙성한 것만을 블렌딩한 대표적 제품으로 힘찬 풍미가 특징이다. '아아쥬 앙코느'는 저장연수를 알 수 없을 정도로 오래된 술이란 뜻으로 노숙한 술이다. '스몰 캐스크(Small Cask)'는 특수 수지의 작은 통에 '나폴레옹'이 병째 들어 있다. '상 루이(Sans Louis)'는 디자인의 호화로움과 우아함으로 유명한 고급 선물용 상품이다. 따로 챙겨둔 유산이라는 의미의 '레제르브 데제리체'는 1858년산의 고주로서 1930년을 전후하여 병입하여 오늘날까지 비장되어 있었던 술이다.

- **헤네시(Hennessy)** : 창업자인 '리처드 헤네시(Richard Hennessy)'는 루이 14세의 근위대에 속한 아일랜드 출신의 병사로 1765년 군에서 제대한 후 귀국하지 않고 코냑 지방에 자리 잡고 브랜디 사업을 시작하였다. 그 후 '헤네시'의 후손들이 회사를 조직적으로 발전시켜 창업 1세기 후 '헤네시'사는 코냑 업계 최초로 병을 사용하여 판매하기 시작했다. '헤네시'의 마크가 금으로 된 도끼를 들고 있는 무사의 팔인 데서 '금도끼'라고도 불린다. '헤네시' 상표의 코냑은 대규모 유명 메이커 중에서도 중후한 풍미가 특징으로 되어 있다. 1865년에는 숙성기간을 보증한다는 뜻으로 최초로 상표에 '☆☆☆'을 표시하여 '헤네시'는 좋은 품질의 브랜디라는 인식을 소비자에게 심어주게 되었다. '☆☆☆'은 스탠더드품이며, 'V.S.O.P'는 30년 저장의 원주를 블렌딩한 '피누 샹파뉴(Fine Champagne)' 규격품으로 마일드한 경쾌함을 지닌다. '나폴레옹(Napoleon)'은 헤네시사 제품으로는 완전히 엘레강스한 타입, 'X.O'는 통 숙성의 중후함을 살린 고급품이며 '엑스트라(Extra)'는 장기 숙성에 의한 고담한 경지에 도달한 술이다.

- **라아센(Larsen)** : 이 회사는 범선을 심벌마크로 하고 있는데 1880년 이 회사를 창업한 '라아센(Larsen)'이 북유럽 출신이었기 때문에 조상인 바이킹의 영광을 심벌화한 것이다. '그랑드 피누 샹파뉴'는 '그랑드 샹파뉴'와 '프티 샹파뉴'산의 원주를 정선하여 블렌딩한 것이며, '그랑드 샹파뉴'는 최고의 포도 원산지 '그랑드 샹파뉴'의 원주만을 사용한 것으로 델리케이트한 향기가 일품이다. 이 두 가지는 한정품으로 '무슈 라아센(Monsieur Lasen)'이 정성 들여 한 장 한 장 손으로 쓴 상표가 붙여져 있다. '나폴레옹(Napoleon)'은 '피누 샹파뉴' 규격품을 장기 숙성한 맛의 밸런스가 좋은 디럭스품이며 '범선 보틀' 4종은 이 회사의 심벌마크이다. 이 회사의 '골든 리무주(Golden Rimoges)'는 전면이 황금색으로 빛나는 디럭스한 제품으로 모두 병마개를 연 후에는 작은 깃발 모양의 병마개로 바꾸도록 되어 있다. '엑스트라(Extra)'는 '피누 샹파뉴' 규격품이지만 '나폴레옹'보다 한 단계 높은 수준이다. '바카라(Baccarat)'는 이 회사 비장의 고주를 블렌딩한 이 회사 최고의 제품이다.

- **마아텔(Martell)** : '장 마아텔(Jean Martell)'이 1751년 코냑 지방에서 브랜디를 제조하기 시작한 이래 '마아텔'가는 8대에 걸쳐 가업을 전승했다. 역사, 규모, 신뢰도, 수출량 등에서 코냑의 NO. 1으로 꼽히는 '마아텔'은 전량 리무진 오크통(Limousine Oak Cask)에서 숙성시킨다. 오크 목재는 5년 이상 자연 상태에서 건조한 후 사용한다. 현재 '마아텔'의 원액 보유량은 세계 최대인 약 150,000배럴이라 알려져 있을 정도로 마아텔은 명실공히 세계 최대의 코냑 회사이다. 이 회사의 코냑은 델리케이트한 향기와 화려한 숙성 향기가 특징이며 드라이 타입으로 '☆☆☆'은 그 특징을 전형적으로 갖춘 베스트셀러 상품이다. '코르동 느와르 나폴레옹(Cordon Noir Napoleon)'은 장기 숙성한 비장의 원주 중에서 정선하여 블렌딩한 것이고 '코르동 블루

(Cordon Blue)'는 30년 이상 묵은 것으로 중후한 풍미와 기품을 갖춘 고급 코냑이며, '엑스트라(Extra)'는 60년 숙성으로 연간 1,400병만 한정 판매하는 최고급품으로서 풍요로운 향기는 숙성의 극치를 보여 준다. '마아텔 블루 리모주(Martell Blue Limoges)'는 오랜 숙성을 거친 원주 가운데 엄선한 코냑을 블렌딩한 것으로 '나폴레옹 엑스트라(Napoleon Extra)'라는 칭호가 붙었으며 순방한 풍미와 풍요로운 향기가 특징인데 그 용기는 아름다운 남색에 손으로 그린 무늬가 현란한 특제 도기병이다.

- **레미 마르탱(Remy Martin)** : 이 회사는 '☆☆☆'급의 상품은 만들지 않고 전 제품이 'V.S.O.P' 이상이라는 것으로 유명하다. 더불어 '그랑드 샹파뉴' 지역과 '프티 샹파뉴' 지역 이외의 것은 블렌딩하지 않으며 이 회사의 모든 상품이 '피누 샹파뉴'의 호칭을 갖는 것도 특징이다. 'V.S.O.P'는 통이 주는 영향을 균형 있게 살린 마일드한 제품이며, 이보다 한 단계 높은 제품에는 '센토(Cento)'라는 이름이 붙는데, 이것은 그리스 신화에 나오는 반인반마신(半人半馬神) '켄타우로스(Centauros)'를 가리키며 이의 프랑스 이름 '산토오르(Le Centure)'를 부르기 쉽게 표기한 것이다. '레미 마르탱'사가 200년 이상의 옛날부터 심벌마크로 사용하고 있는 것으로 국제적으로 등록이 되어 있다.

  이 회사의 최고급품은 '루이(Louis) 13세'인데 진품보증서가 따라다닐 만큼 고가인 초특급 코냑으로 크리스털 병마다 일련번호가 붙어 있으며 '센토'라는 이름이 붙지 않는다. 'X.V.S.O.P'는 1982년에 선보인 것으로 나폴레옹급에 필적하는 고급주를 나타낸다. '나폴레옹'은 델리케이트하고 뒷맛이 산뜻한 코냑이며 'X.O'는 중후한 풍미를 지닌다. '엑스트라'는 장기 숙성에 의한 마일드한 풍미를 맛볼 수 있는 제품이며, '크리스털(Crystal)'은 바카라사의 디캔터에 담은 것으로 원숙한 풍미를 자랑하고, '리모주(Limoges)'는 약간 남성적 풍미인데 도기병 제품이다. '루이 13세'는 '그랑드 샹파뉴'의 것으로 루이 왕조를 상징하는 백합모양의 디캔터 제품으로 현재 판매되는 브랜디 중 최고가품이다.

Armagnac Brandy 상표

- **카르보네(Carbonel)** : 보통의 알마냑은 한 번의 증류로 만드는데 이 제품은 2회 증류로 만드므로 라이트한 풍미를 지니고 있다.

- **샤보(Chabot)** : 알마냑 가운데 수출 면에서 톱을 차지하는 브랜드이다. '샤보(Chabot)'는 창업자의 성으로 16세기 '프랑소와(Francois) 1세' 때 프랑스 최초의 해군원수인 '필립 드 샤보(Philippe de Chabot)' 장군은 자기 선단에 적재하는 와인이 긴 항해기간 동안에 변질되는 일이 잦아 골머리를 앓았는데 오랜 항해에도 변질되지 않도록 증류하여 배에 싣도록 하였다. 그렇게 하면 맛이 전혀 나빠지지 않을 뿐만 아니라 통 속에서 세월이 경과할수록 풍미가 뛰어나게 된다는 사실을 발견하여 숙성의 신비를 알게 된 것이다. 전통적인 증류기로 1회 증류하여 블랙 오크통(Black Oak Cask)에서 숙성시키므로 원주는 중후하지만 숙성에 의하여 마일드한 풍미를 지니게 된다. '블라종 도르(Blason d'Or)'는 '황금 가문(家紋)'이라는 뜻으로 주력 제품이며, '나폴레옹'은 숙성에 의한 마일드한 맛과 부드러운 향기가 넘치는 고급품이다. 'X.O'는 장기숙성의 세월이 빚는 품격을 느낄 수 있다.

- **자노(Janneau)** : 1851년 창립한 '자노 피스(Janneau Fils)'사 제품으로 후손에 의해 자노 집안의 가업으로 계승하여 현재에 이르고 있다. 중후한 감칠맛과 높은 향기가 특징으로 알마냑 가운데 가장 많이 수출되고 있다. 15년 이상 숙성한 원주를 블렌딩한 '나폴레옹'과 40년 이상 숙성의 원주를 블렌딩한 'X.O'가 있다.

- **카통(Caton)** : 코냑지방의 자르낙에 본사를 둔 제마코사의 제품으로 코냑 브랜디 외에 코냑지방 주변의 포도로 만든 가벼운 타입의 브랜디를 블렌딩하여 보급품으로 시장에 내놓는 상품으로 약간 달콤한 편이며 칵테일에 알맞다.

- **쿠리에르(Courriere)** : '궁정에서 보낸 급사가 탄 마차'라는 뜻으로, 오타르사의 코냑 20%를 베이스로 코냑지방 및 그 주변 지역의 와인을 연속 증류하여 블렌딩한 것으로 '나폴레옹'은 코냑의 풍미를 살린 달콤함이 있는 상품이며, '엑스트라'는 숙성을 더 오래하여 마일드한 풍미를 지니고, 'X.O'는 화려한 병들이 상품으로 창사 80주년 기념의 한정품이다.

- **듀코(Ducauze)** : 코냑의 법정 지역산 이외의 브랜디를 블렌딩하여 비교적 부담 없는 가격의 제품을 공급하는 것을 방침으로 삼고 있다. 현재 이 회사는 3종류의 '나폴레옹' 브랜디를 선보이고 있는데 오크통에서 최저 4년 이상 숙성한 브랜디를 블렌딩한 것이다. '콘도르(Condor)'는 황제 나폴레옹의 깃발 독수리를 심벌마크로 삼은 것이며, '컬러 실(Color Seal)'은 원색 라벨을 사용하기 때문에 붙여진 이름이고 '골드 레터(Gold Letter)'는 라벨에 금색으로 나폴레옹이라 표시되어 붙인 이름이다.

- **마르탱 장(Martin Jeune)** : 코냑 메이커인 '요제프 제르망'의 관련 회사로 그 코냑을 블렌딩하여 만들고 있다.

3) 드라이 진(Dry Gin)

네덜란드 라이덴(Lyden) 대학의 내과의사인 '실비우스(Franciscus Sylvius)' 박사가 1660년 이뇨·건위의 약용 목적으로 만들었던 것이 시초로, 이뇨에 효과가 있는 두송실(Juniper Berry) 오일을 환자에게 쉽게 투여하는 방법을 연구한 끝에 주정에 주니퍼 오일을 섞어 마시는 방법을 생각하였다. 이것을 주니퍼의 프랑스어인 주니에부르(Genievre)에서 '주네브(Genever)'란 이름으로 이뇨·해열·건위의 약용으로서 처음에는 약국에서만 판매하도록 하였다. 이것이 애주가의 호평을 얻어 술로서 음용되게 되었다. 이때의 '주네브(Genever)'는 단식 증류기(Pot-still)를 사용하였기 때문에 불순물이 많고 거칠었으나, 영국에서 연속식 증류기(Patent-still)가 개발되면서 독자적인 타입의 '런던 드라이 진'이 보급되게 되었다. 이후 영국의 진 생산량이 본고장인 네덜란드를 능가하고 이것이 미국으로 건너가 칵테일의 베이스로 널리 사용됨으로써 전 세계적으로 사랑을 받게 되었다. 그래서 '진'을 가리켜 네덜란드인들이 만들고, 영국인들이 세련되게 하였고, 미국인들이 영광을 주었다고 하며 오늘날에 이르고 있다.

(1) 종류

① 주네브 진(Genever Gin)

네덜란드산의 전통적인 타입으로 옥수수, 호밀, 대맥 등의 곡물을 엿기름으로 당화하고 발효한 것을 단식 증류기로 증류하고 여기에 두송실 등의 원료를 넣어 재차 단식 증류기로 증류하여 만든다. 쉐담 진(Schiedam Gin)이라고도 부르며, 런던 드라이 진에 비해 맥아(Malt)의 사용량이 많아 맥아의 풍미가 진한 것이 특징으로 암스테르담(Amsterdam)과 쉐담지방에서 많이 생산된다.

② 런던 드라이 진(London Dry Gin)

옥수수, 호밀, 대맥 등의 곡물을 당화하고 발효한 다음 연속식 증류기로 증류하여 주정을 만든다. 곡물 주정을 재차 증류하는데 이때 특별히 고안된 '진 헤드(Gin Head)'에 두송실(Juniper Berry)을 비롯한 향료식물을 넣고 증류되어 나오는 알코올의 증기가 여기를 통과할 때 향미성분이 묻어 나오게 만들어 풍미가 부드러운 것이 특징이다. 오늘날 세계적으로 생산되는 대부분은 이 타입으로 상표에 런던 드라이 진이라는 표시가 있다.

③ 기타

당분을 더해 단맛이 나게 한 것을 '올드 톰 진(Old Tom Gin)', 두송실 대신 다른 열매의 향으로 바꿔 만든 '진'을 '플레이버드 진(Flavored Gin)'이라고 한다.

- 골든 진(Golden Gin) : 드라이 진과 같은 것이나 단기간 저장하므로 옅은 황금빛을 띤다.
- 올드 톰 진(Old Tom Gin) : 영국에서 생산하는 드라이 진에 2% 정도의 당분을 첨가하여 감미가 있다.
- 슬로 진(Sloe Gin) : 진에 야생자두(Sloe Berry)를 원료로 혼합하여 만들고 선명한 붉은색과 달콤함이 특징으로 야생자두의 향이 부드럽기 때문에 여성들이 즐겨 마시며 리큐르(Liqueur)에 가깝다.
- 플레이버드 진(Flavored Gin) : 두송실 대신 여러 가지 과일과 향초류 등으로 향을 내어 만드는 것으로 오렌지, 레몬, 박하, 생강 등을 원료로 배합하여 감미가 풍부하고 배합된 원료의 맛과 향이 강하다. 리큐르(liqueur)에 가까운 플레이버드 진의 달콤함과 향기는 스트레이트로 마시기 좋다.
- 아메리칸 진(American Gin) : 제조법은 다른 진과 같으나 중성 알코올에 향료를 넣어 만든 합성 진이다.

(2) 알코올 농도 및 저장

80~100Proof(40~50%), 저장하지 않으므로 무색투명하다.

- **비피터(Beefeater)** : 가장 유명한 런던 드라이 진의 상표로 '비피터(Beefeater)'란 런던탑에 주재하는 근위병을 뜻하는데, '비프 이터(쇠고기를 먹는 사람)'에서 유래되었다는 이야기도 있다. 1820년 런던에 설립된 '제임스 버로우(James Burrough)'사 제품으로 세계의 유명 바텐더가 '마티니(Martini)' 칵테일의 베이스에는 반드시 이 상표의 진을 사용하는 것이 상식화되어 있다고 할 정도로 유명 브랜드이다. 이 회사 제품으로 '비피터 크라운 주얼(Beefeater Crown Jewel)'은 프리미엄급으로 상쾌한 향기와 원숙미를 지닌 깨끗하고 드라이한 풍미로 3회 증류하여 만들며 면세점 전용의 한정 발매품이다.

- **볼스(Bols)** : '볼스(Bols)'는 1575년에 창업한 네덜란드의 주류기업으로 현존하는 증류회사 중 세계에서 가장 오래된 회사로, 리큐르 메이커로서도 알려져 있어 다양한 제품을 판매하고 있다. '실버 탑(Silver Top)'은 진의 탄생지 네델란드에서 만들어지는 런던 타입의 상쾌한 진이며, '지오 주네브(Z.O Genever)'는 진 창제 당시의 전통을 이어 받은 헤비 타입의 진으로 상표의 Z.O는 'Zeer Oude(장기숙성)'의 약자이다.

- **봄베이(Bombay)** : 런던산으로 순수한 런던 진의 하나이다. 1781년 창업한 브랜드로 지금도 그 전통을 이어받은 제법으로 만들어지며 드라이한 풍미가 특징이다. 현재와 같이 프리미엄 진으로서 부활한 것은 1950년 무렵으로 상쾌하고 드라이한 허브의 높은 향기는 미국에서 호평을 받았다. '봄베이(Bombay)'와 '봄베이 사파이어(Bombay Sapphire)'가 있다.

- **길비(Gilbey's)** : 길비의 진은 네모난 병으로 유명한데 이 병의 디자인은 주요 수출국인 미국에서 금주법 시대에 가짜가 많이 나돌았으므로 위조하지 못하도록 연구한 것이라고 한다. 레드 라벨 37%, 그린 라벨 47.5%로 제조하고 있다.

- **고든스(Gordon's)** : 유명 브랜드의 하나로 1769년 창업한 정통 런던 타입으로 1898년에는 당시 진 메이커로서 유명한 '탱커레이(Tanqueray)'와 합병하여 '고든스'와 '탱커레이'의 2대 유명 브랜드를 가지는 진 메이커로서 발전하여 현재에 이르고 있다. 1997년 인터내셔널 와인&스피리츠(International Wine&Spirits) 전시회에서 스피리츠 부문의 진 부문에서 금메달을 수상하였다. 현재 영국왕실에서 최고의 제품에만 수여하는 '로열 워런트(Royal Warrant, 영국 왕실 납품업자)'로 되어 있다. 동사의 '올드 톰(Old Tom)'은 시럽을 소량 첨가하여 2%의 당도를 가지고 있다.

- **하이램 워커(Hiram Walker's)** : 캐나다의 거대 주류기업인 하이램 워커사 제품으로 '블랙 라벨(Back Label)'에는 향료로 수마트라산의 '카시아', 이탈리아산의 '주니퍼', 발칸산의 '고수나물', 스페인 등 카리브해의 '발렌사 오렌지 껍질' 등의 사용을 명기하고 있다.

- **슈리히테 슈타인헤이가(Schlichte Steinhager)** : '슈타인헤이가'는 런던 진보다 마일드한 맛을 가지는 독일 특산의 진으로 독일에서는 맥주를 마시기 전에 1~2잔 마시는 습관이 있다고 한다. 독일 서부의 베스트파렌(Westfalen)주의 슈타인하겐(Steinhagen)이라는 마을이 이 술의 특산지였다고 하는데 현재는 다른 주에서도 만들고 있다. 이것은 1863년 창업한 슈리히테사의 제품으로 동사 브랜드는 슈타인헤이가 중에서 가장 유명하다. 보리를 단식 증류기로 2회 증류하여 두송실을 비롯한 향료식물을 사용하며 1776년의 레시피를 충실히 따라서 만들어지고 있다.

- **시그램 엑스트라 드라이(Seagram's Extra Dry)** : 미국 톱 브랜드의 진으로 시그램사는 1939년에 발매하여 지금까지의 진보다 감귤계의 향기를 두드러지게 만들었다.

- **탱커레이(Tanqueray)** : 1830년에 창업하여 1898년에는 '고든스'와 합병한 이후 미국시장 수출에 전념하여 판매와 수출을 상호 협력하고 있다. 병 디자인은 18세기 무렵 런던시의 소화전(消火栓)을 디자인한 것으로 미국 케네디 대통령과 가수 프랭크 시나트라가 즐겨 마셨다고 한다. 동사의 '탱커레이 넘버 10(Tanqueray No.10)'은 2000년도에 처음 만들어진 슈퍼 프리미엄급의 진으로 최고 성능의 제10번 증류기에서 증류한 원주만을 보틀링하여 붙인 이름으로 프레시 허브(Fresh Herbs)를 사용하여 만들어 허브의 신선한 풍미를 즐길 수 있는 일품의 진으로 정평이 나 있다. 1999년 처음 만들어진 '탱커레이 말라카 진(Tanqueray Malacca Gin)'은 프리미엄급의 진으로 1839년 당시의 오리지널 레시피를 재현한 것으로 일반적인 런던 드라이 진에 비해 아로마틱한 풍미가 풍부하다.

4) 보드카(Vodka, Wodka)

보드카가 언제부터 만들어졌는지 정확한 것은 알려져 있지 않으나 북유럽의 여러 나라에서 추위를 이기기 위해 만들었다고 한다. 폴란드에서는 11세기경, 러시아에서는 12세기경, 핀란드에서는 16세기경부터 시작되었다고 하는데 그 기원을 놓고 약간의 논쟁이 있기는 하지만 대부분의 역사학자들은 '보드카'라는 이름의 술이 러시아 수도원에서 처음 제조되기 시작하였을 것으로 추정한다.

보드카라는 이름은 '생명의 물'이란 뜻인 '즈이즈네니야 보다(Zhizennia Voda)'에서 '물'이란 뜻의 '보다(Voda)'가 애칭형인 '보드카'로 변한 것이라 하며, 문헌상으로 '보드카'라는 말은 16세기부터 사용하기 시작하였다고 한다.

보드카는 러시아의 마지막 3대에 걸친 황제들이 애용하던 술로서 제조법을 비밀에 부쳐 외부 세계에 알려지지 않았으나 1917년 러시아 혁명이 일어나면서 해외로 망명한 러시아인들에 의해서 보드카의 제조법이 여러 나라로 전해지게 되었고, 현재 미국과 러시아에서 가장 많은 보드카를 생산하고 있다.

(1) 원료 및 제조법

밀 · 보리 · 호밀 등의 곡물 외에도 감자나 옥수수 등을 원료로 하여 당화시킨 후 발효하고 증류한 다음 증류액을 희석하여 자작나무 숯으로 만든 활성탄으로 여과해서 정제하면 무색 · 무미 · 무취의 보드카가 만들어진다. 활성탄은 잡다한 맛과 냄새, 나쁜 성분을 제거하여 물처럼 깨끗한 보드카를 탄생시킨다. 여과하는 횟수가 많을수록 좋은 보드카가 만들어지며 고급의 보드카는 활성탄 여과의 목탄 냄새를 없애기 위해 마지막에 모래로 된 여과기를 통과시켜 목탄의 냄새까지 제거한다.

(2) 알코올 농도 및 저장

80~100Proof(40~50%), 저장하지 않으므로 무색투명하다.

(3) 종류

대부분의 보드카는 무색 · 무미 · 무취이지만 약초 등을 첨가하여 색이나 향기가 있는 것도 있다.

> ### ① 플레이버드 보드카(Flavored Vodka)
> 이 술은 보드카에 과실주를 원료로 배합한 것으로 감미가 풍부하여 맛과 향이 짙어 칵테일보다 스트레이트로 마시기 좋다. 보통 보드카보다 도수가 낮은 70proof 정도이며 향을 내는 원료로는 오렌지, 레몬, 민트 등 여러 종류가 있다.
>
> ### ② 주브로브카(Zubrovka)
> 보드카에 관목의 잎을 첨가하여 얇은 갈색과 소박한 맛을 곁들인 화주(火酒)이다. 그 관목은 미국의 중부 평원에서 볼 수 있는 초목의 일종인 버팔로 그라스(Buffalo Grass)와 흡사한 것이라고 한다. 러시아 및 체코산이 유명하다.

Vodka 상표

- **앱솔루트(Absolut)** : 북유럽의 대부분의 나라에서 보드카를 생산하고 있는데 '앱솔루트(Absolut)'란 '절대적인', '순수의'의 뜻으로 스웨덴에서는 '앱솔루트(Absolut)', 핀란드에서는 '핀란디아(Finlandia)'가 대표적이다.

- **볼스카야(Bolskaya)** : 네덜란드의 가장 오래된 주류 메이커인 'Bols(볼스)'사가 제조하는 보드카로 상표명 '볼스카야(Bolskaya)'는 회사명을 러시아식으로 표기한 것이다.

- **엑스트라 지타니아(Extra Zytnia)** : 미국의 '스미노프(Smirnoff)', 폴란드의 '비보로와(Wyborowa)', 스웨덴의 '앱솔루트(Absolut)' 등과 판매량을 겨루는 베스트셀러 보드카이다. 호밀을 원료로 하여 곡물의 묘미를 살린 향미와 드라이한 예리함이 특징으로 그레인 보드카(Grain Vodka)의 대표격이다.

- **플라이슈만스 로열(Fleischmann's Royal)** : 미국산 보드카로 깨끗함과 물처럼 상쾌한 촉감이 미국 보드카의 특징인데 이것은 그 전형적인 타입으로 100% 곡물로만 만들어진다.

- **길비(Gilbey's)** : 1857년 창업한 런던 '길비(Gilbey's)'사 제품으로 현재 일본을 비롯한 여러 나라의 현지 공장에서 생산하고 있다. 제2차 세계대전 이후 본격적으로 보드카를 생산하고 있으며 '블루 라벨(Blue Label)'은 알코올 농도 40%, '그린 라벨(Green Label)'은 알코올 농도 50%로 만들고 있다.

- **쿠반스카야(Kubanskaya)** : 러시아산 리큐르 타입의 보드카로 러시아의 쿠반(Kuban) 지방에서 '생명의 이슬'이라고도 불렸던 비장의 명주로 라벨의 기사(騎士)는 당시의 위병(Kazak, 카자크)을 나타내고 있다. 레몬과 오렌지 과피에서 얻은 방향성분과 소량의 설탕을 첨가하여 숙성시킨 것으로 오렌지의 과피성분이 혀를 자극하여 식욕 증진과 기분 전환에 좋다.

- **리모나야(Limonnaya)** : 예부터 '승리의 술'이라고도 불려온 상쾌함과 섬세한 맛의 러시아산 보드카이다. 레몬의 향미와 설탕을 첨가하여 리큐르 타입으로 만든 보드카로서 약간 단맛이 있어 식전이나 식후에 디저트용으로도 마신다. 온더락 또는 주스에 넣어 옅은 레몬의 향기를 감돌게 하여 마시기도 한다.

- **모스코프스카야(Moskovskaya)** : 러시아의 3대 우량 브랜드로 정평이 나 있는 것이 '스톨리치나야(Stolichinaya)', '스톨로바야(Stolovaya)', '모스코프스카야(Moskovskaya)'인데 그중에서 가장 드라이한 타입이다.

- **니콜라이(Nikolai)** : 세계 최대 주류기업인 '시그램(Seagram's)'사의 제품으로 산뜻한 감촉이 특징이며 알코올 농도는 '블랙 라벨(Black Label)' 40%, '레드 라벨(Red Label)' 50%로 제조되고 있다.

- **사모바(Samovar)** : 상표명 '사모바(Samovar)'란 러시아인의 가정에 있는 구리로 만든 차 끓이는 주전자를 말한다. 이 술은 약 20여 개국에서 현지 생산을 하고 있으며 알코올 농도는 '블랙 라벨(Black Label)' 50%, '레드 라벨(Red Label)' 40%로 제조되고 있다.

- **스미노프(Smirnoff)** : 미국의 '피에르 스미노프(Pierre Smirnoff)'사 제품으로 보드카로는 세계 제일의 베스트 브랜드로 알려져 있다. '스미노프(Smirnoff)'의 기원은 모스크바로 1818년 피에르 스미노프가 보드카 증류를 시작하였는데 1917년 러시아 혁명으로 그의 자손 우라디미르 스미노프가 파리로 망명하여 망명 러시아인을 상대로 보드카 생산을 재개하였다고 한다. 1933년 미국에서 금주법이 해제되자 미국인 크네트가 미국과 캐나다에서의 판매권을 사들여 미국에서도 생산되게 되었다. '레드 라벨(Red Label, 40%)', '블루 라벨(Blue Label, 50%)'이 있다. 오늘날에는 러시아에서도 스미노프 상표의 보드카가 생산·판매되고 있다.

- **스톨리치나야(Stolichinaya)** : 러시아어로 '수도(Capital)'라는 뜻으로 상표명 그대로 러시아의 수도 모스크바에 있는 크리스털 보드카 공장에서 생산된다. 매우 소프트하고 섬세한 풍미로 병째로 차게 하여 캐비어를 곁들여 마시면 최고라고 일컬어진다.

- **스톨로바야(Stolovaya)** : 러시아어로 '식탁의'라는 뜻으로 투명도 세계 제일을 자랑하는 바이칼(Baikal) 호수 부근에서 만들고 있다. 테이블용으로 알맞도록 소량의 오렌지와 레몬 향을 첨가했으며 맑은 풍미가 일품이다.

- **주브로브카(Zubrovka)** : 러시아산으로 일단 완성된 보드카에 '주브로브카(Zubrovka)'라고 하는 풀의 엑기스를 배합한 것으로, 술에 엑기스가 용해되어 연한 황록색을 띠고 있다.

5) 럼(Rum, Ron, Rhum)

'영광스러운 영국 해군의 술'이라 불리는 럼은 주로 지중해 연안의 해적들이나 카리브해의 선원들에게 애음된 술이다. 럼은 카리브해의 서인도제도가 원산지로 16세기경에 이미 제조되었고 18세기에는 유럽의 상선에 의해 세계 각국으로 보급되었다. 럼의 원료인 사탕수수는 열대지방에서 널리 재배되어 그 지역마다 럼을 만들고 있으며 지역에 따라 증류법, 숙성법, 블렌딩법에 차이가 있어 증류주 가운데 가장 다양성이 풍부한 술로서 주 생산지로 쿠바, 자메이카, 푸에르토리코, 도미니카, 브라질 등이 있다.

식민지 전쟁에 뛰어든 영국은 오랜 항해기간 동안 수병들의 사기 진작과 괴혈병의 고통을 해결하기 위해 맥주를 마시게 했는데, 항해 중에 맥주 맛이 변하게 되자 항해 중에도 맛이 변하지 않는 럼을 마시도록 하였다. 그러나 수병들이 지나치게 많이 마셔 부작용이 생기자 1743년경 영국 해군제독 에드워드 바논(Edward Vanon)은 럼의 배급량을 줄이고 반드시 물에 타서 묽게 마시도록 하였다. 바논 제독은 그로그랭(Grosgrain)이라고 하는 순모혼방(絹毛混織)의 직물로 만든 허름한 외투를 즐겨 입어 별명이 올드 그로그(Old Grog)였는데, 병사들은 그로그 제독이 럼에 물을 섞어 마시게 한다고 하여 그것을 '그로그(Grog)'라 불렀다. 그러나 이 '그로그'를 마시고도 취하여 비틀거리는 병사들이 있었고 '그로그'를 마시고 취한다 하여 '그로기(Groggy)'라고 하였다. 권투 용어 그로기(Groggy)는 여기에서 유래한 말로, 술에 취한 사람처럼 비틀거리는 모습을 표현한 것이다.

(1) 원료 및 제조

사탕수수 또는 당밀을 원료로 하는데 일반적으로 사탕수수를 짠 즙에서 사탕의 결정을 분리하고 나머지 당밀을 이용하여 만든다. 사탕수수를 재배하는 대부분의 지역에서 생산하고 있으며, 특히 서인도제도에 위치한 여러 나라들이 주산지이다.

(2) 알코올 농도

80~151Proof(40~75.5%)

(3) 분류

맛	색	특징
Heavy Rum	Dark Rum	짙은 호박색으로 풍미가 진함
Medium Rum	Gold Rum	중간 타입의 럼
Light Rum	White Rum	무색투명한 가벼운 타입

① 헤비 럼(Heavy rum) – 다크 럼(Dark Rum)

짙은 호박색으로 풍미가 가장 진하며, 오크통에서 숙성한다.

② 미디엄 럼(Medium Rum) – 골드 럼(Gold Rum)

중간 타입의 럼으로 위스키의 색에 가까운 호박색을 지니고 있다. 오크통에서 일정기간 숙성한다.

③ 라이트 럼(Light Rum) – 화이트(실버) 럼(White(Silver) Rum)

무색투명한 가벼운 타입의 럼으로 상쾌한 맛이 특징이며 칵테일에는 주로 라이트 럼을 사용한다.

Rum 상표

- **바카르디(Bacardi)** : 세계적으로 지명도가 높은 럼으로 최초로 라이트 럼을 생산한 메이커이다. 당시의 럼은 자극적이고 거친 풍미를 가지고 있었는데 '바카르디'는 차콜 필터로 여과하여 불순물을 제거한 소프트 타입인 무색 '라이트 럼'을 만드는 데 성공하여 라이트 럼의 대명사적인 존재가 되었다. 라이트 럼인 '화이트(White)'는 샤프한 풍미 속에 마일드한 맛을 감추고 있으며, '골드(Gold)'는 마일드한 풍미, '아네호(Anejo)'는 6년 숙성의 디럭스 타입으로 감칠맛 있는 풍미가 특징이다. '바카르디 151(Bacardi 151)'은 알코올 농도 151 Proof(75.5도)의 강렬한 럼으로, 라벨에는 '화기 주의'라는 문구가 적혀 있고, 심벌마크인 박쥐가 그려져 있다.

- **하바나 클럽(Havana Club)** : 1878년 쿠바에서 창업한 '하바나 클럽'사 제품으로 100년 이상의 역사를 가진 브랜드이다. 쿠바는 '라이트 럼'의 대표적인 산지로 미국의 금주법이 해제된 이후 미국 수출로 급성장하였으나 1959년 카스트로 정권이 공장을 모두 국영화하여 현재 혁명 전부터 이어져 오는 대표적 브랜드가 되었다. 라벨에 그려져 있는 여인상(女人像)은 하바나항 입구의 마을에 실제로 있는 브론즈상으로, 여인은 영원한 젊음을 찾아 남편 곁을 떠나 여행을 떠났고 수병인 남편은 이 여인을 기다렸다고 하는 이야기가 주제가 되어 있다. '화이트'는 상표에 '라이트 드라이(Light Dry)'라 쓰여 있으며 3년간 오크통에서 숙성한 후 여과와 탈색 처리를 거쳐 화이트 컬러를 지니며 경쾌한 감촉과 드라이한 맛을 지니고 있다. '골드'는 '올드 골드 드라이(Old Gold Dry)'라 표기되어 있으며 5년간 오크통에서 숙성한 중후한 맛을 느낄 수 있다. 7년 숙성의 '엑스트라'는 '엑스트라 에이지드 드라이(Extra Aged Dry)'라 표시되어 있다.

- **마이어즈(Myer's)** : 1879년 자메이카의 설탕 농원 주인이었던 '프레드 마이어즈(Fred L. Myers)'가 창업한 '마이어즈'사에서 제조하여 오크통에 담아 영국의 리버풀로 보내 그곳에서 8년 숙성 후 보틀링하는 헤비 타입의 럼으로 향기로운 향기와 화려한 풍미를 가진다. 이것은 온난한 영국 기후가 럼의 숙성에 좋은 영향을 주기 때문이라고 한다. '마이어즈 레전드 10(Myer's Legend 10)'은 단식 증류기로 증류한 원주 중에서 10년 이상 숙성시킨 것을 엄선하여 보틀링한 제품으로 우아한 뒷맛이 뛰어나다.

- **론리코(Ronrico)** : 푸에르토리코산으로 이 섬에는 럼 메이커 수십여 개소가 있는데 이 중 미국의 금주법이 제정되기 이전부터 조업한 곳은 1860년 창업한 이 회사뿐으로 금주법이 시행될 당시 미국령이었던 푸에르토리코에서 유일하게 알코올 제조가 허가된 업자이기도 하였다. '화이트'는 부드럽고 산뜻한 풍미, '골드'는 오크통 숙성에 의한 순한 맛이 특징이며 '151'은 알코올 농도 151Proof의 강렬한 럼으로 헤비 타입이다. 상표명 '론리코'는 럼의 스페인어인 '론(ron)'과 리치(rich : 부자)를 의미하는 '리코(nico)'를 합성한 것이라 한다.

6) 테킬라(Tequila)

1519년 스페인 군대가 멕시코의 아즈텍(Aztec)을 정복했을 때 원주민들이 마시고 있던 용설란 발효주인 '풀케(Pulque)'를 증류한 것이 시초라고 한다. 선인장과에 속하는 '용설란(Agave)'을 원료로 발효 증류하여 만든다. 용설란을 수확하여 잎을 제거하고 당화하여 발효시키면 하얗고 걸쭉한 형태의 발효주인 풀케가 만들어지며, 이 풀케를 증류한 것을 메즈칼(Mezcal)이라 한다. 멕시코 각지에서 만들어진 '메즈칼' 가운데 테킬라 마을에서 생산되는 것이 가장 품질이 좋아 주산지의 이름에서 유래하여 '테킬라'로 불리게 되었다.

(1) 분류

'화이트 테킬라'는 숙성하지 않은 것으로 '호벤(Joven)'이라 표시하며 풀케의 향이 그대로 옮겨와 향미가 대단히 거칠어 주로 칵테일에 사용한다. '골드 테킬라'는 2개월~1년 정도 숙성한 것으로 '아네호(Anejo)', '앰버 테킬라'는 1~2년 정도 숙성한 것으로 '무이 아네호(Muyanejo)'라 표시하며 독특한 향과 감칠맛이 특징으로 주로 스트레이트용이다.

테킬라의 색상별 저장표시

색에 의한 구분	저장표시
White(Silver)	Joven(Young)
Gold	Anejo(Old)
Amber(Dark)	Muyanejo(Very Old)

(2) 알코올 농도

테킬라의 알코올 농도는 80~90Proof(40~45%)이다. 테킬라는 부재료로서 설탕을 30% 이하 첨가할 수 있고, 제품의 알코올 도수는 38도 이상, 55도 이하로 규정되어 있다.

(3) 테킬라 스트레이트법

멕시코에서는 대부분 테킬라를 스트레이트로 마신다. 멕시코에서 전통적인 스트레이트 방법은 손등에 소금을 올려놓고 레몬이나 라임을 절반으로 잘라 엄지와 인지 사이로 자른 것을 잡고 소금을 혀로 핥아 가면서 레몬을 빨아 가며 차게 한 테킬라를 마신다.

Tequila 상표

- **쿠에르보(Cuervo)** : 하리스코주 테킬라 마을에서 1795년 '호세 마리아 그다르페 쿠에르보'가 창업하였다. '쿠에르보(Cuervo)'는 까마귀를 의미하는데 라벨의 심벌마크에 사용하고 있다. '쿠에르보 화이트(Cuervo White)'는 숙성하지 않은 것으로 뒤 라벨에 깨끗한 일러스트로 테킬라의 전통적 제법이 해설되어 있다. '쿠에르보 아네호(Cuervo Anejo)'는 장기 숙성의 원주 중에서 엄선된 것을 보틀링한 것으로 황금색의 감칠맛 있는 제품이다. '쿠에르보 1800 아네호 안티구아(Cuervo1800 Anejo Antigua)'는 '쿠에르보 1800'의 상위 브랜드로 오크통에서 장기 숙성으로 얻을 수 있는 호박색의 색조가 아름답다.
'쿠에르보 레제르바 데 라 패밀리아(Cuervo Reserva de la Familia)'는 창업 200년 기념으로 미국산 오크통과 프랑스산 오크통에 5년간 지하 저장고에서 숙성한 원주 가운데 엄선하여 보틀링하여 83,000병 한정의 슈퍼 프리미엄급의 테킬라로 1995년 발매하였다. 라벨에는 '가족을 위한 특별 저장품'이라고 쓰여 있다.

- **엘 토로(El Toro)** : 미국의 증류회사인 '아메리칸 디스틸러 스피리츠'사가 멕시코에 진출하여 만들고 있는 제품으로 상표명 '엘 토로(El Toro)'는 '투우'라는 뜻으로 상표에도 투우 모습이 그려져 있다. 풍미는 비교적 마일드하다.

- **올메카(Olmeca)** : 상표명 '올메카(Olmeca)'는 멕시코 최고의 고대 문명인 올메카 문명에 연관된 것으로 라벨에는 올메카 문명의 상징이었던 거대한 석상이 그려져 있다. '아네호 엑스트라 에이지드(Anejo Extra Aged)'는 올메카의 프리미엄급 신발매품으로 하리스코에서 수확한 엄선된 양질의 블루 아가베를 100% 사용하여 단식 증류기로 증류한 후 버번 오크통에 장기 숙성하여 풍부한 향기와 순한 맛을 즐길 수 있다. 테킬라 상표의 '엑스트라 에이지드(Extra Aged)'의 표기는 법률로 1년 이상 오크통 숙성한 것에 한해 사용할 수 있다. '마리아치'와 함께 '페르노 리차드(Pernod Richard)'사에서 생산하고 있다.

- **판초빌라(Pancho Villa)** : 멕시코와 미국의 일부 테킬라 애주가 사이에서 높이 평가받고 있는 상표로 테킬라 본래의 샤프한 향미를 느낄 수 있는 제품이다.

- **사우자(Sauza)** : 테킬라 생산의 중심지인 '하리스코'주에 본사를 두고 있으며 테킬라 메이커 중 규모가 가장 크다. 1875년 창업으로 오늘날까지 '사우자' 집안의 전통을 지키면서 생산하여 국내 판매에 주력하고 있다. '사우자 실버(Sauza Silver)'는 신선한 향미를 지닌 테킬라로 멕시코에서 가장 많이 팔리고 있다. '사우자 엑스트라(Sauza Extra)'는 통 향을 알맞게 배게 하고 풍미는 미디엄 드라이 타입이다. '콘메모라티보(Conmemo-rativo : 기념의)'는 1873년 멕시코 독립의 해에 창업한 동사가 90주년 기념으로 화이트 오크통에서 숙성시켜 발매한 제품으로 색과 향기의 균형 잡힌 풍미의 고급품으로 그 이후부터 대통령 선출이 있는 6년째마다 대통령 취임을 기념하여 발매된다.
'스리 제너레이션(Three Generation)'은 3대째 사장을 기념한 제품으로 5년 이상의 숙성에 향기로운 향미의 고급품이며, '길라르돈 그란 리포사도 새디즘(Galardon Grand Reposado Sadism)'은 사우자의 최고급품으로 병목에 고유의 일련번호가 각인되어 있다.

7) 아쿠아비트(Aquavit)

북유럽의 여러 나라에서 만드는 증류주로서 일반적으로 덴마크산은 라이트(Light) 타입이고, 노르웨이산은 헤비(Heavy) 타입이며 스웨덴산은 미디엄(Medium) 타입이다.
감자를 맥아로 당화시켜 발효하고 연속식 증류기로 증류하여 주정을 얻은 다음 캐러웨이(Caraway), 아니스(Anise) 등의 향초를 넣어 풍미를 내어 만든다. 일반적으로 저장하지 않으나 오크통에서 숙성시킨 것도 있다.

(1) 알코올 농도

일반적으로 저장하지 않으므로 무색투명하고, 알코올 농도는 40~45%이다.

(2) 마시는 방법

병째로 잘 냉각하여 스트레이트로 마시는 것이 일반적이지만 온더록(On the Rocks) 또는 소다수(Plain Soda)나 물(Water)을 섞어 마시기도 하며, 맥주를 체이서(Chaser)로 하여 마시기도 하고, 통후추(Black Pepper)를 한 알 넣어 마시기도 한다.

- **올보(Aalborg)** : 덴마크 북부의 올보 마을에서 1846년 창업한 덴마크 아쿠아비트의 대표적 브랜드로 현재 세계에서 가장 많이 소비하는 아쿠아비트의 하나가 되었다. '올보 타펠(Aalborg Taffel)'은 많은 나라에 수출되어 덴마크 제품 가운데 가장 지명도가 높은 상표로 향기의 주체는 '캐러웨이(Caraway : 회향초)'의 종자이며 해산물과 잘 어울리는 매운맛의 술이다.
  '올보 주빌리움스(Aalborg Jubiloeums)'는 '축전'이라는 뜻으로 창사 100주년 기념으로 선보였는데 '딜(Dill : 미나리과에 속하는 향초)'의 향기로 특징을 준 것으로 희미한 호박색을 띠며 매운맛이면서도 감칠맛 있는 드라이 타입이다.
- **보멀룬더(Bommerlunder)** : 독일산으로 마일드한 풍미가 특징이며 '회향초'와 '아니스'로 풍미를 내고 묵은 통에서 숙성한 후 상품화된다. '보멀룬더'란 덴마크 남부의 지명으로 1760년에 이곳에서 생산을 시작한 데서 유래하였다.
- **스코네(Skane)** : 스웨덴의 아쿠아비트 가운데 톱 브랜드로 소프트한 풍미가 특징이다.
- **스키퍼(Skipper)** : '선장'이란 뜻으로 다른 아쿠아비트에 비해 알코올 농도가 낮아 마시기에 순한 것이 특징이다.
- **스와르트 빈바르스 브랜 빈(Svart Vinbars Brann Vin)** : 스웨덴 특산의 증류주로 원료는 아쿠아비트와 같은 감자이지만 단맛을 느끼게 하지 않는 매운맛의 향료인 '회향초', '펜넬(Fennel)'로 풍미를 낸다.

04• 혼성주(Liqueur, Cordial)

리큐르(Liqueur)란 주정(Spirits)에 초·근·목·피(草·根·木·皮), 향미약초, 향료, 색소 등을 첨가하여 색·맛·향을 내고 설탕이나 벌꿀을 더해 단맛을 내어 만든 술로, 대부분의 혼성주는 약초를 넣어 만들므로 약용의 효능도 있다.

우리나라 주세법상의 리큐르는 '전분 또는 당분이 함유된 물료(物料)를 주원료로 하여 발효시켜 증류한 주류에 인삼이나 과실을 담가서 우려내거나 그 발효, 증류, 제성과정에 과실의 추출물을 첨가한 것'이라고 정의하고 있다.

보통 리큐르는 식후에 커피를 마시기 전에 마시고 커피를 마신 후에는 브랜디를 마시며, 작은 과자나 비스킷 등을 함께 곁들이는 것이 좋다.

1) 감미가 없는 혼성주

(1) 비터(Bitters)

비터계의 술은 쓴맛이 있어 주로 식사 전 식욕 증진을 위해 마신다.

① 앙고스투라 비터(Angostura Bitters)

남미 베네수엘라의 옛 도시 이름으로 1824년 앙고스투라 육군병원의 군의장인 '시거트(J.G.B Siegert)' 박사가 말라리아 치료약으로 주정(酒精)에 키니네 껍질 등 여러 가지 약초를 넣어 만들었다. 건위 · 강장 · 해열 및 말라리아 예방에 좋다고 하며, 칵테일에 향기를 내기 위해 소량 사용한다. 알코올 농도는 44.7%로 검붉은색이다.

② 캄파리 비터(Campari Bitters)

1860년 이탈리아에서 탄생한 것으로 오렌지 과피, 회향초 등을 주원료로 하여 만들었다. 알코올 농도는 24%이고, 붉은색을 띤다.

③ 오렌지 비터(Orange Bitters) : 건위 · 강장 · 식욕증진에 효과가 있다.

④ 아메르 피콤(Amer Picom) : 프랑스산으로 건위 · 강장 · 해열에 효과가 있다.

(2) 베르무트(Vermouth)

베르무트, 버머스, 벤멜이라고도 부르는데 국어사전에는 '베르무트'로 나와 있다. 포도주를 바탕으로 각종 약초를 넣어 만들어 포도주 종류의 하나로 분류하기도 하지만 약초류가 들어가므로 혼성주로 분류하기도 한다.

이탈리아와 프랑스산이 유명하고 많은 나라에서 만들고 있으며, 대표적인 식전주임과 동시에 마티니를 비롯한 여러 클래식한 칵테일의 재료로 사용하고 있다.

① 스위트 베르무트(Sweet Vermouth)

이탈리아에서 처음 만들어 이탈리안 베르무트(Italian Vermouth)라고도 하며, 감미가 있는 적포도주(Sweet Red Wine)를 바탕으로 하여 만든다.

② 드라이 베르무트(Dry Vermouth)

프랑스에서 처음 만들어 프렌치 베르무트(French Vermouth)라고도 하며, 드라이 화이트 와인(Dry White Wine)을 바탕으로 하여 만든다.

2) 일반적인 혼성주

(1) 약초, 향초류(Herbs&Spices)

① 아브상, 압생트(Absinthe)

원산지는 프랑스로 주정에 아니스(Anise), 안젤리카(Angelica) 등의 향쑥을 넣어 만들며 물을 가하면 탁해지고, 햇빛을 받으면 일곱 색으로 변하여 '초록빛의 마주'라고도 한다. 이 술은 중독성이 있어 정신장애와 허약 체질의 원인이 되기 때문에 프랑스 정부는 1915년 제조와 판매를 금지하였다. 아브상 중독에 의한 화가 '로트렉(Lautrec)'의 비참한 최후는 널리 알려져 있다. 현재는 중독성이 강한 물질을 제외하고 만든 대용품(Anisette, Abson)이 판매되고 있다. 스트레이트로 마시기에는 알코올 농도가 너무 강하므로 보통 4~5배의 물을 타서 묽게 해서 마시며, 아브상으로 만든 유명한 칵테일로 녹아웃(Knock-Out)이 있다. 알코올 농도는 감미가 있는 45%와 감미가 없는 68%의 두 가지가 있다.

② 페르노(Pernod)

아브상 메이커인 프랑스 페르노사가 아브상 금지령 이후 아브상 중의 일부 중독성분이 강한 것을 바꾸어 발매한 제품으로 알코올 농도는 41%이다.

③ 아니제(Anisette)

원산지는 프랑스로 현재 여러 나라에서 만들고 있다. 알코올 농도는 25%이고 아니스(Anise), 너트메그(Nut Meg), 캐러웨이(Caraway : 회향초) 등을 넣어 만든다.

④ 샤르트루즈(Chartreuse)

'리큐르의 여왕'이라 불리는 것으로, 18세기 중반 프랑스의 '라 그랑드 샤르트루즈(La Grand Chartreuse)' 수도원에서 처음 만들어졌으나 현재는 민간기업에 의해 제조되고 있다. 여러 가지 약초를 원료로 강한 향초의 향이 스며 있다.

- 샤르트루즈 베르(Chartreuse Verte) : 알코올 농도 55%
- Chartreuse Verte V.E.P : 알코올 농도 54%, 샤르트루즈 베르를 12년 숙성시킨 고급품
- 샤르트루즈 조느(Chartreuse Jaune) : 알코올 농도 40%, 베르와 처방은 비슷하지만 향미는 보다 순하다. 칵테일 레시피에 특별한 지정이 없으면 샤르트루즈 조느를 사용한다.
- Chartreuse Jaune V.E.P : 알코올 농도 42%, 샤르트루즈 조느를 12년 숙성시킨 고급품

⑤ 베네딕틴 D.O.M(Benedictine D.O.M)

1510년 프랑스 북부 페에칸에 있는 베네딕트 수도원에서 만들어졌으나 현재의 제품은 1863년에 사기업에 의해 발매된 것이다. 27종의 약초류와 향초류를 사용하며 알코올 농도 43%로 피로회복에 좋다고 한다. D.O.M은 라틴어 "Deo Optimo Maximo"의 약어로 "최선, 최대의 신에게"라는 뜻이다. 'Benedictine B&B'는 Benedictine 60%와 Brandy 40%를 혼합한 것으로 알코올 농도는 43%이다.

⑥ 페퍼민트(Peppermint)

상쾌한 향미가 캔디와 비슷한 느낌을 주는 박하술로 Green과 White의 두 가지가 있으며, 많은 나라에서 생산하고 있다.

⑦ 크레임 드 멘트(Creme de Menthe) : 페퍼민트와 같은 종류의 술이다.

⑧ 갈리아노(Galliano)

이탈리아산으로 미국에서 인기가 높으며 칵테일에 널리 사용된다. 에티오피아 전쟁의 명장 '갈리아노' 장군의 이름을 상표명으로 삼고 있으며 아니스, 바닐라, 약초 등 30여 종의 약초류를 사용한다. 알코올 농도는 35%이며, 노란색을 띤다.

⑨ 삼부카(Sambuca)

이탈리아에서 생산하는 아니스향의 리큐르로 알코올 농도 42%, 보통은 White Color이지만 Blue, Red도 있다.

⑩ 드람부이(Drambuie)

원산지는 영국으로 상표명 '드람부이'란 게일어로 '만족할 만한 음료'라는 뜻이다. 드람부이의 기업화는 1906년부터인데 왕위쟁탈전에서 패한 스튜어트(Stuart) 왕가의 왕자 '찰스 에드워드(Charles Edward)'가 신세를 진 '맥키넌(Mackinnon)' 가문(家門)에 왕가의 비주 '드람부이'의 처방을 전해준 데서 비롯되었다. 각종 식물의 향기와 벌꿀을 배합한 것으로 알코올 농도는 40%이다.

⑪ 아이리시 미스트(Irish Mist)

7년생의 아이리시 위스키에 오렌지 껍질, 향초 추출액, 벌꿀을 혼합하여 3개월간 숙성시킨 것으로 아일랜드 고대의 술 '헤더 와인(Header Wine)'을 모델로 만들어진 제품이다. 알코올 농도는 40%이다.

⑫ 파르페 아무르(Parfait Amour)

네덜란드산으로 프랑스 타입의 '바이올렛 리큐르(Violet Liqueur)'의 보급품이다. 알코올 농도는 29%이다.

(2) 과실류(Fruits)

① 큐라소(Curacao)

큐라소섬이 네덜란드령이어서 네덜란드어 발음으로 큐라소라고 한다. 서인도제도 큐라소산의 오렌지를 원료로 만들며, 색소를 첨가하여 만들기도 한다. 대표적인 오렌지 리큐르로 White, Orange, Blue, Red, Green이 있다. 알코올 농도는 30~40%이다.

② 코앙트로(Cointreau)

1849년 프랑스의 '로와르(Loire)'에서 탄생한 술로서 처음에는 'Cointreau Triple Sec'이라 불렀으나 후에 'Cointreau'가 되었다. White Curacao 계열의 술로서 뛰어난 향기가 일품이다. 알코올 농도는 40%이다.

③ 트리플 섹(Triple Sec)

술 이름 '트리플 섹'은 3배가 더 독하다'라는 뜻인데 현재의 '트리플 섹'은 그다지 드라이한 타입이 아니다. 알코올 농도는 20~40%이다.

④ 트리플 오(Triple Or)

오렌지 과피를 코냑에 담근 제품으로 당분을 억제한 드라이 타입의 리큐르이다. 알코올 농도는 20~40%이다.

⑤ 그랑 마니에(Grand Marnier)

1827년 탄생한 대표적인 오렌지 큐라소로서 34년 숙성의 자가 코냑에 오렌지 과피를 배합하여 오크통에서 숙성시킨 술로 알코올 농도는 40%이다.

⑥ 만다린(Mandarin)

'만다린'이란 이름의 리큐르가 많은데 이것은 모두 만다린 오렌지 및 탄제린 오렌지를 원료로 한 것으로 모두가 'Mandarin'이란 이름으로 상품화한다. 알코올 농도는 20~40%이다.

⑦ 오렌지 진(Orange Gin)

진의 원료용 스피리츠에 오렌지 과피를 배합하고 단맛을 첨가한 것으로 알코올 농도는 34%이다.

⑧ 림보(Limbo)

독일산의 레몬 리큐르로, 병째로 차갑게 하여 마시든지 'On The Rock'으로 마시면 레몬의 신선한 향미를 맛볼 수 있다. 알코올 농도는 32%이다.

⑨ 레몬 진(Lemon Gin)

진의 원료용 스피리츠에 레몬 과피의 향미를 첨가하여 순한 단맛을 첨가한 것으로 알코올 농도는 24%이다.

⑩ 피터 히어링(Peter Heering)

네덜란드산의 체리를 풍미로 한 리큐르로 알코올 농도 24%이다.

⑪ 마라스키노(Maraschino)

마라스카종의 체리를 으깨어 발효시키고 3회 증류하여 3년간 숙성시킨 후 물과 시럽을 첨가하여 단기간 다시 숙성시켜 무색으로 제품화된다. 알코올 농도는 30~32%이다.

⑫ 체리 플레이버드 브랜디(Cherry Flavored Brandy)

칵테일 및 제과용으로 널리 이용되며 향기가 뛰어나다. 알코올 농도는 24~30%이다.

⑬ 키르시(Kirsh)

과실 브랜디를 리큐르화한 것으로 제과용으로 널리 쓰이며 병째로 차게 해서 마시면 풍미를 즐길 수 있다. 알코올 농도는 40~45%이다.

⑭ 크레임 드 카시스(Creme de Cassis)

으깬 카시스(Black Berry)를 알코올에 담갔다가 설탕을 첨가하여 여과한다. 농후하면서도 신선한 향미를 지니는데 장기 보존은 어렵다. 알코올 농도는 15~25%이다.

⑮ 힘베어(Himbeer)

'힘베어'란 독일어로 나무딸기(Raspberry)를 말한다. 나무딸기를 알코올에 담갔다가 증류하여 소량의 설탕을 첨가한 것이다. 알코올 농도는 45%이다.

⑯ 프래즈(Fraise)

라즈베리를 알코올에 담갔다가 리큐르화한 것이다. 알코올 농도는 20~25%이다.

⑰ 프람보와즈(Framboise)

라즈베리가 주원료로 알코올 농도는 20~30%이다.

⑱ 애프리콧 플레이버드 브랜디(Apricot Flavored Brandy)

살구향을 가미한 리큐르로 알코올 농도는 23~30%이다.

⑲ 크레임 드 아브리콧(Creme de Abricot)

부르고뉴의 명문 '베드렝느 페르 에 피스'사 제품으로 알코올 농도는 30%이다.

⑳ 콘센트레 드 아브리콧(Concentre de Abricot)

제과용의 농축된 제품으로 음료용으로는 적합지 않다. 알코올 농도는 50%이다.

㉑ 포와르 윌리엄스(Poire Williams)

윌리엄스(Williams) 품종의 배를 원료로 한 것으로 여러 메이커에서 생산하고 있으며 약간의 차이가 있다. 알코올 농도는 25~30%이다.

㉒ 페어 윌리엄스(Peer Williams)

윌리엄스(Williams) 품종의 배를 원료로 한 것으로 프랑스 '마리에 브리자드'사 제품으로 알코올 농도는 30%이다.

㉓ 피치 플레이버드 브랜디(Peach Flavored Brandy)

주정에 복숭아를 담가 숙성시켜 시럽을 가하고 여과한 것으로 알코올 농도는 30~35%이다.

㉔ 사우던 컴포트(Southern Comport)

미국을 대표하는 리큐르로 숙성시킨 버본 위스키에 복숭아 및 여러 종류의 과실향을 첨가한 것으로 알코올 농도는 43%이다.

㉕ 슬로 진(Sloe Gin)

서유럽에 자생하는 일종의 오얏열매로 만든 술로서 많은 나라에서 생산하고 있으며 알코올 농도는 20~35%이다.

(3) 종자류(Beans & Kernels)

리큐르 중에서 과실의 종자에 함유된 방향성분 또는 커피, 카카오 등을 주제로 만든 독특한 맛의 리큐르로 주로 식후용으로 애음되고 있다.

① 아마레토(Amaretto)

이탈리아산의 아마레토는 향기 때문에 아몬드 리큐르라 불리고 있으나 아몬드로 만드는 것은 아니다. 살구씨를 물과 함께 증류하여 몇 종류의 향초 추출액, 스피리츠와 혼합하여 숙성시킨 후 시럽을 첨가하여 만든다. 알코올 농도는 28%이다.

② 크레임 드 카카오(Creme de Cacao)

초콜릿을 술로 만든 것 같은 느낌의 술이다. Brown과 White가 있으며 알코올 농도는 25~30%이다.

③ 바닐라 리큐르(Vanila Liqueur)

바닐라 콩을 알코올과 함께 증류한 것으로 제과용으로도 널리 쓰인다. 다양한 제품이 있다.

④ 크레임 드 카페(Creme de Cafe), 리큐르 드 카페(Liqueur de Cafe)

프렌치 커피의 맛을 살린 커피 리큐르로 알코올 농도는 25~30%이다.

⑤ 라 돈나 커피 리큐르(La Donna Coffee Liqueur)

자메이카산으로 럼에 블루마운틴 커피를 배합하여 만든다. 알코올 농도는 31%이다.

⑥ 칼립소 커피 리큐르(Calypso Coffee Liqueur)

프랑스산의 커피 리큐르로 알코올 농도는 27%이다.

⑦ 칼루아(Kahlua)

대표적인 커피 리큐르로 멕시코 고원의 커피 풍미에 바닐라 향을 절묘하게 배합하여 만들며, 알코올 농도는 26%이다.

⑧ 티아 마리아(Tia Maria)

'마리아 아줌마'라는 뜻으로 자메이카산 블루마운틴 커피로 만든다. 알코올 농도는 31~32%이다.

⑨ 아이리시 벨벳(Irish Velvet)

아이리시 위스키에 커피의 풍미를 더한 것으로 뜨거운 물에 조금 섞으면 아이리시 커피의 맛을 즐길 수 있다. 알코올 농도는 19%이다.

(4) 기타

① 베일리즈 오리지널 아이리시 크림(Baileys Original Irish Creme)

아일랜드 더블린산으로 아이리시 위스키, 크림, 카카오를 배합하여 만든 것으로 알코올 농도는 17%이다. 1970년대 아이리시 위스키는 스카치위스키에 밀려 숙성된 원액이 남아돌았고, 아일랜드 농가에서는 우유가 과잉 생산되었다. 이러한 문제를 해결하기 위해 아일랜드의 유명한 주류기업인 길비(Gilbey's)사는 4년간의 연구 끝에 우유 크림과 아이리시 위스키를 섞은 베일리즈를 개발하여 1974년에 첫선을 보였다. 옅은 베이지 색의 현탁액으로 베일리즈를 마시면 먼저 단맛이 느껴지면서 위스키의 향이 짙게 퍼지고 목에서 미끄러지듯이 부드럽게 넘어간다.

베일리즈를 베이스로 한 대표적 칵테일로 B52가 있으며, 작은 잔에 베일리즈를 3분의 2 정도 붓고 그 위에 위스키를 3분의 1 정도 따른 후 불을 붙이면 옅은 청색의 불꽃 고리가 생긴다. 이 재미있는 칵테일은 딱 한 잔만 마신다는 불문율이 있다.

② 애드보카트(Advocaat)

'변호사'라는 뜻의 네덜란드어로 평소 말이 없는 사람도 술을 마시면 청산유수가 되기 때문에 이 이름이 붙었다고 한다. 우유를 혼합하면 'Egg-Nog'의 맛을 즐길 수 있는 리큐르로, 브랜디에 달걀노른자, 양념, 당분을 넣고 숙성시킨 리큐르이다.

칵테일

칵테일 음료는 사용하는 잔의 크기에 따라 롱드링크(Long Drinks)와 쇼트드링크(Short Drinks)의 2가지로 구분한다. 롱드링크는 오랜 시간 마시는 것으로 텀블러 및 고블릿, 콜린스 같은 큰 글라스에 탄산수, 물, 얼음 등을 섞어서 만들며, 하이볼 및 콜린스 등이 이에 속한다. 쇼트드링크는 단시간(3~4모금)에 마시는 적은 양의 것으로 칵테일 글라스, 샴페인 글라스, 리큐르 글라스 등을 사용하며, 맨해튼·드라이 마티니 등이 대표적이다.

매출 증대와 고객의 다양한 기호를 충족시키기 위하여 맥주나 와인 등의 로 알코올 음료 (Low Alcoholic Drinks) 및 간단한 칵테일을 함께 판매하는 업소가 증가하는 추세이나 알코올 음료를 판매하기 위해서는 반드시 식품위생법상 일반음식점으로 영업신고를 하여야 한다.

01 칵테일 만드는 법

어떤 종류의 칵테일이든 재료의 용량을 계량하여 넣는 것은 공통되지만, 만드는 방법에는 크게 4가지가 있다. 이것을 일반적으로 '칵테일의 4기법'이라고 하는데 같은 재료를 사용하더라도 만드는 기법이 다르면 색과 풍미에 차이가 있다.

1) 쉐이크(Shake)

쉐이커(Shaker)에 얼음과 재료를 넣고 진탕하여 만드는 방법으로 설탕, 크림, 달걀 등 혼합이 어려운 재료들을 혼합하는 데 이용한다. 쉐이크할 때에는 먼저 보디(Body) 부분에 내용물과 얼음을 넣고 스트레이너(Strainer), 캡(Cap)의 순으로 조립한다. 올바르게 조립되지 않으면 쉐이크 도중에 내용물이 새어나올 수 있으므로 주의한다. 쉐이커를 쥐는 요령은 오른손잡이를 기준으로 왼손의 가운데 손가락과 약지로 보디의 바닥 부분을 받치고 엄지는 헤드를 누르며 집게손가락과 새끼손가락 사이에 보디를 끼운다. 오른손의 엄지로 캡을 누르고 나머지 약지와 새끼손가락 사이에 보디를 끼우고 가볍게 감싼다. 이러한 방법으로 옆에서 볼 때 수평으로 쉐이커를 쥐고 가슴 가운데 부분의 높이에서 상하로 흔든다. 단순한 내용물의 혼합은 10~12회, 달걀이나 우유, 크림, 설탕 등 혼합이 어려운 내용물은 12~15회 정도 쉐이크한다. 쉐이커에는 샴페인이나 맥주, 탄산음료 등은 넣지 않는다.

캡
스트레이너
보디

쉐이커를 쥐는 요령

2) 스테어(Stir)

술의 비중에 별 차이가 없어 혼합이 용이한 재료나 단순한 내용물의 혼합 또는 쉐이크를 하면 풍미에 손상이 있는 재료(와인 등) 등의 혼합에 이용하는 방법으로 믹싱 글라스(Mixing Glass)에 얼음과 재료를 넣고 바스푼(Bar Spoon)으로 휘저어 혼합하는 것이다. 요령은 바스푼의 가운데 나선형 부분을 가운데 손가락과 약지 사이에 끼우고 엄지손가락과 집게손가락으로 바스푼을 잡고 회전시켜 혼합한다. 이때 내용물과 얼음이 함께 돌아가도록 한다. 믹싱 글라스를 사용할 경우에는 혼합한 후 얼음이 나오지 않도록 스트레이너(Strainer)를 끼우고 글라스(Glass)에 따른다.

3) 빌드(Build)

쉐이커(Shaker)나 믹싱 글라스(Mixing Glass) 등을 이용하지 않고, 직접 글라스에 얼음과 재료를 담고 만드는 방법으로 주로 하이볼(Highball)을 만들 때 이용하는데 많은 종류가 있다. 대개 청량음료를 사용하는데 가능한 한 차갑게 냉각된 청량음료를 사용하는 것이 좋으며, 머들링(Mudding)이라고도 한다.

4) 플로트(Float)

두 종류 이상의 술을 혼합하지 않고 비중의 차이를 이용하여 천천히 흘려 부어 띄우는 (Float : 층을 쌓는) 것을 말한다. 바스푼(Bar Spoon)을 리큐르 글라스의 안쪽에 엎어 대고 바스푼의 등에 조금씩 흘려 부어 글라스의 안벽을 타고 흘려 들어가게 한다. 이렇게 하여 비중이 각기 다른 술을 혼합하지 않고 층을 쌓는 것으로 반드시 비중이 무거운 술을 먼저 부어야 한다. 앤젤스 키스(Angel's Kiss), 푸즈 카페(Pousse Cafe) 등이 있다.

02• 하이볼(Highball)

하이볼은 미국에서 기차를 발차시키기 위해 보내는 신호에서 유래되었다는 설과 골프장의 클럽하우스에서 술을 마시고 있는 손님의 술잔에 공이 날아들어 이 이름이 붙었다는 설 등 여러 가지 이야기가 전해지고 있다. 8온스의 하이볼(텀블러) 글라스에 얼음과 술을 담고 소다수나 물로 희석한다. 기호에 따라 술의 양을 가감하는 것이 좋다.

1) 진 토닉(Gin Tonic)

진과 토닉, 레몬주스가 조화를 이루는 샤프한 맛의 가장 대
중적인 음료의 하나로 언제 어디서나 무난하게 마실 수 있는
것이 진토닉이다.

재료
드라이 진 1.5온스, 토닉워터 적량, 레몬주스 1티스푼, 레몬 슬라이
스 1조각, 얼음

만드는 법
1 하이볼 글라스에 얼음 2~3개를 넣고 드라이 진을 붓는다.
2 토닉워터를 적당량 채우고 레몬주스를 넣은 후 바스푼으로 잘 섞
   는다.
3 레몬 슬라이스로 장식한다.

 하이볼의 이름은 사용하는 기주(기본 베이스가 되는 술)와 청량음료의 이름을 합성하여 부른다.
예를 들어, 버번위스키에 콜라를 섞으면 "버번콕", 위스키에 소다수를 섞으면 "위스키소다"라 부른다.

2) 톰 콜린스(Tom Collins)

19세기 말 영국 런던의 리머즈 클럽(Limmer's Club) 코너 바
에서 근무했던 존 콜린스(John Collins)가 주네브 진(Genev-
er Gin)으로 만들어 자신의 이름을 붙인 '존 콜린스'가 콜린스
의 시초인데, 오늘날에는 스카치위스키를 베이스로 만들면
존 콜린스, 드라이 진을 베이스로 하면 톰 콜린스라 한다.

재료
드라이 진 1.5온스, 레몬주스 1/2온스, 파우더 슈거 1티스푼, 소다수
적량, 레몬 슬라이스, 체리

만드는 법
1 쉐이커에 드라이 진, 레몬주스, 파우더 슈거를 넣고 쉐이크한 다
   음 콜린스 글라스에 얼음과 같이 붓는다.
2 소다수로 잔을 채우고 바스푼으로 잘 섞는다.
3 레몬 슬라이스와 체리로 장식하고 스트로를 꽂는다.

 ① 일반적으로 정통 레시피로 만들지 않고 콜린스 글라스에 얼음과 드라이 진을 넣고 콜린스 믹서를 적당량 채운
다음 바스푼으로 잘 섞어 만드는 변형된 방법을 주로 이용한다.
② 베이스를 드라이 진 대신 스카치위스키로 바꾸면 존 콜린스(John Collins), 보드카를 베이스로 하면 보드카 콜린
스(Vodka Collins)가 된다.

3) 싱가포르 슬링(Singapore Sling)

싱가포르란 말레이어로 '사자의 마을'이란 뜻으로 1915년 싱가포르에 있는 레플즈(Raffles) 호텔의 바에서 선보인 칵테일이다. 아름다운 싱가포르의 저녁노을을 연상하게 하는 칵테일로서 다양한 종류의 레시피가 있다.

재료
드라이 진 1.5온스, 레몬주스 1/2온스, 파우더 슈거 1티스푼, 체리브랜디 1/2온스, 소다수 적량, 오렌지 슬라이스, 체리

만드는 법
1 쉐이커에 드라이 진, 레몬주스, 파우더 슈거를 넣고 쉐이크한 다음 콜린스 글라스에 얼음과 같이 붓는다.
2 소다수로 잔을 채우고 바스푼으로 잘 섞는다.
3 체리브랜디를 천천히 흘려 부어 섞이지 않도록 한다.
4 오렌지 슬라이스와 체리로 장식하고 스트로를 꽂는다.

 ① 체리브랜디를 부은 후에는 젓지 않는다. 비중의 차이에 의해 체리브랜디가 가라앉으면서 저녁노을의 분위기를 연상하게 된다.
② 일반적으로 톰 콜린스를 만든 후 체리브랜디를 천천히 흘려 붓는 방법을 주로 사용한다.

4) 카카오 피즈(Cacao Fizz)

"피즈"는 탄산음료의 병마개를 열 때 나는 소리 '피익'의 의성어로, 카카오의 달콤함과 탄산음료의 상쾌함은 우리에게 친숙함을 느끼게 한다. 소다수의 부드러운 느낌은 술이라기보다는 청량음료의 부드러움과 청량함을 느끼게 한다.

재료
카카오 1.5온스, 콜린스 믹서 적량

만드는 법
1 하이볼 글라스에 얼음과 카카오를 붓는다.
2 콜린스 믹서를 적당량 채우고 바스푼으로 잘 섞는다.

 ① 사용하는 베이스의 술에 따라 슬로진 피즈, 칼루아 피즈, 페퍼민트 피즈 등으로 불린다.
② 레시피에 정해진 글라스를 고집하기보다는 다양한 형태의 예쁜 글라스를 사용하여 분위기를 연출하는 것도 필요하다.

5) 스크루드라이버(Screwdriver)

'스크루드라이버'란 나사를 돌리는 드라이버를 뜻한다. 이 칵테일은 미국 텍사스의 유전지대에서 일하는 기술자가 보드카에 오렌지주스를 붓고 허리에 차고 있던 드라이버로 저었다고 하여 붙여진 이름이라는 이야기와 중동의 유전에서 일하던 미국인 기술자들이 금주령을 지키는 이슬람에서 보드카에 오렌지주스를 타서 가지고 다니면서 오렌지주스라고 눈속임을 하면서 허리에 차고 있던 드라이버로 저어 마신다고 해서 붙여진 이름이라는 이야기가 있다.

재료
보드카 1.5온스, 오렌지주스 적량

만드는 법
1 하이볼 글라스에 얼음과 보드카를 넣는다.
2 오렌지주스를 적당량 채우고 바스푼으로 잘 섞는다.

 무색 · 무미 · 무취가 특징인 보드카에 오렌지주스를 혼합하여 술맛은 느낄 수 없고 오렌지주스 맛만 느끼며 여성들이 쉽게 마신 후 술에 취해 골탕을 먹는다고 하여 'Women Killer', 'Lady Killer', 'Playboy'라는 별명이 있다.

6) 테킬라 선라이즈(Tequila Sunrise)

1970년대에 롤링 스톤즈(Rolling Stones)가 멕시코에서 공연을 할 때 이 칵테일에 완전히 매료되어 가는 곳마다 애음하였다고 하며, 테킬라의 독특한 풍미는 정열적인 에스닉한 맛을 가지고 있다.

재료
테킬라 1.5온스, 오렌지주스 적량, 그레나딘 시럽 1/3온스

만드는 법
1 하이볼 글라스에 얼음과 테킬라를 붓는다.
2 오렌지주스를 적당량 채우고 바스푼으로 잘 섞는다.
3 그레나딘 시럽을 조심스럽게 흘려 놓는다.

 ① '일출'이란 뜻의 이 칵테일은 오렌지주스로 채운 후 그레나딘 시럽을 흘려 부어 아침노을의 느낌을 준다.
② 그레나딘 시럽을 흘려 부은 후에는 혼합하지 않아야 한다.
③ 베이스의 술을 보드카로 바꾸면 보드카 선라이즈가 된다.

7) 베일리즈 밀크(Baileys Milk)

아일랜드산 베일리즈에 우유의 부드러움을 더한 것으로 부드러운 촉감 때문에 알코올에 약한 사람도 즐길 수 있다.

재료
베일리즈 1온스, 우유 적당량

만드는 법
1 텀블러 글라스에 얼음과 베일리즈를 넣는다.
2 우유를 적당량 채우고 바스푼으로 잘 섞어준다.

8) 블루큐라소 소다(Blue Curacao Soda)

오렌지 리큐르인 블루큐라소에 소다수를 희석한 것으로 시원한 청량음료의 느낌을 준다.

재료
블루큐라소 1온스, 소다수 적당량, 계절과일

만드는 법
1 텀블러 글라스에 얼음과 블루큐라소를 넣는다.
2 소다수를 적당량 채우고 바스푼으로 잘 섞어준다.
3 계절과일로 장식한다.

9) 블랙 러시안(Black Russian)

농후한 색상과 커피 풍미의 칵테일로 1917년 러시아 혁명 후 베일에 가려 있던 보드카 제조법이 외부 세계에 알려지면서 미국에서 보드카 베이스의 칵테일이 유행하였는데 블랙 러시안도 이때 만들어졌다고 한다.

재료
보드카 1.5온스, 칼루아 2/3온스

만드는 법
1 온더락 글라스에 얼음을 담는다.
2 보드카와 칼루아를 붓고 바스푼으로 잘 섞는다.

 Tip 칼루아의 단맛과 커피향이 보드카의 독한 맛을 감춰 알코올 농도는 높으나 우리나라에서 인기 있는 칵테일 음료 중 하나이다.

03 칵테일

칵테일이란 기본적으로 두 가지 이상의 술을 사용하고 과즙, 시럽, 설탕 등 여러 가지 부재료를 섞어 만든 것을 말한다.

1) 맨해튼 칵테일(Manhattan Cocktail)

마티니와 더불어 유명한 칵테일로 칵테일의 여왕이라 불린다. 어둠이 밀려오는 황혼의 분위기를 연상케 하며 비터(Bitters)의 쓴맛을 스위트 베르무트가 감춰주는 세련된 칵테일로 식전에 마시기 적합하다.

재료
위스키 1.5온스, 스위트 베르무트 1/2온스, 앙고스투라 비터즈 1대시, 체리

만드는 법
1 칵테일 글라스를 냉각한다.
2 믹싱 글라스에 얼음과 재료를 넣고 바스푼으로 잘 혼합한다
3 믹싱 글라스에 스트레이너를 끼우고 냉각된 칵테일 글라스에 따른다.
4 체리로 장식한다.

 Tip ① 알코올 농도를 강하게 만들고 싶으면 위스키와 베르무트의 비율을 조절하면 된다.
② 온더락 글라스에 얼음과 함께 넣고 섞어 온더락 스타일로 만들기도 한다.

2) 드라이 마티니(Dry Martini)

칵테일은 마티니로 시작해서 마티니로 끝난다고 할 정도로 유명하다. 칵테일의 왕이라 불리며, 이탈리아의 베르무트 메이커인 마티니사에서 자사 제품의 홍보에 적극 활용함으로써 유명해진 칵테일이다.

재료
드라이 진 1.5온스, 드라이 베르무트 1/2온스, 올리브

만드는 법
1 칵테일 글라스를 냉각한다.
2 믹싱 글라스에 얼음과 재료를 넣고 바스푼으로 잘 혼합한다.
3 믹싱 글라스에 스트레이너를 끼우고 냉각된 칵테일 글라스에 따른다.
4 올리브로 장식한다.

 Tip ① 마티니 칵테일은 드라이 진과 드라이 베르무트의 비율에 따라 맛과 이름이 달라지므로 정확한 양을 계량하여 만들어야 한다.
② 드라이 진과 드라이 베르무트의 비율에 얽힌 많은 에피소드가 전해지고 있으며 그 종류가 무려 268가지나 된다.

3) 키스 인 더 다크(Kiss in the Dark)

"어둠 속의 키스(한밤의 키스)"라는 묘한 이름을 가진 이 칵테일은 마티니 칵테일에 체리브랜디를 더한 것으로 마티니와는 맛이 완전히 다르다.

재료
드라이 진 2/3온스, 체리브랜디 2/3온스, 드라이 베르무트 2/3온스, 올리브

만드는 법
1 칵테일 글라스를 냉각한다.
2 믹싱 글라스에 얼음과 재료를 넣고 바스푼으로 잘 혼합한다.
3 믹싱 글라스에 스트레이너를 끼우고 냉각된 칵테일 글라스에 따른다.

4) 키스 오브 파이어(Kiss of Fire)

"불 같은 키스", "정열의 키스"라는 의미의 이 칵테일은 젊은 연인들의 달콤한 사랑을 표현한 칵테일로 여성들에게 인기가 높다.

재료
보드카 2/3온스, 슬로 진 2/3온스, 드라이 베르무트 2/3온스, 레몬주스 2대시, 레몬조각, 설탕

만드는 법
1 칵테일 글라스의 가장자리를 레몬조각으로 문지른 후 설탕을 묻힌다.
2 1의 글라스를 냉각한다.
3 쉐이커에 얼음과 재료를 넣고 쉐이크한다.
4 쉐이커의 캡을 열고 냉각된 글라스에 따른다.

Tip ① 설탕을 묻힐 때 깨끗이 건조된 글라스를 사용하며 글라스의 림(Rim) 바깥쪽에 레몬조각을 대고 문지르면 일정한 폭으로 레몬즙이 묻는다. 이렇게 레몬즙을 묻힌 후 글라스를 설탕접시에 엎어 누르면 깨끗하게 설탕을 묻힐 수 있다.
② 설탕과 칵테일을 입안에서 섞어 마셔야 제맛을 즐길 수 있다.

5) 핑크 레이디(Pink Lady)

1912년 영국 런던의 한 극장에서 'Pink Lady'란 연극이 공연되어 대단한 인기를 모았다. 공연이 성공적으로 끝난 후 열린 파티에서 주연을 맡았던 여배우 '헤이즐 돈(Hazel Dawn)'에게 선사한 데서 이 이름이 붙었다고 한다. "귀부인"이라는 의미로, 핑크빛 거품은 파티 등 화려한 자리에 어울려 여성들에게 사랑을 받고 있다.

재료
드라이 진 1.5온스, 달걀흰자 1개, 그레나딘 시럽 1티스푼, 생크림 1티스푼

만드는 법
1 샴페인 글라스를 냉각한다.
2 쉐이커에 얼음과 재료를 넣고 쉐이크한다.
3 쉐이커의 캡을 열고 냉각된 글라스에 거품을 살리면서 따른다.

Tip ① 달걀의 흰자와 노른자를 서로 다른 컵에서 완전히 분리하여 사용하도록 하고, 강하게 쉐이크하여 거품이 최대한 일도록 한다.
② 달걀흰자 대신 우유 1온스를 사용하여 만들기도 한다.

6) 그라스호퍼(Grasshopper)

"메뚜기"라는 이름의 이 칵테일은 '여성 칵테일의 NO. 1'으로 꼽히며, 박하의 풍미와 생크림이 어울려 순하고 달콤한 맛의 디저트로 즐길 수 있다.

재료
크레임 드 멘트(그린) 3/4온스, 크레임 드 카카오(화이트) 3/4온스, 생크림(우유) 3/4온스

만드는 법
1 칵테일 글라스를 냉각한다.
2 쉐이커에 얼음과 재료를 넣고 쉐이크한다.
3 쉐이커의 캡을 열고 냉각된 글라스에 거품을 살리면서 따른다.

7) 블루 하와이(Blue Hawaii)

1957년 하와이 힐튼호텔의 바텐더가 선보인 이 칵테일은 와이키키 해변의 푸른 물결을 연상시키는 트로피컬 칵테일로 하와이의 탁 트인 하늘과 푸른 바다를 연상하게 한다.

재료
럼 1온스, 블루큐라소 1/2온스, 파인애플주스 1온스, 레몬주스 1/2온스, 파인애플 슬라이스, 체리

만드는 법
1 콜린스(텀블러) 글라스에 자잘한 콩알 얼음을 가득 채운다.
2 쉐이커에 얼음과 함께 내용물을 넣은 후 쉐이크한다.
3 쉐이커의 캡을 열고 냉각된 글라스에 따른다.
4 파인애플 슬라이스와 체리로 장식하고 스트로를 꽂는다.

 ① 콜린스(텀블러) 글라스 외에 스템이 있는 예쁜 잔을 사용하여 분위기를 연출하여도 좋다.
② 블렌더를 사용하여 프로즌 스타일로 시원하게 만들어도 좋다.

8) 오르가즘(Orgasm)

묘한 이름의 이 칵테일은 영화 '칵테일'에서 바텐더인 톰 크루즈를 유혹하기 위해 여성 손님들이 끊임없이 주문하던 것으로 리큐르만으로 만든 것이다.

재료
칼루아 1온스, 아마레토 1온스, 베일리즈 아이리시 크림 1온스

만드는 법
1 칵테일 글라스를 냉각한다.
2 쉐이커에 얼음과 함께 내용물을 넣은 후 잘 쉐이크한다.
3 쉐이커의 캡을 열고 냉각된 글라스에 따른다.

 Tip 1온스의 보드카를 추가하여 만들면 스크리밍 오르가즘(Screaming Orgasm)이 된다.

9) 섹스 온 더 비치(Sex on the Beach)

'해변의 정사'란 묘한 이름의 이 칵테일 역시 미국의 유명배우 톰 크루즈가 주연한 1980년대 영화 '칵테일'을 통해 유명해졌다. 과일주스로 만들어진 상큼한 트로피컬 칵테일로서 색이 화려하고 맛도 달콤해 여성들에게 인기가 좋다.

재료
보드카 1온스, 피치 브랜디 1온스. 오렌지주스 3온스, 크랜베리주스 3온스, 오렌지 슬라이스, 체리

만드는 법
1 고블릿 글라스에 얼음을 넣는다.
2 보드카, 피치 브랜디, 오렌지주스, 크랜베리주스를 넣고 바스푼으로 잘 섞는다.
3 오렌지 슬라이스와 체리로 장식한다.

 Tip 트로피컬 칵테일(Tropical Cocktail)이란 열대과일을 이용해 가볍고 달콤하게 즐길 수 있도록 만든 칵테일을 말한다.

10) 앤젤스 키스(Angel's Kiss)

"천사의 키스"란 뜻으로 카카오와 생크림으로 구성해 달콤하고 부드러운 맛으로 식후에 스트레이트로 마시기에 좋다.

재료
크레임 드 카카오(브라운) 2/3온스, 생크림(우유) 1/3온스, 체리

만드는 법
1 리큐르 글라스에 바스푼을 엎어 대고 카카오와 생크림(우유)을 차례대로 조심스럽게 흘려 부어 층(Float)을 쌓는다.
2 칵테일 핀의 가운데에 체리를 끼워 장식한다.

① 우리나라와 일본에서는 '앤젤스 팁(Angel's Tip)'을 앤젤스 키스의 레시피로 사용하고 있다.
② "앤젤스 키스" 본래의 레시피는 카카오(화이트), 슬로 진, 생크림, 브랜디를 각각 1/4온스씩 사용하여 층(Float)을 쌓는 것으로 되어 있다.

11) 푸즈 카페(Pousse Cafe)

칵테일 중에서 가장 화려한 것으로 마지막에 불을 붙여 분위기와 시각적 효과까지 연출한다. 마실 때에는 불을 끄고 짧게 자른 빨대로 좋아하는 층을 골라서 마신다.

재료
그레나딘 시럽 1/6온스, 카카오(브라운) 1/6온스, 페퍼민트(그린) 1/6온스, 갈리아노 1/6온스, 슬로 진 1/6온스, 브랜디 1/6온스

만드는 법
1 리큐르 글라스에 바스푼을 엎어 대고 차례대로 조심스럽게 흘려 부어 층(Float)을 쌓는다.
2 마지막으로 브랜디에 불을 붙이고 짧게 자른 스트로와 얼음물 1잔을 함께 낸다.

① 푸즈 카페는 여러 가지 다른 레시피가 많이 있다.
② 섞이지 않게 부어 층을 형성하는 것으로 각 재료의 양을 일정하게 하여야 시각적으로 균형이 맞아 보기에 좋다.
③ 불꽃의 색까지 7색이 되므로 우리나라에서는 'Rainbow'라 부르고 있다.
④ 브랜디가 타고 나면 불이 꺼진다. 스트로를 꽂아 마시는데 한 잔으로 6가지 술을 즐길 수 있으며, 마시고 싶은 층의 술에 스트로를 꽂아 마신다.

04. 칵테일 데커레이션

(1) 체리(Cherry), 올리브(Olive)

칵테일 핀에 체리 또는 올리브를 꽂아 글라스에 넣는다.

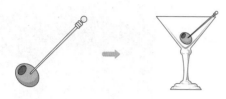

(2) 체리(Cherry)

체리에 칼집을 넣어 글라스의 가장자리에 끼운다.

(3) 레몬 및 오렌지 슬라이스

① 하프 슬라이스(Half slice) : 칼집을 넣어 글라스의 가장자리에 끼운다.

② 풀 슬라이스(Full slice) : 슬라이스의 반경만큼 칼집을 넣어 글라스의 가장자리에 꽂는다.

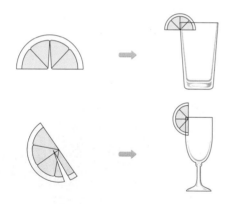

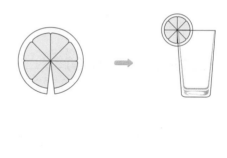

③ 풀 슬라이스(Full slice) : 레몬 및 오렌지는 껍질이 두꺼우므로 껍질과 알맹이 사이에 조금 남기고 칼집을 넣어 껍질 쪽은 글라스의 바깥에, 알맹이는 글라스의 안으로 가도록 글라스의 가장자리에 걸친다.

④ 레몬(오렌지) 슬라이스와 체리를 함께 하는 경우

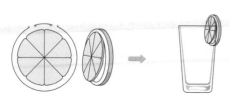

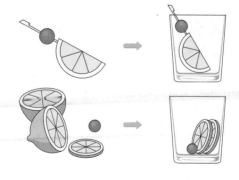

(4) 레몬(오렌지)을 웨지(Wedge)형으로 장식

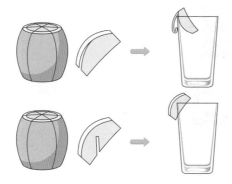

(5) 레몬 껍질을 나선형(Lemon peel spiral)으로 장식

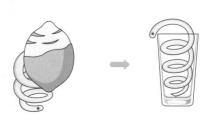

(6) 파인애플과 체리를 함께 장식

(7) 셀러리

신선한 것을 골라 적당한 길이로 자르고 잎을 정리하여 글라스에 꽂는다.

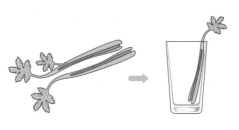

(8) 기타

응용하여 바나나, 딸기, 포도, 사과 등을 장식할 수 있으며 민트(Mint) 등의 허브류 잎을 장식할 수도 있다.

창업

01• 커피점 창업을 위한 준비

1) 커피에 대한 전문지식 습득

커피교육기관을 통해 커피에 대한 기본지식을 습득하는 것은 물론 커피와 관련한 다양한 서적을 통해 교육기관에서 습득하지 못한 지식을 보충하도록 한다.

2) 커피점 시장조사

대형 프랜차이즈 브랜드와 중소 프랜차이즈 브랜드, 개인 브랜드의 영업시간과 영업현황, 콘셉트, 메뉴, 가격, 마케팅 등에 대하여 조사하고 분석하여 비교해 보는 것도 필요하다.

3) 커피점 투어

주요 상권별로 잘 된다고 소문난 곳과 안 된다고 소문난 커피점, 커피가 맛있다고 알려진 곳과 분위기가 좋다고 알려진 곳들을 방문하여 차이를 분석하도록 한다. 또한 카페쇼, 프랜차이즈 설명회 등을 다니면서 시장의 흐름을 파악하는 것도 필요하다.

4) 창업형태의 결정

체인점과 독립창업 중 어떤 형태의 창업을 할 것인지 정해야 한다. 창업형태에 따라 창업준비와 투자금액에 차이가 있다.

5) 원재료 구입처 확보

원두를 비롯한 다양한 종류의 재료를 어디서 어떻게 구입하는가도 중요한 요소이다. 충분한 시장조사를 통해 신용을 전제로 믿을 수 있는 업체를 선택할 수 있어야 한다. 예를 들면 값 싼 원두와 값비싼 원두의 가격차이는 생각보다 크다. 값비싼 원두를 사용해야만 고객의 만족도를 높일 수 있는 것은 아니다.

02• 창업유형

창업의 유형은 그 기준과 관점에 따라 다양하게 구분할 수 있다. 최근 창업열풍을 타고 프랜차이즈가 활성화되고 있어 창업의 형태를 프랜차이즈 창업과 독립 창업으로 구분하는 것이 일반적이다. 그 내용은 다음과 같이 비교할 수 있다.

구분	프랜차이즈 창업	독립 창업
사업형태	초보자도 쉽게 창업이 가능하다.	경험자가 유리하다.
창업비용	가맹비, 교육비, 로열티 등 본사에 지불하는 부대비용으로 인해 창업비용이 많이 소요된다.	본사에 지불하는 부대비용이 없어 창업비용이 절감된다.
이익률	이익률이 낮다.	이익률이 높다.
사업책임	창업자 본인	창업자 본인
상호	본사 브랜드 사용	독자적 브랜드 개발 사용
콘셉트	본사의 통일된 인테리어 및 콘셉트	창업자의 독자적 인테리어 및 콘셉트
상품구매	본사 공급	직접 구매
경영	본사의 축적된 노하우 제공	창업자의 능력에 따른 경영
시장변화 대처	본사의 지시를 받으므로 고객의 요구 및 시장변화 등에 대해 신속한 대응 곤란	고객의 요구 및 시장변화 등에 따른 신속한 대응 가능
성장	프랜차이즈 가맹점포 수를 늘릴 수 있다.	프랜차이즈 본사로 발전할 수 있다.
홍보 및 마케팅	본사의 브랜드 이미지 및 공동마케팅 등의 지원을 받을 수 있다.	지역에 맞는 독자적 마케팅 전략을 구사해야 한다.
입지선정	본사의 입지 및 상권조사	독자적 선택
창업준비기간	본사의 노하우를 전수받으므로 창업준비기간을 단축할 수 있다.	모든 것을 창업자가 준비해야 하므로 창업준비기간이 많이 소요된다.

03. 임대차 계약

창업을 위해서는 창업계획서를 먼저 작성한 후 다음 순서대로 준비를 하는 것이 효율적이다.

입지 선정 → 상호 및 메뉴 결정 → 영업방법 결정 → 인테리어 공사 → 홍보전략 수립 → 인허가사항 점검
→ 종업원 모집 및 교육 → 기기 및 기구 발주 → 각종 인쇄물 및 비품 발주 → 준비사항 점검 · 확인 → 개업

■ 점포 임대차계약 체결

(1) 사전 확인
권리금, 점포의 하자 여부, 계약 조건, 소유권 등 법률관계와 임차인의 의무사항 등을 직접 꼼꼼하게 살펴본 후 실수 없이 처리해야 한다.

(2) 법률관계 확인
① 등기부등본 확인 : 등기부등본은 계약금 지불 전과 잔금 지불 전에 각각 확인하여 권리관계의 변동이 있었는지 여부를 확인한다.

② 토지, 건축물대장 확인 : 토지, 건물의 위치, 크기, 실소유자 등이 등기부등본과 일치하는지 확인한다.

③ 도시계획확인원 확인 : 자신이 계약하고자 하는 점포가 향후 공공용지 등으로 수용될지 여부, 재개발지역의 여부, 업종 제한이 되어 있는 지역인지 여부 등을 확인한다.

(3) 임대차 계약 시 유의사항
점포임대차 계약 이외에 사업을 시작하기 전에 알아두어야 할 사항으로는 공증, 계약 불이행 시의 계약금 문제, 임차인의 의무사항 등이 있다.

① 반드시 공증(전세권 설정)을 받는다. 그러나 대부분의 건물주는 전세권 설정을 꺼리는 경우가 많으므로 사업자등록증 신청 시 관할 세무서에 전세계약서를 지참하고 방문하여 확정일자를 받아두도록 한다.

② 계약 불이행 시 계약금은 상대방에게 넘어간다. 임대료가 2개월 연체되면 계약해지가 가능하다.

③ 전 사업자의 사업자등록증 폐업신고 및 인(허)가증 반납 여부 확인, 관계법령 위반으로 인한 행정처분 여부 등을 확인한다.

04· 인허가

영업을 하기 위해서는 반드시 영업신고를 하고 사업자등록증을 발급받아야 한다. 커피점을 하려면 식품접객업 중 일반음식점 또는 휴게음식점으로 영업신고를 하면 되는데 칵테일이나 맥주, 와인 등의 알코올음료를 판매하려면 일반음식점으로 영업신고를 하여야 하고 일반음식점은 식사류가 메뉴에 반드시 포함되어야 한다.

1) 식품접객영업의 종류

식품위생법상 식품접객업은 다음과 같이 구분한다.

(1) 휴게음식점영업
주로 다류, 아이스크림류 등을 조리·판매하거나 패스트푸드점, 분식점 형태의 영업 등 음식류를 조리·판매하는 영업으로 음주행위가 허용되지 아니하는 영업(다만, 편의점·슈퍼마켓·휴게소, 그 밖에 음식류를 판매하는 장소에서 컵라면, 일회용 다류 또는 그 밖에 음식류에 뜨거운 물을 부어주는 경우를 제외한다.)

(2) 일반음식점영업
음식류를 조리·판매하는 영업으로 식사와 함께 부수적으로 음주행위가 허용되는 영업

(3) 단란주점영업
주로 주류를 조리·판매하는 영업으로 손님이 노래를 부르는 행위가 허용되는 영업

(4) 유흥주점영업
주로 주류를 조리·판매하는 영업으로 유흥종사자를 두거나 유흥시설을 설치할 수 있고 손님이 노래를 부르거나 춤을 추는 행위가 허용되는 영업

(5) 위탁급식영업
집단급식소를 설치·운영하는 자와 계약에 따라 그 집단급식소 내에서 음식류를 조리하여 제공하는 영업

(6) 제과점영업
주로 빵·떡·과자 등을 제조·판매하는 영업으로 음주행위가 허용되지 아니하는 영업

2) 영업신고

식품접객업 중 단란주점영업과 유흥주점영업은 허가대상이고, 휴게음식점, 일반음식점, 위탁급식영업, 제과점 영업은 신고대상영업이다.

> **(1) 신고 가능 지역 및 건물용도** : 신고 가능 지역은 제한이 없으며, 용도는 근린생활시설이어야 한다.
>
> **(2) 신고권자** : 시장 · 군수 · 구청장
>
> **(3) 신고부서** : 시 · 군 · 구 환경위생과 식품위생담당
>
> **(4) 신고 신청자 준비사항**
>
> ① 영업장소 건축물 용도, 정화조 용량 등 적합 여부 확인(건축물대장 확인)
>
> ② 위생교육필증(음식업협회, 휴게음식업협회 등에서 주관) : 사업자 본인이 반드시 6시간의 사전위생교육을 받아야 한다. 다만, 조리사면허를 소지한 자는 위생교육이 면제된다. 법인인 경우 식품위생관리인을 지정하고 식품위생관리인이 조리사 면허를 소지하거나 위생교육을 받으면 된다.
>
> ③ 식품접객업 영업신고 신청서(환경위생과)
>
> ④ 가스사용시설 완성검사필증 1부

3) 사업자등록

모든 사업자는 반드시 사업자등록을 하여야 한다. 사업자등록을 하지 않으면 세금계산서 교부가 불가능하고 따라서 관련 매입세액을 공제받을 수 없다. 또한 미등록가산세, 신고불성실가산세, 납부불성실가산세 등의 불이익이 따르게 된다. 식품접객업의 경우 먼저 관할 지방자치단체의 구청 또는 군청에서 영업신고(허가)를 하여 영업신고(허가)증을 교부 받아야 사업자등록을 할 수 있다.

> **(1) 사업자등록절차** : 사업개시 전 또는 사업 개시 후 20일 이내에 구비서류를 갖추어 관할세무서 또는 가까운 세무서의 민원봉사실에 본인이 직접 방문하여 신청할 수 있다. 대리인의 경우 위임장을 작성하여 위임하는 사람과 본인의 신분증을 지참하여야 한다. 공인인증서가 있으면 국세청 홈텍스(https://www.hometax.go.kr)에서 인터넷 신청도 가능하다.
>
> **(2) 구비서류** : 영업신고(허가)증, 사업자등록신청서, 임대차계약서(본인 건물의 경우 제출하지 않음), 2인 이상이 동업하는 경우는 동업계약서
>
> **(3) 사업자의 구분** : 사업자등록 시 '일반과세자' 또는 '간이과세자'로 신청을 하여야 하는데 가장 큰 차이점은 부가가치세 부분에 있다. 일반적으로 식품접객업의 경우 사업장의 규모와 종업원 수 등에 따라 정해진다고 볼 수 있다.

구분	일반과세자	간이과세자
적용대상	연 매출 4,800만 원 이상	연 매출 4,800만 원 미만
부가가치세 과세표준	매출액(실매출금액)	부가세를 포함한 매출액
부가가치세 과세기간	1~6월, 7~12월 / 연 2회	1~12월 / 연 1회
부가가치세 세율	10%	10%
부가가치세	매출액×10%	(매출액+부가가치세 10%)×업종별 부가가치율×10%
부가가치세 납부세액	매출세액 – 매입세액	(매출액×업종별 부가가치율×10%) – 공제세액
매입세액 공제	전액(100%) 공제	매입세액×업종별 부가가치율
거래증빙	매출·매입 기록 의무	영수증, 세금계산서 보관
세금계산서	발행 가능	발행하지 못 함

① 음식점업의 경우 업종별 부가가치율은 10%이다. 커피매장에서 커피 한 잔을 5,000원에 판매하는 경우 일반과세자와 간이과세자의 부가가치세를 계산하면 다음과 같다.

　　＊ 일반과세자 : 5,000×10% = 500원
　　＊ 간이과세자 : (5,000+500)×10%×10% = 55원

② 부가가치세 측면에서는 간이과세자가 유리한 반면, 매입세액공제와 세금계산서 발행 측면에서는 일반과세자가 유리하다.

③ 간이과세자로 사업자등록을 하였더라도, 1년간의 매출액이 4,800만 원을 초과하는 경우 자동으로 일반과세자로 전환된다.

⑤• 상호 및 상표등록

식품접객업의 상호는 서비스표 출원에 해당한다. 식품접객업의 매력 중의 하나는 프랜차이즈화가 용이하다는 것이다. 미래를 위해 상호를 특허청에 서비스표 출원하는 것이 필요하며 변리사에게 의뢰하거나 다음의 방법으로 본인이 직접 특허청에 출원하여도 된다.

1) 출원 여부 확인

출원하고자 하는 상호가 타인에 의해 출원이 되어 있는지 먼저 확인한 후 출원신청을 한다. 음·식료품을 제공하는 서비스업 및 임시숙박업은 제43류에 해당하므로 제43류에 신청을 하여야 한다. 출원하고자 하는 상호가 타인에 의해 이미 출원이 되어 있더라도 제43류에 출원이 되어 있지 않으면 출원신청을 할 수 있다.

> **(1) 특허정보검색서비스(http://www.kipris.or.kr) :** 선행 출원 여부 확인
>
> **(2) 특허로(http://www.patent.go.kr)**
>
> 상품분류코드– 출원하고자 하는 상품의 분류코드 확인
>
> **(3) 제43류 음·식료품을 제공하는 서비스업과 임시숙박업으로 다음의 업종이 있다.**
> ① **음·식료품을 제공하는 서비스업 :** 간이식당업, 간이음식점업, 관광음식점업, 극장식주점업, 다방업, 레스토랑업, 무도유흥주점업, 바(bar)서비스업, 뷔페식당업, 서양음식점업, 셀프서비스식당업, 스낵바업, 식당체인업, 식품소개업, 음식조리대행업, 음식준비조달업, 일반유흥주점업, 일반음식점업, 일본음식점업, 제과점업, 주점업, 중국음식점업, 카페업, 카페테리아업, 칵테일라운지서비스업, 패스트푸드식당업, 한국식유흥주점업, 한식점업, 항공기기내식제공업, 휴게실업
> ② **임시숙박업 :** 관광객숙박알선업, 관광숙박업, 관광여인숙업, 리조트숙박업, 모텔업, 숙박시설안내업, 숙박시설예약업, 여관업, 유스호스텔업, 임시숙박시설알선업, 임시숙박시설예약업, 임시숙박시설임대업, 캠프숙박시설예약업, 콘도미니엄업, 크루즈숙박업, 하숙알선업, 하숙업, 하숙예약업, 호스텔업, 호텔업, 호텔예약업, 회원제 숙박설비운영업, 휴일캠프숙박서비스업

2) 등록하지 못 하는 상표

다음에 해당하는 것은 서비스표 출원을 할 수 없다.

① 상품의 보통명칭이나 관용적인 표시
② 상품의 성질을 표시하는 상표(산지, 품질, 원재료, 효능, 용도, 수량, 형상, 가격 등)
③ 널리 알려진 국내외의 지리적 명칭
④ 성(姓)이나 명칭
⑤ 간단하고 흔히 있는 문자, 숫자, 도형
⑥ 국기나 저명한 국제기관의 표장 등과 동일·유사한 상표
⑦ 국가, 민족이나 서병한 고인을 비방하거나 모욕할 염려가 있는 상표
⑧ 국가, 공공단체 및 공익법인의 비영리 업무를 나타내는 저명한 표장과 동일 또는 유사한 상표

⑨ 공공질서 또는 선량한 풍속을 문란하게 할 염려가 있는 상표

⑩ 유명한 타인의 성명이나 상호를 포함하는 상표

⑪ 선출원되거나 등록된 타인의 상표와 동일 또는 유사한 상표

⑫ 타인의 등록상표가 소멸한 날로부터 일정한 기간이 지나지 않은 상표

⑬ 널리 알려진 타인의 상표와 동일, 유사한 상표

⑭ 상품의 품질을 오인하게 하는 상표

⑮ 포도주나 증류주의 산지를 표시하는 상표(스카치, 코냑, 샴페인 등)

3) 출원신청

(1) 개인이 직접 특허청에 등록

① 특허청의 홈페이지에서 온라인 출원을 할 수 있으며, 상세하게 설명되어 있어 일반인 누구나 손쉽게 출원을 할 수 있다.

② 온라인 출원이 불가능할 경우 특허청 서울사무소 또는 대전 특허청에 직접 서면제출이 가능하다.

(2) 변리사를 통한 방법

① 개인이 하는 방법을 모두 대리하며, 중간에 거절이유에 대한 의견제출통지서를 작성한다.

② 비용은 사무소마다 차이가 있으나 대행수수료 및 관납료와 부가세가 별도 청구된다.

4) 비용

① 출원 신청 시 관납료를 납부해야 한다.(지로 또는 온라인 결제)

② 최소 6개월~1년 정도의 심사기간을 거친 후 등록 가능 여부가 결정되며, 거절될 수도 있다.

③ 최종적으로 등록이 결정되면 10년치 사용료인 관납료를 납부하여야 한다.

06. 커피매장 물품 점검항목

매장의 형태와 규모, 판매품목에 따라 필요한 기계와 장비, 기구, 재료 등의 차이가 있으므로 이들을 잘 파악하여 합리적으로 선택하도록 한다.

1) **기계 · 장비** : 에스프레소머신, 커피그라인더(에스프레소 및 드립용), 커피추출기구, 온수 디스펜서, 냉장고, 냉동고, 테이블냉장고, 제빙기, 빙삭기, 정수기, 쇼케이스(냉장 또는 냉동), 블렌더, 스쿠퍼(얼음용, 아이스크림용 등), 주스기, 전자레인지, 가스레인지(전기 레인지, 인덕션 등) 등

2) **재료 및 소모품** : 단종커피, 블렌드커피, 각종 시럽 및 소스, 소스펌프, 아이스크림, 생크 림, 주스용 재료(생과일, 농축액, 파우더 등), 냅킨, 빨대, 메뉴판, 빌지, 빌지 케이스 등

3) **잔(컵) 및 잔받침, 스푼** : 물, 커피(에스프레소, 아메리카노, 라테, 카푸치노 등), 주스, 빙 수, 아이스크림 등 메뉴에 알맞은 잔과 잔받침, 스푼

4) **주방용품** : 계량컵, 계량스푼, 전자저울, 쉐이크, 믹싱 글라스, 캔오프너, 오프너, 칼(과도 및 식도), 도마, 행주, 가위, 세제, 수세미, 소독제 등

5) **매장용품** : POS시스템, 냉난방기, 음향기기, 전화기, 공기정화기, CCTV, 장식용 소품 등

6) **문구류** : 필기구, 자, 테이프, 스테이플러, 메모지, 문구용 칼, 문구용 가위 등

7) **기타** : 청소용품, 화장실용품[휴지, 핸드드라이어(1회용 타월), 세정제 등] 우산꽂이 등

07. 음식점 식중독 예방관리

1) 종업원 위생 관리

(1) **두발 및 용모**
  ① 조리실 내에서 일하는 종업원은 위생모를 착용하여야 한다.
  ② 위생모는 외부에 모발이 노출되지 않도록 올바로 착용하여야 한다.
  ③ 남자 종업원은 깨끗이 면도를 하여야 한다.

(2) **위생복**
  ① 조리 시에는 항상 청결한 위생복을 착용한다.
  ② 매일 세탁과 다림질을 깨끗이 한다.
  ③ 앞치마는 전처리용, 조리용, 세척용으로 구분하여 사용한다.

(3) 액세서리 및 화장

① 조리실 종사자는 시계, 반지, 목걸이, 귀걸이, 팔찌 등의 장신구를 착용해서는 안 되며, 손톱은 짧고 청결하게 유지한다.

② 손톱에 매니큐어나 광택제를 칠하거나 인조 손톱을 착용하여서는 안 된다.

③ 화장은 진하게 하지 않으며 향이 강한 향수도 사용하지 않는다.

(4) 작업화

① 종업원은 매장 내에서 슬리퍼를 끌고 다녀서는 안 되며, 조리실 내에서는 전용 작업화를 신어야 한다.

② 외부 출입 후에는 반드시 소독판에 작업화를 소독하고 들어오도록 한다.

(5) 작업 중 화장실 출입

① 화장실은 전용 신발을 비치하여 이용한다.

② 종업원이 조리 중 화장실에 갈 경우 사복으로 갈아입고 용무 후에는 손과 신발을 소독한 다음 다시 위생복으로 갈아입고 작업에 임하여야 한다.

2) 주방 위생 관리

(1) 배달

① 책임자는 평소에 창고 및 냉장·냉동고에 물품이 얼마만큼 남아있는지 꼼꼼하게 재고 조사를 실시하고 기록한다.

② 음식의 재료는 지나치게 많은 양을 주문하지 말고 다음날 필요한 적정 물품량을 예측하여 주문한다.

③ 냉동 또는 냉장 상태로 배달되어야 할 육류가 그냥 박스에 담겨 실온에서 배달되지는 않았는지 확인한다.

④ 채소나 과일 등은 심하게 손상되었는지, 흙 등의 이물질이 많이 묻어 있는지, 채소의 잎이나 과일의 꼭지 등이 신선한지, 통조림은 외관에 이상이 없는지 등을 자세히 살펴보도록 한다.

⑤ 상하기 쉬운 우유, 두부 등 유통기한이 짧은 식품은 물론 모든 가공식품의 유통기한을 반드시 확인하여야 한다. 또한 유통기한이 표시된 부분은 제품 폐기 시까지 알아볼 수 있도록 보존하여 어느 조리자라도 확인할 수 있게 하여야 한다.

⑥ 냉장·냉동이 안 된 패류, 식육 및 생선이나 포장이 조잡하거나 제조원이 불분명한 불량한 물품은 꼭 반품 조치하도록 한다.

(2) 보관 및 저장

① 배달된 물품은 식자재와 일반 소모품을 분리하여 깨끗한 창고나 진열장에 보관한다.

② 저장실은 깨끗하고 건조하며 다른 오염원이 없어야 하고 보관된 식자재가 해충과 쥐 등으로부터 오염되지 않도록 주의하여야 한다.

③ 모든 식품은 반드시 소독된 보관 용기에 뚜껑을 덮어 두거나 위생적으로 잘 포장하여 내용물이 노출되지 않도록 한다.

④ 수시 또는 정기점검을 실시하여 정돈된 상태를 유지하며, 유통기한이 지난 물품은 폐기한다.

⑤ 배달된 식자재는 다음 개별 사항에 유의하여 보관하도록 한다.

종류	보관법
육류	냉장고에 장기간 저장할 때는 냉동하여 보관
두부	찬물에 담가 냉장보관
생선	내장을 제거하고 흐르는 수돗물(비브리오 예방)로 깨끗이 씻어 물기를 없앤 후 다른 식품과 접촉하지 않도록 하여 냉장보관
패류	내용물을 모아서 흐르는 수돗물(비브리오 예방)로 깨끗이 씻은 후 냉장·냉동 보관
어묵	냉장상태로 보관
달걀	씻지 않은 상태로 냉장보관(살모넬라 예방)
우유	4℃ 이하로 냉장보관하며 가능한 한 신속히 사용
채소	물기를 제거한 후 포장지로 싸서 냉장보관하며 씻지 않은 채소와 씻은 채소가 섞이지 않도록 분리 보관
젓갈	서늘하고 그늘진 곳에 뚜껑을 잘 닫아 보관
양념류	물, 이물이 들어가지 않도록 주의하여 보관
통조림	개봉 후 별도의 깨끗한 플라스틱 용기에 옮겨 보관하며 개봉일시를 기록하고 가능한 한 빨리 사용

(3) 냉장 및 냉동 보관 시 유의사항

① 냉장고의 온도는 4℃ 이하, 냉동고의 온도는 −18℃ 이하가 적당하다. 또한 내부 온도를 정확히 측정할 수 있는 온도계를 설치하여 정상적으로 작동이 되고 있는지 확인하여야 한다.

② 냉장·냉동고에 지나치게 물품을 가득 채울 경우에는 찬 공기가 잘 순환되지 않기 때문에 용량의 70% 정도만 보관하는 것이 좋다.

③ 냉장·냉동고에 식품을 보관하는 경우 반드시 그 제품의 식품표시사항(보관방법)을 확인한 후 보관하여야 한다.

④ 뜨거운 것은 식힌 후 냉장·냉동고에 보관하여야 하며, 뚜껑 또는 투명비닐을 씌운 후 음식물을 보관하여야 한다.

⑤ 냄새가 나는 식품(생선 등)은 냄새를 흡수하는 식품(우유, 달걀 등)과 분리하여 저장하여야 하며, 달걀은 별도의 투명비닐이나 뚜껑을 씌워 보관한다.

3) 재료 준비

① 먼저 구입한 순서대로 재료를 꺼내 쓸 수 있도록 하여야 한다.

② 배달된 물품은 유성펜 등 지워지지 않는 필기도구를 사용하여 내용물이 오염되지 않도록 배달된 날짜를 포장에 적어두도록 한다.

③ 새로 배달된 물품을 보관할 경우 먼저 보관되어 있는 것을 앞으로 배치하여 먼저 들어온 물품이 먼저 소비될 수 있도록(선입선출) 한다.

④ 채소나 과일을 씻을 때는 우선 흙·먼지 등의 이물을 제거하고 소독액을 만들어 3~5분간 담근 후, 흐르는 물에 깨끗하게 세척하여야 한다.

⑤ 육류의 핏물을 빼기 위해 담가 둔 물에 다른 재료나 조리기구를 담그지 않도록 한다.

⑥ 깨끗이 씻은 재료는 다음 사용을 위하여 용기에 잘 담은 후 밀봉하고 냉장 또는 냉동고에 보관하여야 한다.

⑦ 포장된 재료의 일부만 사용하여 조리하는 경우 유통기한이 표시되어 있지 않은 쪽을 먼저 사용하고 유통기한이 표시되어 있는 쪽은 나중에 사용하도록 한다.

4) 조리

(1) 오염된 식품이나 기구와 접촉하여 발생하는 교차오염을 방지하기 위하여 채소, 어류, 육류는 도마와 칼을 별도로 지정하여 사용한다. 또한 익힌 음식과 조리하지 않은 음식도 별도의 도마와 칼을 사용한다.

(2) 조리를 준비하기 위하여 냉동고에서 꺼낸 재료는 냉장고 또는 찬물에서 해동하고 급할 경우는 전자레인지에서 해동하도록 한다. 해동된 식품은 실온에 방치하지 않도록 하고 바로 조리에 사용한다.

(3) 무치기, 버무리기 등 식품을 혼합하는 경우, 반드시 위생장갑을 착용하여야 한다.

(4) 식중독균을 없애기 위해서는 가능한 한 음식 내부를 완전히 익혀야 한다. 음식의 내부 온도가 74℃로 최소 1분 이상 유지되도록 조리한다.

(5) 음식은 가능한 한 소량씩 나누어 조리하며 자주 저어서 온도가 균일하게 되도록 해야 한다.

(6) 조리된 음식은 반드시 보관용기에 담아 덮개를 덮어 낙하세균에 의한 오염을 방지한다.

08· 여러 가지 지원제도

정부에서 소상공인을 지원하고 육성하기 위한 여러 가지 지원제도를 시행하고 있으므로 이러한 제도를 적극 활용하면 많은 도움을 받을 수 있으며, 가장 대표적 지원기관으로 소상공인시장진흥공단이 있다.

1) 교육 및 컨설팅, 자금지원

소상공인시장진흥공단(www.semas.or.kr) 인터넷 홈페이지를 접속하면 다양한 형태의 교육·자금지원·컨설팅 등의 정보를 얻을 수 있다. 그 밖에도 각 지방자치단체별로 시행하는 소상공인(영세자영업자) 지원제도와 시중은행·신용보증재단 등에서 자금지원(신용대출) 등의 지원업무를 하고 있다.

2) 상권정보

소상공인시장진흥공단의 상권정보시스템(http://sg.sbiz.or.kr/main.sg#/main)을 접속하면 각 지역별 상권분석, 상권현황, 시장분석 등 다양한 상권정보를 얻을 수 있다.

부록

(커피매장에 필요한 서식 예시)

BARISTA & ESTABLISHED CAFE

대부분의 소규모 매장에서는 체계적 관리시스템에 의한 기록보다는 관습에 의한 관리시스템을 적용하고 있는 것이 일반적이다. 체계적 관리시스템을 통하여 원가를 절감하고 효율적인 직원관리와 시간관리 등 영업 외적인 경쟁력을 가질 수 있어야 한다. 여기서 제시한 서식들은 매장운영 및 관리에 필요한 것으로서 반드시 이 서식을 따라야 하는 것은 아니고 각 매장의 종사원 수 및 매장운영형태·규모 등에 따라 필요한 서식을 만들어 사용하면 된다. 다만 채용공고문이나 근로계약서 등에는 법에서 정하고 있는 내용을 반드시 명시해야 한다는 사실을 유념한다.

커피전문점 직원채용공고

○○ 커피전문점에서는 다음과 같이 바리스타를 모집합니다.
성실함과 사명감으로 근무할 분들의 적극적인 지원을 바랍니다.

20 년 월 일

1. 채용분야 및 지원자격

채용분야	모집인원	주요업무	지원자격	계약기간
바리스타				
홀서빙				
주방보조				

2. 임금 및 근로조건
  1) 임금
    (1) 기본급
    (2) 제수당

  2) 근로조건
    (1) 근무장소
    (2) 근무시간
    (3) 복리후생

3. 전형방법
    (1) 전형방법
    (2) 전형일정

4. 제출서류 및 접수방법
    (1) 제출서류
    (2) 접수방법
    (3) 제출처

5. 기타사항

  1. 채용공고 시에는 성별, 나이 등의 차별을 두어서는 안 된다.
  2. 임금 및 근로조건에 대하여도 명시하여야 한다.

개인정보 수집 · 이용 · 제공에 관한 동의서

○○ 커피전문점에서는 직원 채용과 관련하여 다음과 같이 개인정보를 수집 · 이용할 수 있으며, 관련사항은 관계 법령에 따라 처리됨을 알려드립니다.

□ 개인정보 수집 · 이용 목적
  채용 및 채용관리, 지원자 사후관리 등

□ 개인정보 수집 · 이용 범위
  성별, 주민등록번호, 은행계좌번호, 자택주소, 학력, 경력, 연락처(휴대전화)

□ 개인정보의 보유 및 이용 기간
  합격자의 경우 인사·경력 사항 정보로 활용되고 탈락자는 즉시 파기됩니다.
  ※ 개인정보 제공 및 활용을 거부할 수 있으며, 거부 시에는 지원을 할 수 없습니다.

동의함 □   동의하지 않음 □

「개인정보보호법」「동법 시행령」「동법 시행규칙」에 의거하여 본인의 개인정보를
 위와 같이 수집 · 활용하는 데 동의합니다.

20   년   월   일

성   명 :   (서명)

3. 표준근로계약서

표준근로계약서

　　　　　　(이하 "사업주"라 함)과(와)　　　　　　(이하 "근로자"라 함)은 다음과 같이 근로계약을 체결한다.

1. 근로계약기간 :　　년　월　일부터　　년　월　일까지
   ※ 근로계약기간을 정하지 않는 경우에는 "근로개시일"만 기재
2. 근 무 장 소 :
3. 업무의 내용 :
4. 소정근로시간 :　　시　분부터　　시　분까지(휴게시간 :　시　분 ～　시　분)
5. 근무일/휴일 : 매주　　일(또는 매일단위) 근무, 주휴일 매주　　요일
6. 임 금
   － 월(일, 시간)급 :　　　　　　　원
   － 상여금 : 있음 (　　)　　　　　　　　원, 없음 (　　)
   － 기타급여(제수당 등) : 있음 (　　), 없음 (　　)
   　● 　　　　　　원,　　　　　　　원
   　● 　　　　　　원,　　　　　　　원
   － 임금지급일 : 매월(매주 또는 매일)　　일(휴일의 경우는 전일 지급)
   － 지급방법 : 근로자에게 직접지급(　), 근로자 명의 예금통장에 입금(　)
7. 연차유급휴가
   － 연차유급휴가는 근로기준법에서 정하는 바에 따라 부여함
8. 사회보험 적용여부(해당란에 체크)
   □ 고용보험　　□ 산재보험　　□ 국민연금　　□ 건강보험
9. 근로계약서 교부
   － 사업주는 근로계약을 체결함과 동시에 본 계약서를 사본하여 근로자의 교부요구와 관계없이 근로자에게 교부함(근로기준법 제17조 이행)
10. 기타
    － 이 계약에 정함이 없는 사항은 근로기준법령에 의함

　　　　　　　　　　　　　　　　　　　　　　년　　　월　　　일

　　　　(사업주)　사업체명 :　　　　　　　　(전화 :　　　　　　　)
　　　　　　　　　주　　소 :
　　　　　　　　　대 표 자 :　　　　　　　(서명)

　　　　(근로자)　주　　소 :
　　　　　　　　　연 락 처 :
　　　　　　　　　성　　명 :　　　　　　　(서명)

4. 표준근로계약서(단시간근로자)

단시간근로자 표준근로계약서

(이하 "사업주"라 함)과(와)   (이하 "근로자"라 함)은 다음과 같이 근로계약을
체결한다.

1. 근로계약기간 :   년   월   일부터   년   월   일까지
   ※ 근로계약기간을 정하지 않는 경우에는 "근로개시일"만 기재
2. 근 무 장 소 :
3. 업무의 내용 :
4. 근로일 및 근로일별 근로시간

	( )요일	( )요일	( )요일	( )요일	( )요일	( )요일
근로시간	0시간	0시간	0시간	0시간	0시간	0시간
시업	00시 00분	00시 00분	00시 00분	00시 00분	00시 00분	00시 00분
종업	00시 00분	00시 00분	00시 00분	00시 00분	00시 00분	00시 00분
휴게 시간	00시 00분 ~ 00시 00분	00시 00분 ~ 00시 00분	00시 00분 ~ 00시 00분	00시 00분 ~ 00시 00분	00시 00분 ~ 00시 00분	00시 00분 ~ 00시 00분

○ 주휴일 : 매주   요일

5. 임 금
   – 시간(일, 월)급 :   원(해당사항에 ○표)
   – 상여금 : 있음 (   )   원, 없음 (   )
   – 기타급여(제수당 등) : 있음 :   원(내역별 기재), 없음 (   ),
   – 초과근로에 대한 가산임금률: %
     ※ 단시간근로자와 사용자 사이에 근로하기로 정한 시간을 초과하여 근로하면 법정 근로시간 내라도
       통상임금의 100분의 50% 이상의 가산임금 지급('14.9.19. 시행)
   – 임금지급일 : 매월(매주 또는 매일)   일(휴일의 경우는 전일 지급)
   – 지급방법 : 근로자에게 직접지급(   ), 근로자 명의 예금통장에 입금(   )
6. 연차유급휴가: 통상근로자의 근로시간에 비례하여 연차유급휴가 부여
7. 사회보험 적용여부(해당란에 체크)
   ☐ 고용보험   ☐ 산재보험   ☐ 국민연금   ☐ 건강보험
8. 근로계약서 교부
   – "사업주"는 근로계약을 체결함과 동시에 본 계약서를 사본하여 "근로자"의 교부요구와 관계없이
     "근로자"에게 교부함(근로기준법 제17조 이행)
9. 기타
   – 이 계약에 정함이 없는 사항은 근로기준법령에 의함

                              년   월   일

        (사업주) 사업체명 :   (전화 :   )
               주   소 :
               대 표 자 :   (서명)

        (근로자) 주   소 :
               연 락 처 :
               성   명 :   (서명)

연소근로자(18세 미만인 자) 표준근로계약서

(이하 "사업주"라 함)과(와)   (이하 "근로자"라 함)은 다음과 같이 근로계약을
체결한다.

1. 근로계약기간 :   년 월 일부터   년 월 일까지
   ※ 근로계약기간을 정하지 않는 경우에는 "근로개시일"만 기재

2. 근 무 장 소 :

3. 업무의 내용 :

4. 소정근로시간 :   시 분부터   시 분까지 (휴게시간 :   시 분 ~   시 분)

5. 근무일/휴일 : 매주   일(또는 매일단위) 근무, 주휴일 매주   요일

6. 임 금
   – 월(일, 시간)급 :   원
   – 상여금 : 있음 (   )   원, 없음 (   )
   – 기타급여(제수당 등) : 있음 (   ), 없음 (   )
     •   원,   원
   – 임금지급일 : 매월(매주 또는 매일)   일(휴일의 경우는 전일 지급)
   – 지급방법 : 근로자에게 직접지급(   ), 근로자 명의 예금통장에 입금(   )

7. 연차유급휴가
   – 연차유급휴가는 근로기준법에서 정하는 바에 따라 부여함

8. 가족관계증명서 및 동의서
   – 가족관계기록사항에 관한 증명서 제출 여부 :
   – 친권자 또는 후견인의 동의서 구비 여부 :

9. 사회보험 적용여부(해당란에 체크)
   ☐ 고용보험   ☐ 산재보험   ☐ 국민연금   ☐ 건강보험

10. 근로계약서 교부
    – 사업주는 근로계약을 체결함과 동시에 본 계약서를 사본하여 근로자의 교부요구와 관계없이 근로자에게
      교부함(근로기준법 제17조, 제67조 이행)

11. 기타
    – 13세 이상 15세 미만인 자에 대해서는 고용노동부장관으로부터 취직인허증을 교부받아야 하며, 이 계약에
      정함이 없는 사항은 근로기준법령에 의함

                          년   월   일

         (사업주) 사업체명 :   (전화 :   )
                   주   소 :
                   대 표 자 :   (서명)

         (근로지) 주   소 :
                   연 락 처 :
                   성   명 :   (서명)

6. 친권자(후견인) 동의서

친권자(후견인) 동의서

- 친권자(후견인) 인적사항
  성   명:
  생년월일:
  주   소:
  연 락 처 :
  연소근로자와의 관계 :

- 연소근로자 인적사항
  성   명: (만   세)
  생년월일:
  주   소:
  연 락 처 :

- 사업장 개요
  회 사 명 :
  회사주소:
  대 표 자 :
  회사전화:

본인은 위 연소근로자   가 위 사업장에서 근로를 하는 것에 대하여 동의합니다.

년   월   일

친권자(후견인)   (인)

첨 부 : 가족관계증명서 1부

7. 인사카드

인 사 카 드

<table>
<tr><td rowspan="3">사진</td><td rowspan="3">성 명</td><td>한글</td><td></td><td>입사일자</td><td></td></tr>
<tr><td>한문</td><td></td><td>퇴사일자</td><td></td></tr>
<tr><td>영문</td><td></td><td>휴대전화</td><td></td></tr>
<tr><td colspan="2">주민등록번호</td><td colspan="2"></td><td>생년월일</td><td></td></tr>
<tr><td colspan="2">주 소</td><td colspan="2"></td><td>자택전화</td><td></td></tr>
</table>

<table>
<tr><td rowspan="2">병역</td><td>미필사유</td><td colspan="5"></td></tr>
<tr><td>군별</td><td></td><td>계급</td><td></td><td>병과</td><td>복무기간</td><td></td></tr>
<tr><td rowspan="3">학력</td><td>년</td><td>월</td><td>일</td><td colspan="2">고등학교 졸업</td><td></td><td></td></tr>
<tr><td>년</td><td>월</td><td>일</td><td>(전문)대학교</td><td>학과 졸업</td><td>전공</td><td></td></tr>
<tr><td>년</td><td>월</td><td>일</td><td>대학원</td><td>학과 졸업</td><td>전공</td><td></td></tr>
</table>

<table>
<tr><td rowspan="4">자격 · 면허</td><td>명칭</td><td>취득일</td><td>발급기관</td><td>자격(면허)번호</td></tr>
<tr><td></td><td></td><td></td><td></td></tr>
<tr><td></td><td></td><td></td><td></td></tr>
<tr><td></td><td></td><td></td><td></td></tr>
</table>

<table>
<tr><td rowspan="4">경력사항</td><td>근무기간</td><td>직장명</td><td>직위</td><td>담당업무</td></tr>
<tr><td></td><td></td><td></td><td></td></tr>
<tr><td></td><td></td><td></td><td></td></tr>
<tr><td></td><td></td><td></td><td></td></tr>
</table>

<table>
<tr><td rowspan="4">가족관계</td><td>성명</td><td>관계</td><td>학력</td><td>직업</td><td>동거여부</td></tr>
<tr><td></td><td></td><td></td><td></td><td></td></tr>
<tr><td></td><td></td><td></td><td></td><td></td></tr>
<tr><td></td><td></td><td></td><td></td><td></td></tr>
</table>

<table>
<tr><td rowspan="4">인사변동사항</td><td>발령일자</td><td>부서</td><td>직위</td><td>담당업무</td><td>급여</td></tr>
<tr><td></td><td></td><td></td><td></td><td></td></tr>
<tr><td></td><td></td><td></td><td></td><td></td></tr>
<tr><td></td><td></td><td></td><td></td><td></td></tr>
</table>

8. 출퇴근 관리일지

(월)출퇴근 관리일지

일자	성 명	출근시간	퇴근시간	휴게시간	비고	본인확인	담당확인
1							
2							
3							
4							
5							
6							
7							
8							
9							
10							
11							
12							
13							
14							
15							
16							
17							
18							
19							
20							
21							
22							
23							
24							
25							
26							
27							
28							
29							
30							
31							

9. 고정자산관리대장

고정자산관리대장

연번 (관리번호)	품명	제조사	모델명	구입가격	구입일자	구입처	설치장소	관리담당자

10. 재료관리대장

재료관리대장

연번 (관리번호)	재료명	입고 일자	유통 기한	규격 (용량)	단가	수량	보관 장소	확인	
								담당자	관리자

11. 재료 재고 현황

재료 재고 현황

작성일자 :　　년　월　일　　작성자 :

결재	담당자	팀장	대표

연번	품명	단위	단가	이월	입고	출고	현재고	구입처	비고

12. 일일 영업 일지

일일 영업 일지

작성일자 :　　년　월　일　　요일　날씨

결재	담당자	팀장	대표

작성자 :

매입	품명	수량	단가	금액	구입처	비고

공과금 납부	적요	금액	납부기한	비고

매출 내역	품목	단가	수량	금액	품목	단가	수량	금액

수입		지출	
현금		현금	
신용카드		신용카드	
보너스 포인트		외상	
할인		계	
계			
영업 전 시재			
누계			

근무 현황	팀장		정직원		아르바이트		비고
	성명	근무시간	성명	근무시간	성명	근무시간	

13. 레시피 서식

레시피 서식

결재	담당자	팀장	대표

작 성 자	
작성일자	
총재료비	
판매가격	
소요시간	

이미지 사진

메뉴명 :

연번	재료명	제품명	단위	사용량	단가	원가	비고
1							
2							
3							
4							
5							
6							
7							
8							
만드는법							
주의점							

14. 시설점검표

<table>
<tr><td colspan="2" rowspan="2" style="text-align:center; font-size:large">시설 점검표</td><td rowspan="2">결
재</td><td>점검자</td><td>대표자</td></tr>
<tr><td></td><td></td></tr>
<tr><td colspan="2" style="text-align:center">양호 o 보완 △ 불량 ×</td><td colspan="4">20   년   월   일   요일</td></tr>
<tr><td colspan="2" style="text-align:center">점 검 시 간</td><td></td><td></td><td></td><td>비고</td></tr>
<tr><td rowspan="5">가
스
설
비</td><td>배관 연결부 누설 여부</td><td></td><td></td><td></td><td></td></tr>
<tr><td>퓨즈 콕 작동</td><td></td><td></td><td></td><td></td></tr>
<tr><td>연결 호스 누설 여부</td><td></td><td></td><td></td><td></td></tr>
<tr><td>차단 밸브 작동</td><td></td><td></td><td></td><td></td></tr>
<tr><td>가스레인지 작동</td><td></td><td></td><td></td><td></td></tr>
<tr><td rowspan="5">소
화
설
비</td><td>소화기 충압</td><td></td><td></td><td></td><td></td></tr>
<tr><td>지정 장소 위치</td><td></td><td></td><td></td><td></td></tr>
<tr><td>안전핀 고정</td><td></td><td></td><td></td><td></td></tr>
<tr><td>화재 감지기, 경보기</td><td></td><td></td><td></td><td></td></tr>
<tr><td>비상등 · 유도등 작동</td><td></td><td></td><td></td><td></td></tr>
<tr><td rowspan="5">급
배
수
관</td><td>차단 밸브 작동</td><td></td><td></td><td></td><td></td></tr>
<tr><td>수압</td><td></td><td></td><td></td><td></td></tr>
<tr><td>녹 · 이물질 여부(15초 이후)</td><td></td><td></td><td></td><td></td></tr>
<tr><td>배관 누수 유무</td><td></td><td></td><td></td><td></td></tr>
<tr><td>거름망 장착 및 청소</td><td></td><td></td><td></td><td></td></tr>
<tr><td rowspan="2">환풍기</td><td>작동 상태</td><td></td><td></td><td></td><td></td></tr>
<tr><td>이물질 부착 유무</td><td></td><td></td><td></td><td></td></tr>
<tr><td rowspan="2">전기</td><td>조명 조도</td><td></td><td></td><td></td><td></td></tr>
<tr><td>콘센트 통전</td><td></td><td></td><td></td><td></td></tr>
<tr><td rowspan="9">홀</td><td>냉 · 난방기 작동</td><td></td><td></td><td></td><td></td></tr>
<tr><td>에어컨 필터 오염</td><td></td><td></td><td></td><td></td></tr>
<tr><td>테이블</td><td></td><td></td><td></td><td></td></tr>
<tr><td>유리창</td><td></td><td></td><td></td><td></td></tr>
<tr><td>바닥</td><td></td><td></td><td></td><td></td></tr>
<tr><td>냅킨</td><td></td><td></td><td></td><td></td></tr>
<tr><td>트레이</td><td></td><td></td><td></td><td></td></tr>
<tr><td>매트</td><td></td><td></td><td></td><td></td></tr>
<tr><td>출입문</td><td></td><td></td><td></td><td></td></tr>
<tr><td rowspan="8">화
장
실</td><td>변기 급 · 배수</td><td></td><td></td><td></td><td></td></tr>
<tr><td>세면대 급 · 배수 상태</td><td></td><td></td><td></td><td></td></tr>
<tr><td>변기 누수 유무</td><td></td><td></td><td></td><td></td></tr>
<tr><td>조명</td><td></td><td></td><td></td><td></td></tr>
<tr><td>거울</td><td></td><td></td><td></td><td></td></tr>
<tr><td>바닥 청결</td><td></td><td></td><td></td><td></td></tr>
<tr><td>화장지, 세정제, 방향제</td><td></td><td></td><td></td><td></td></tr>
<tr><td>에어(페이퍼)타월</td><td></td><td></td><td></td><td></td></tr>
</table>

 신 용 호

- **약력**

  동의대학교 대학원 졸업(경영학 석사)

  부산동아칵테일학원 설립

  부산동아요리커피학원 설립

  커피전문점 '아마도' 체인본부장

  경성대학교 평생교육원 커피바리스타 과정 책임강사

  동주대학교 외식조리제과계열 강사

  동원과학기술대학교 호텔조리과 강사

  소상공인시장진흥공단 자영업 컨설턴트

  한국커피자격검정평가원 커피바리스타 심사위원

- **저서**

  커피와 차(교문사, 2005)

  양주와 주장관리학(교문사, 2006)

바리스타 & 카페창업

초 판 발 행	2014년 9월 15일
1 차 개 정	2016년 3월 20일
2 차 개 정	2019년 8월 30일
2 차 2 쇄	2020년 5월 30일
3 차 개 정	2021년 7월 15일
4 차 개 정	2022년 3월 30일
4 차 2 쇄	2023년 4월 30일
저 자	신용호
발 행 인	정용수
발 행 처	예문사
주 소	경기도 파주시 직지길 460(출판도시) 도서출판 예문사
T E L	031) 955 - 0550
F A X	031) 955 - 0660
등 록 번 호	11 - 76호
정 가	20,000원

홈페이지 http://www.yeamoonsa.com

I S B N 978-89-274-4445-9 [13590]